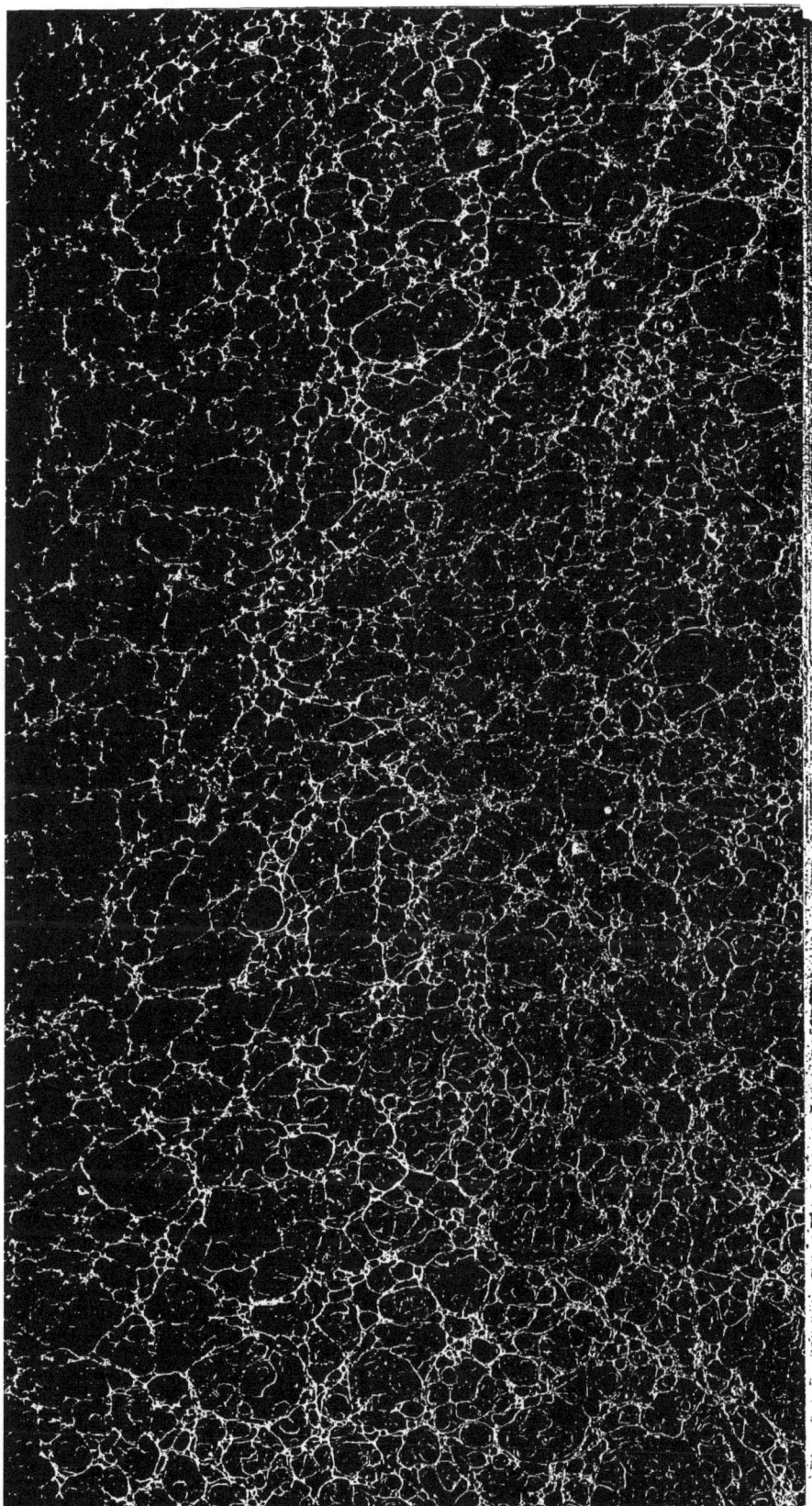

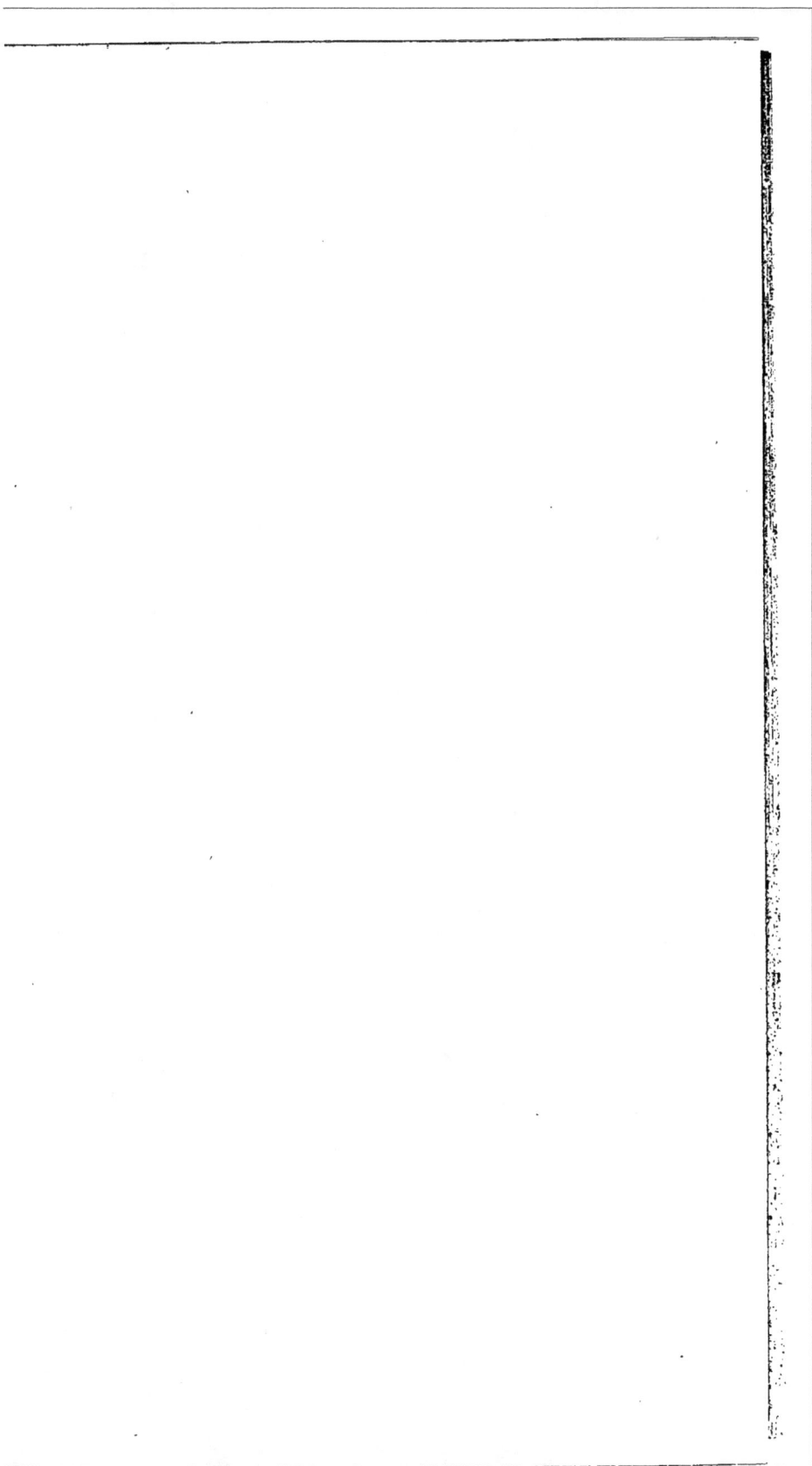

TRAITÉ

D'ARITHMÉTIQUE,

OFFERT, comme un préservatif contre les routines, aux personnes qui sont privées des leçons lumineuses que des Professeurs savans donnent dans les Écoles spéciales, dans les Lycées et dans les Colléges.

OUVRAGE analytique, et dont le style simple en rend la lecture attachante, en même temps qu'il rend l'étude facile.

PAR BONNEFIN,

Ex-Trésorier des Invalides de la Marine, à Saint-Malo.

A SAINT-MALO,

De l'Imprimerie de L. HOVIUS.

1815.

TRAITÉ D'ARITHMÉTIQUE,

Par BONNEFIN, de S.t-Malo.

PREMIÈRE PARTIE.

~~~~~~

INTRODUCTION.

QUEL que soit l'état que l'homme veuille embrasser, l'Arithmétique est pour lui une science indispensable. Elle est en quelque sorte le garant de sa fortune, de son bonheur : c'est donc lui rendre un service essentiel, que d'en mettre les élémens à sa portée, quel que soit le degré d'intelligence dont la nature l'ait pourvu.

L'Arithmétique est la base fondamentale de toutes les autres sciences. Cette base devoit être aussi profonde que solide ; et cependant les auteurs qui en ont traité, se sont servis d'un langage tellement savant, qu'ils ne peuvent être lus avec fruit que par des gens instruits : d'ailleurs, passant trop rapidement sur les détails, ils n'ont qu'effleuré ce qu'ils devoient approfondir ; et ils ont réservé toutes les faveurs pour l'Algèbre et la Géométrie.

Néanmoins, et attendu que sur la généralité des

hommes, il n'en est qu'un très-petit nombre qui se destine aux hautes sciences, il semble qu'on ait voulu condamner la majorité à n'avoir que des notions superficielles.

Un ouvrage qui développeroit la science analytique du Calcul; un ouvrage qui satisferoit les lecteurs de toutes les classes, est à désirer Ce vide que j'ai toujours remarqué, et que j'étois peut-être seul en état d'apercevoir, j'ose essayer de le remplir. Mes facultés à cet égard sont très-bornées, puisque je ne suis ni Géomètre ni Mathématicien; mais si je n'atteins pas le but que je me propose, un autre fera mieux; et j'aurai payé ma dette envers la société, en le mettant sur la voie.

Je ne dirai rien de nouveau, puisque tout est connu. Mais si la manière de développer ce qui est connu, peut en faciliter l'intelligence; si sans diffusion, je puis entrer dans des détails profonds; si par l'analyse je parviens à écarter les difficultés; si je fais disparoître ces méthodes uniques et sèches, qui n'intéressent ni le cœur ni l'esprit; si je rends attachante une lecture sans attraits; enfin si je parviens à former de bons élèves, sans le secours d'un tiers, on conviendra de la beauté du projet; et si je remplis mes promesses, on me saura quelque gré sans doute d'y avoir consacré des veilles.

Je ne suis pas doué d'une intelligence supérieure; mais en matière de calcul, je la crois originale. Une maladie honteuse & longue consuma ma jeunesse dans l'inaction; rougissant de mon ignorance, dans l'âge où les études cessent; avide de connoissances, voulant absolument réparer le temps perdu; trop orgueilleux pour demander des leçons; il me fallut, par mon propre génie, surmonter tous les obstacles, et me créer en quelque sorte une étude particulière.

Si je consultois des auteurs, un mot scientifique, des préceptes dont je ne comprenois pas le vrai sens, des méthodes dont je ne concevois pas le méchanisme, des preuves qui ne m'instruisoient pas, des divisions à faire lorsque j'étois censé multiplier; des règles directes, indirectes dont je ne pouvois déterminer la qualité, concourant à me décourager, me firent rejeter les livres avec humeur.

Dès-lors, livré à moi-même, allant du simple au composé, et cherchant à m'assurer pourquoi mes résultats étoient tels et n'étoient pas autres, j'acquis insensiblement cet esprit analytique qui est la base de l'Arithmétique; et calculateur, sans m'en douter, mes progrès furent aussi faciles que rapides.

C'est bien à tort que l'on croit le calcul difficile; il n'exige que du bon sens et un peu d'habitude à mouvoir des chiffres. Donnez une pomme à huit enfants, en les engageant à se la partager également; ils n'hésiteront pas à la couper en $\frac{2}{2}$, les $\frac{2}{2}$ en $\frac{4}{4}$, les $\frac{4}{4}$ en $\frac{8}{8}$. Demandez leur ce qui les a déterminés à ces divisions successives; leur réponse, à coup sûr, sera profondément analytique : donc l'esprit du calcul nous est naturel.

Une aune d'étoffe coûte 3 f. 25 c. ; combien coûteront 7 aunes de la même étoffe ? Il n'est aucun
individu qui ne dise que les 7 autres coûteront 7 fois
le prix d'une aune; c'est-à-dire 7 fois 3 f. 25 c. ;
c'est-à-dire, 7 sont à 1 comme 22 f. 75 c. sont
à 3 f. 25 c.

Donc l'idée des rapports proportionnels nous est
également naturelle; et ces rapports, qui doivent se
rencontrer dans toutes les opérations possibles, et
qui nous conduisent toujours du connu à l'inconnu ,
deviennent la meilleure des sauvegardes contre les
erreurs & contre les écarts du jugement.

Vainement dira-t-on que l'Arithmétique est bornée, & que l'on ne sauroit résoudre des questions
un peu compliquées que par des procédés algébriques ; elle suffit à tout, et l'algébriste seroit très-
embarrassé s'il n'étoit pas arithméticien.

Quelles sont donc les propriétés de l'Algèbre qui
ne puissent être communes avec l'Arithmétique ?
Est-ce l'analyse? mais l'arithméticien qui n'analyseroit
pas son travail ne seroit qu'une machine. Sont-ce les
équations ? mais les équations sont la base la plus
solide de l'analyse ; et si le mot *équation* n'a jamais
été prononcé en Arithmétique , n'avoit-il pas son
équivalant dans les *rapports d'égalité*, dans le *produit des extrêmes est égal au produit des moyens.*

Une équation n'est donc que la *comparaison de
deux choses produisant les mêmes résultats* : 4 multipliés par 2 égalant 6 plus 2 , est une équation.

Donnons donc les équations à l'Arithmétique, et nous lui rendrons les calculs plus faciles.

Au moyen de ce cadeau bien simple, nous supprimerons ces qualifications désolantes de règles de trois *directes* et *indirectes* qui rebutent les jeunes gens ; celles, plus ridicules encore, de simple et de double fausse position, qui n'ont de faux que leur titre.

Simplifions l'étude, si nous voulons qu'elle soit bonne ; développons les ressorts d'une machine dont nous devons diriger les mouvemens ; et comme il y a loin d'un savoyard qui tourne la cigogne d'un orgue à l'artiste qui touche un clavier, abandonnons les vieilles routines, et ne bornons plus notre jeu à celui de tourner une cigogne.

Disons aux jeunes gens au contraire, que tous les calculs de l'Algèbre, de la Géométrie et de toutes les parties des Mathématiques, ne se résolvent que par les quatre règles de l'Arithmétique. Donc il faut être arithméticien, et bon arithméticien, si l'on veut étudier avec fruit les hautes sciences.

Disons-leur encore qu'au-delà des quatre règles, il n'existe que des proportions qui sont des jeux de l'esprit, et pour la solution desquels on ne fait usage que des quatre règles.

Mais disons-leur aussi avec franchise qu'il faut connoître ces quatre règles à fonds ; qu'il faut travailler avec amour pour en acquérir les connoissances, et que ce travail n'a rien d'abstrait, rien de difficile.

On n'est pas forgeron parce que l'on a forgé, mais

parce que l'on a bien observé les effets produits par les divers degrés de chaleur : il en est de même du calcul. Celui qui réfléchira sur les causes et sur leurs effets, y trouvera une source de jouissances, un faisceau de lumières que l'être insouciant n'y soupçonnera pas.

Tout est soumis au calcul : donc il orne l'esprit, il rectifie le jugement, il préserve de l'exagération, et vaut à lui seul un cours d'étude. Combien de motifs pour s'y livrer, et s'y livrer avec plaisir, si celui, plus puissant encore, celui de l'estime qui environne toujours un bon calculateur, ne suffisoit pas.

Je terminerai ce discours par recommander l'habitude de bien faire les chiffres, de les faire très-gros, quel que soit le corps de l'écriture, et de contracter l'habitude de les bien aligner : l'indifférence de la majeure partie des maîtres à cet égard n'est pas pardonnable, et j'ai connu tant de personnes qui gémissoient d'une mauvaise habitude enracinée, dont ils ne pouvoient se corriger, que l'on ne sauroit apporter trop de soins à s'en garantir.

Signes essentiels à connoître pour pouvoir lire les auteurs, et dont je me servirai dans le cours de ce travail, parce qu'à l'énergie qu'ils développent, ils abrègent le discours et rendent les opérations moins diffuses.

+   signifie *plus*. C'est le signe de l'Addition ; c'est-à-dire, *à ajouter*.

—   signifie *moins*. C'est le signe la Soustraction ; c'est-à-dire, *à soustraire*.

✕ signifie *multiplier par*. C'est le signe de la Multiplication ; c'est-à-dire , *à multiplier par*.

: signifie *diviser par*. C'est le signe de la Division ; c'est-à-dire , *à diviser par*.

═ signifie *égal*. C'est le signe de la comparaison ou du résultat.

: signifie *est à*. C'est le signe du rapport entre les deux termes du même membre d'une proportion ; c'est le même que celui de la Division.

: : signifie *comme*. C'est le signe de la comparaison entre les deux membres d'une proportion.

On écrit 4 : 8 : : 16 : 32.

Il faut lire 4 est à 8 comme 16 sont à 32.

∴ signifie *proportion continue*. Ce signe la précède toujours.

Dans une proportion continue, ce signe ∴ mis en avant avertit qu'il faut répéter les termes intermédiaires.

On écrit ∴ 4 : 8 : 16 : 32.

Il faut lire 4 : 8 : : 8 : 16 : : 16 : 32.

Indépendamment de ces signes qui nous sont auffisans, on se sert encore de termes qui sont essentiellement affectés à annoncer ce que l'on veut dire ; il faut donc connoître leur véritable signification pour pouvoir lire sans équivoque.

Somme est le résultat d'une Addition.

Reste ou *différence* est le résultat d'une Soustraction.

Produit est le résultat d'une Multiplication.

Quotient est le résultat d'une Division.

Proposition ou *question* est une question à résoudre.

Proportion est une question résolue.

Ces signes , ces mots , peu nombreux et faciles à retenir , servent à serrer les opérations et les discours : on en sentira le prix dans le cours de cet Ouvrage ; et comme ils sont d'un usage universel, ils prépareront à la lecture de tous les auteurs.

DE LA NUMÉRATION.

~~~~~~~~~

L'Asie fut le berceau des sciences. C'est dans cette partie du monde que les Egyptiens furent les puiser. De l'Egypte elles passèrent dans la Grèce, ensuite à Rome, enfin chez nous.

Néanmoins les Romains et nous-mêmes ne connûmes long-temps que les lettres de l'alphabet pour signes du calcul : ce sont les mêmes lettres que nous nommons *chiffres romains*, et dont nous nous servons encore dans les inscriptions pour marquer les époques.

Ces chiffres étoient très-bornés et le calcul en devoit être très-difficile.

M signifioit *mille*, que nous écrivons en chiffres
    arabes,   1,000

D signifioit *cinq cents*, que *idem*,   500

C signifioit *cent*, que *idem*,   100

L signifioit *cinquante*, que *idem*,   50

X signifioit *dix*, que *idem*,   10

V signifioit *cinq*, que *idem*,   5

I signifioit *un*, que *idem*,   1

Tels étoient les caractères servant alors à la numération.

Tout caractère inférieur ajouté à la droite d'un supérieur se prononçoit, il augmentoit la somme.

M D se lisoit 1000 et 500 ou 1500.

C L se lisoit 100 et 50 ou 150.

L X se lisoit 50 et 10 ou 60.

X I se lisoit 10 et 1 ou 11.

Mais par opposition, tout caractère inférieur placé à la gauche d'un supérieur, diminuoit d'autant la valeur du caractère supérieur.

X C se lisoit 100 moins 10 ou 90.

X L se lisoit 50 moins 10 ou 40.

I X se lisoit 10 moins 1 ou 9.

M D C C L X X X X V I I I exprimoit l'année 1799.

M D C C X C I X exprimoit également 1799.

Et c'est ainsi que l'on a calculé dans toute l'Europe jusqu'au dixième siécle, époque où les chiffres dont nous nous servons aujourd'hui, et que nous nommons *chiffres arabes*, pénètrent jusqu'à nous.

Les Arabes, adorateurs du soleil et des étoiles, furent nécessairement les premiers astronomes. Ces peuples pasteurs, passant les nuits dans les champs pour garder leurs nombreux troupeaux, furent les premiers à connoître les mouvemens des astres, objets de leur culte, et c'est avec les dix doigts des mains qu'ils faisoient leurs observations astronomiques; delà leurs premiers calculs, delà les dix caractères de la numération, et de la numération par dixaines.

Quelques auteurs pensent que les chiffres ont pris leur figure du mouvement des doigts; d'autres croient que le mot *calcul* provient des cailloux dont on se servoit primitivement pour désigner des nombres et pour les mouvoir; d'autres prétendent que l'Algèbre, inventée par un nommé *Geber*, précéda le calcul arithmétique.

Je laisse ces recherches profondes aux savans, et je regrette seulement que le nom de l'inventeur des dix caractères, à l'aide desquels on fait avec autant

de clarté que de précision les calculs les plus étendus, ne soit pas offert à notre reconnoissance.

Ces dix caractères simples sont :

$$1 \quad 2 \quad 3 \quad 4 \quad 5 \quad 6 \quad 7 \quad 8 \quad 9 \quad 0$$

un, deux, trois, quatre, cinq, six, sept, huit, neuf, zéro.

Ce que cette invention, la plus riche de toutes, a
d'admirable, c'est que le même chiffre, selon le
rang qu'il occupe, représente l'unité, la dixaine,
la centaine, le mille et enfin le nombre le plus élevé,
sans changer de forme ni de valeur ; c'est la place
qu'il occupe parmi d'autres qui lui donne cette propriété, toujours croissante par dixaines, en allant
de droite à gauche, et toujours décroissante par dixièmes, en allant de gauche à droite.

Si les neuf premiers caractères représentent une valeur numérique, le dixième, qui est le zéro, n'en
représente aucune ; mais s'il est muet, s'il n'a aucune
valeur par lui-même, il sert à faire connoître le degré
de valeurs décimales qu'il faut donner aux chiffres
qui le précèdent ou qui le suivent.

Les caractères numériques...	un, 1	deux, 2	trois, 3	quatre, 4	cinq, 5	six, 6	sept, 7	huit, 8	neuf, 9
Suivis d'un zéro occupant le 2.e degré ont une valeur dix fois plus grande, et valent :	dix, 10	vingt, 20	trente, 30	quarante, 40	cinquante, 50	soixante, 60	septante, 70	huitante, 80	nonante, 90
Suivis de deux zéros occupant le 3.e degré ont une valeur cent fois plus grande, et valent :	cent, 100	deux cents, 200	trois cents, 300	quatre cents, 400	cinq cents, 500	six cents, 600	sept cents, 700	huit cents, 800	neuf cents, 900

Et ils augmentent ainsi par continuation et à l'infini ; et pour donner un exemple de cette progression croissante à chaque degré de droite à gauche, prenons l'unité pour base :

	cent milliards,	dix milliards,	un milliard		cent millions,	dix millions,	un million,		cent mille	dix mille,	un mille,		cent,	dix,	un,
Valeurs. . . .															
Unités. . . .	1	1	1		1	1	1		1	1	1		1	1	1

Telles sont les valeurs que l'unité, qui ne cesse pas d'être *une*, représente à chaque degré, soit qu'elle aille de droite à gauche, soit qu'elle aille de gauche à droite.

Au premier degré elle est simplement   1 unité.

Au second degré elle est dix fois plus grande, donc 10 unités.

Au 3.e degré elle est cent fois plus grande, donc 100 unités.

Et l'on remarquera que nous n'avons réellement que trois degrés de numération qui sont : l'unité, la dixaine, la centaine.

Qu'au-delà, on a l'unité de mille, la dixaine de mille, la centaine de mille.

Plus loin, on a l'unité de million, la dixaine de million, la centaine de million.

Encore plus loin, l'unité de milliard, la dixaine de milliard, la centaine de milliard ;

Et qu'en poursuivant constamment à gauche, on n'auroit jamais que des unités, des dixaines et des centaines d'un ordre supérieur.

L'arithméticien ne compte guères que jusqu'au

milliard ; mais l'astronome, ayant des calculs immenses à faire, compte par millions, billions,
trillions, quatrillions, quinquillions, etc. et qui
valent chacun mille fois plus l'un que l'autre ; car
si mille vaut mille unités, un million vaut mille fois
mille unités, un billion vaut mille fois un million, etc.

Il résulte de tout ce qui précède qu'on ne numère
que par unités, par dixaines, par centaines, et que
les mille, les millions, ne sont que des unités, des
dixaines et des centaines d'un ordre supérieur.

Conséquemment quand on a des sommes se composant d'une certaine quantité de chiffres, on fera
toujours bien de les séparer de trois en trois, de droite
à gauche, par une virgule ; c'est le vrai moyen de
les lire facilement : une somme entre-mêlée de zéros
va justifier de cette facilité.

Valeurs comme il faut les lire.	deux cent	six milliards,	quatre cent cinquante millions,	soixante-dix mille,	quatre cent	neuf.
Chiffres	2 o 6,	4 5 o,		o 7 o,	4 o 9.	

On voit clairement dans cette somme, que la
virgule séparant les unités des divers ordres, et les
éloignant les unes des autres, les distingue et les
montre à l'œil sans équivoque et sans hésitation :
c'est une recommandation d'autant plus essentielle,

que celui qui en contracte l'habitude éprouve et fait éprouver beaucoup de satisfaction.

Quand on écrit ou que l'on prononce une somme, c'est toujours de gauche à droite ; de sorte que celle ci-dessus s'écrit et se prononce : deux cent six milliards, quatre cent cinquante millions, soixante-dix mille, quatre cent neuf.

Les zéros y sont muets, mais les places qu'ils y occupent conservent les degrés de numération aux autres chiffres ; car si les zéros n'y étoient pas, les autres chiffres rapprochés les uns des autres ne formeroient que 2 645,749 ; c'est-à-dire, deux millions, six cent quarante-cinq mille, sept cent quarante-neuf, somme qui seroit dix mille fois plus petite que celle donnée par la présence des zéros : donc on ne sauroit les retrancher sans qu'il n'en résultât des erreurs très-graves.

Si, pour écrire une somme, on commence par la gauche, pour connoître ce qu'elle vaut, on la numère de droite à gauche, en disant : unité, dixaine, centaine, mille, dixaine de mille, centaine de mille, million, etc. ; et enfin quand on connoît le dernier chiffre à gauche, on prononce.

Numérer une somme c'est l'épeler : on numère une somme, on épèle un mot.

Jadis on comptoit par vingtaines, et dans quelques cantons de la France les paysans ne comptent pas autrement. Delà nous est resté *quatre-vingt* pour *huitante*. On a de même trouvé qu'il étoit plus élégant de dire *soixante-dix* que *septante* et *quatre-vingt-dix* que *nonante*.

Je me donnerai bien de garde de critiquer ce que l'usage a consacré ; mais par quelle bizarrerie au lieu de *dix* et de *vingt* que l'on ne retrouve plus au-delà, et qui, dans notre langue, dénaturent l'ordre de la numération, n'a-t-on pas dit *ante* pour *dix*, *duante* pour *vingt*, comme on dit *trente*, *quarante*, etc., etc

L'usage a prévalu, il faut s'y soumettre. Donc nous dirons dix, vingt, soixante-dix, quatre-vingt et quatre-vingt-dix ; et puisque l'on s'entend ainsi, autant vaut se servir de ces expressions étrangères que de celles que l'analyse ordonnoit de leur préférer.

On entend également dix francs par *pistole*, mille francs par *cent pistoles*, quoique nous n'ayons pas de pistoles.

On familiarisera promptement les commençans à la numération des sommes, en leur faisant écrire sous la dictée ; c'est le vrai moyen de les habituer à sentir la place que les zéros doivent y occuper.

Mais, je le réitère, il faut veiller avec le plus grand soin à ce qu'ils fassent bien leurs chiffres, à ce qu'ils contractent l'habitude de les faire gros, de les bien aligner, et de trancher leurs sommes de trois en trois. Ce sera leur rendre un service essentiel ; car il n'est rien de si fatigant que la lecture obligée de chiffres mal faits, douteux et placés sans ordre.

IDÉES FONDAMENTALES DU CALCUL.

Calculer, c'est jouer avec des chiffres comme on joue avec des cartes : tout est combinaison dans ces deux espèces de jeux, parce qu'on y va continuellement du connu à l'inconnu.

On joue avec des chiffres soit en les rassemblant, soit en les séparant. Rassembler des chiffres, c'est les confondre et en présenter le résultat par d'autres. Séparer des chiffres, c'est reproduire ceux que l'on avoit confondus.

Les chiffres, soit qu'ils soient seuls, soit qu'ils soient en quantité, représentent des nombres. Donc nous ne parlerons que de nombres.

Confondre des nombres, c'est composer des *sommes* ou des *produits*.

Séparer des nombres, c'est décomposer les sommes ou les produits que les compositions avoient confondus.

On confond les nombres en les additionnant ou en les multipliant. Le résultat d'une Addition est une *somme*; le résultat d'une Multiplication est un *produit*.

On sépare les *sommes* par la Soustraction, et l'on sépare les *produits* par la Division.

Donc la Soustraction défait ce que l'Addition avoit construit, et la Division décompose ce que la Multiplication avoit composé.

Telles sont les propriétés simples du calcul des nombres.

Additionner des nombres, c'est tout simplement dire 4 plus 8 égalent 12. Soustraire des sommes, c'est dire 12 moins 4 égalent 8.

Multiplier des nombres, c'est tout simplement dire 4 fois 8 égalent 32. Diviser des produits, c'est dire en 32 combien de fois 4 ? réponse, 8 fois.

D'où l'on voit que les nombres confondus se présentent en masse par d'autres, et que la décomposition des masses reproduit les mêmes nombres.

Le calcul n'a donc rien de difficile, rien d'abstrait. Tout y est simple, tout y est raisonné.

On pourroit le simplifier encore et le réduire aux deux seules règles l'Addition et la Soustraction, parce que dans le fait toutes les opérations du calcul peuvent se faire par ces deux règles.

Additionner quatre fois 8 en disant $8 + 8 + 8 + 8 = 32$, ou multiplier 8 par 4, en disant $8 \times 4 = 32$; c'est faire la même opération.

Soustraire 4 fois 8 de 32 en disant $32 - 8 - 8 - 8 - 8$, ou diviser en disant $\frac{32}{8} = 4$, on fait encore la même opération, puisque dans l'un et l'autre cas on trouve également que 8 est contenu 4 fois en 32.

On pourroit donc à la rigueur calculer avec les seules règles de l'Addition et de la Soustraction ; mais elles seroient aussi longues que fautives, si les facteurs étoient considérables ; et l'on se garantit de cet inconvénient, en opérant par la Multiplication et

par

par la Division , qui en abrègent le travail , et qui n'ont rien de difficile.

Songeons bien que nous calculons sans cesse , et que nous résolvons à chaque instant et sans nous en douter, les opérations les plus compliquées ; ne nous forgeons donc aucune chimère pour avoir la peine de la combattre ; raisonnons avec la plume ce que nous raisonnons avec l'esprit, et nous n'éprouverons pas plus de fatigue à travailler d'une manière que de l'autre.

Persuadons-nous bien de cette vérité , que tout est en proportion dans la nature , et que tous les calculs sont proportionnels.

L'on ne paie l'aune de drap 40 francs qu'autant que l'on estime qu'elle vaut ce prix ; donc il y a proportion entre l'étoffe et l'argent.

Il y a proportion entre les forces d'un homme et le fardeau qu'il peut soulever ou porter.

Il y a proportion entre le tout et sa partie.

Allons constamment du simple au composé ; les mêmes rapports d'égalité qui doivent exister entr'eux , seront des guides éclairés et fidèles.

Renfermons-nous, en opérant, dans le cercle du raisonnement comparatif ; ne donnons rien au hasard, et rendons-nous toujours compte des motifs de nos succès. Si 2 sont en rapport avec 4 , nécessairement 50 doivent l'être avec 100 ; parce que si en 4 on trouve 2 fois 2 , il faut également en 100 trouver 2 fois 50.

Remontons sans cesse des effets aux causes qui les produisent, et notre travail ainsi éclairé, ne nous laissant jamais de doute sur le résultat, nous conduira toujours avec aisance vers le but proposé.

Sachons toujours prévoir notre résultat; pourquoi il est tel et n'est pas autre; n'opérons enfin qu'avec une parfaite connoissance de cause, et nos succès seront aussi rapides que satisfaisans.

N'ayons aucune méthode pour le travail; que l'esprit dirige constamment les procédés dont nous nous servirons, et l'habitude du travail nous fera bientôt connoître quels sont ceux qu'il faut préférer.

Tout chemin, dit-on, conduit à Rome. Cet adage bannal peut s'appliquer au calcul. Tous les chemins ne conduisent à Rome qu'autant que l'on s'oriente de manière à y parvenir; mais tous sont plus ou moins longs : c'est donc la route la plus courte qu'il faut chercher. Il en est de même du calcul; tous les procédés raisonnés nous conduiront au résultat; mais parmi ces mille et un procédés, il y en aura de très-longs et de très-expéditifs. Pour en bien juger, il faut les connoître tous; et c'est ce que je me propose de démontrer dans cet ouvrage : c'est le vrai moyen de nous garantir de cette routine qui est au calcul ce que la rouille est à l'acier.

DE L'ADDITION.

~~~~~~~~

Additionner, c'est rassembler deux ou une plus grande quantité de nombres isolés, et les confondre en un seul : ce nombre unique se qualifie de *somme*; conséquemment par somme, on doit entendre le résultat d'une Addition.

Pour additionner des nombres, il faut qu'ils soient tous de même espèce. Il faut donc connoître préalablement les espèces de nombres, ainsi que leurs divisions et subdivisions, si l'on veut opérer avec intelligence, et former des entiers avec leurs parties.

On ne sauroit former des sommes avec deux espèces de choses, comme des toises, pieds et pouces, avec des livres, sous et deniers. Il y a, entre les espèces de choses, une incompatibilité absolue ; donc on ne sauroit les confondre.

On ne cumule, par quelque opération que ce soit, que des nombres de même espèce ; des toises avec des toises, des mètres avec des mètres, des aunes avec des aunes, des francs avec des francs, etc. etc., et comme les parties fractionnaires de toutes ces choses composent des entiers, il faut connoître les quantités de ces parties pour en former des entiers, du moment qu'elles sont suffisantes.

2*

Par exemple si l'on avoit à additionner :

	7 toises,	4 pieds,	8 pouces,	9 lignes.
avec	15	5	9	11
la somme	22	9	17	20

seroit ridicule , parce qu'en 20 lignes il y a 1 pouce 8 lignes. Donc qu'on ne doit poser que les 8 lignes sous les lignes, et porter le 1 pouce au rang des pouces.

Nous avons 17 pouces et 1 provenant des lignes = 18 pouces ; mais 18 pouces donnent 1 pied 6 pouces. Donc on ne doit poser que les 6 pouces, et réserver 1 pied pour le porter au rang des pieds.

Nous avons 9 pieds et 1 retenu sur les pouces = 10 pieds ; mais en 10 pieds il se trouve 1 toise, 4 pieds. On ne devoit poser que les 4 pieds, et porter la toise retenue au rang des toises, qui de 22 se fussent élevées à 23.

De sorte que le résultat de l'Addition , au lieu

	de 22 toises,	9 pieds,	17 pouces,	20 lignes.
devoit être	23	4	6	8

Il est senti , par cette différence, dans l'énoncé de deux résultats, d'ailleurs égaux, qu'une connoissance des poids, des mesures et des monnoies, doit précéder toute espèce de calcul ; et c'est à quoi nous allons procéder ; et comme le calcul s'étend sur tous les objets, et que tous ces objets sont diversement divisés , nous ne nous renfermerons point dans le système métrique , qui n'étant pas universel , limiteroit trop les connoissances que nous devons acquérir : ce systême métrique sera traité séparément.

Le quintal se compose de		100 livres.		Poids pour le dé-
La livre	*idem*	de 16 onces.		tail , ancienne-
L'once	*idem*	de 8 gros.		ment connus sous
Le gros	*idem*	de 3 deniers.		la qualification
Le denier	*idem*	de 24 grains.		de poids de marc.

Ces poids ne sont que tolérés en France. Le quintal équivaut à 50 kilogrammes ; conséquemment la livre tolérée est la moitié du kilogramme.

Le quintal métrique se compose de 100 kilogrammes, et il équivaut à 204 livres, 4 onces, 4 gros, 59 grains de l'ancien poids de marc.

La Provence, le Languedoc et toutes les Provinces méridionales ont un poids différent, qui se nomme *poids de table*, et qui varie de valeur. A Marseille, en ce moment encore, l'usage ancien l'emportant sur toutes les prohibitions, y est la base de toutes les transactions. Là, le quintal poids de table équivaut à 40 kilogrammes, 8 hectogrammes. Là, la millerole, vaisseau pour la mesure des liquides, équivaut à 64 litres, c'est-à-dire à 64 kilogrammes d'eau.

				Mesure tolérée pour
				le détail. La toise
La toise se compose de		6 pieds.		actuelle se compo-
Le pied	*idem*	de 12 pouces		se de deux mètres.
Le pouce	*idem*	de 12 lignes.		Cette nouvelle toi-
La ligne	*idem*	de 12 points.		se est plus longue
				que l'ancienne de
				1 pouce 10 lig. $\frac{6}{10}$.

Le siècle se compose de 100 années. ⎫
L'année   *idem*   de 12 mois.   ⎪
Le mois   *idem*   de 3o jours.   ⎬ Mesures de la
Le jour   *idem*   de 24 heures. ⎪ durée.
L'heure   *idem*   de 6o minutes. ⎪
La minute *idem*   de 6o secondes ⎭

Le cercle se divise en 36o degrés. ⎫
Le degré   *idem* en   6o minutes. ⎪
La minute *idem* en   6o secondes. ⎬ Division du cercle.
La seconde *idem* en   6o tierces. ⎭

La terre, considérée comme un cercle, a les mêmes divisions tant en latitude qu'en longitude. Les degrés de latitude partent de l'équateur vers les pôles. Les degrés de longitude vont d'un pôle à l'autre, en coupant l'équateur.

La terre se divise en 36o degrés. ⎫
Le degré est de { 25 lieues terrestr. ⎬ Division du
            { 20 lieues marines. ⎬ globe terrestre.
Le degré se divise en 6o minutes. ⎪
La minute est de $\frac{1}{4}$ de lieue marine. ⎭

La terre faisant sa révolution en 24 heures, son mouvement de rotation est de 15 degrés, ou 300 lieues de 20 au degré par heure ; c'est ce qui fait que, quand il est midi à Vienne en Autriche, il n'est encore que 11 heures à Paris.

La livre tournois se compose de 20 sous. ⎫ La livre tournois
Le sou   *idem*   de 12 den. ⎬ est l'ancienne mon-
                           ⎪ noie, qui a été rem-
                           ⎪ placée par le franc
                           ⎭ : 81 liv. = 80 fr.
Le franc se compose de 100 centimes, monnoie nouvelle.

Il existe une foule d'autres mesures, poids et monnoies en usage dans les diverses parties du monde, mais dont la nomenclature seroit aussi longue qu'inutile. Bornons-nous à celles-ci, qui sont suffisantes pour notre usage; et pour justifier de la nécessité de composer des entiers, à mesure que les parties fractionnaires les donnent, afin que les résultats ne présentent jamais que des entiers et des parties fractionnaires.

Pour stimuler le zèle des enfans, intéressons leur amour-propre. Que toutes les Additions aient un caractère d'intérêt; ne leur en posons jamais; dictons-les leur toutes, et faisons-leur prononcer les sommes. Mais, je le répète, en les instruisant ainsi, veillons à ce que leurs chiffres soient gros, bien formés et bien alignés. L'habitude de bien faire, dépend de l'attention donnée aux premiers travaux; et elle s'enracine d'autant mieux, que les éloges ajoutent à la satisfaction qu'ils en ressentent eux-mêmes.

Pierre a dans sa bourse	12 francs.
Paul en a	9
Jacques en a	24

A quelle somme tout cela s'élève-t-il?

Somme des unités	15
Somme des dixaines	30
Somme totale	45 francs.

En disant aux enfans sur 15, il faut poser les 5 unités et retenir 1 dixaine, ils ne sentent pas. Mais en leur faisant écrire les colonnes les unes au-dessous des autres , et chacune dans leur rang , ils voient et sentent la nécessité de ces retenues ; et comme l'esprit a déjà résolu la question , la conformité des résultats leur donne toute confiance pour le procédé : une bonne leçon vaut mieux que cent mauvaises.

Que les premières leçons se composent de très-peu de chiffres , et que l'esprit résolve la question avant la plume. Ne graduons les essais qu'à mesure que l'esprit s'orne et que l'intelligence se développe ; mais que les premiers exemples aient toujours un caractère d'intérêt usuel , afin que l'enfant se pénètre du but et de l'utilité de son travail : la nécessité est le meilleur des maîtres d'étude.

Une mère de famille va à ses provisions , elle achète :

Pour	52 ͭ	10 ˢ	″ ᵈ de sucre.
Pour	49	15	″ de beurre.
Pour	340	″	″ de bled.
Pour	217	8	4 de bois.
Pour	2	17	9 de fruits.

Combien a-t-elle dépensé ?

Somme 662   11   1

Tels sont les premiers exemples qu'il faut donner ; ils parlent au cœur et à l'esprit, et ils font époque.

L'Addition étant purement mécanique, je ne m'arrêterai pas à la montrer avec détail. Mais je vais indiquer aux personnes instruites la manière de les faire avec promptitude et sûreté , ainsi que celle de les vérifier avec solidité : c'est celle que j'ai adoptée dès le principe, et qui épargne beaucoup de fatigue ; la voici :

Au lieu de cumuler un chiffre après l'autre, en disant 8 et 9 font 17, 17 et 7 font 24, etc. etc., ce qui fatigue l'esprit et le distrait, je forme d'un coup-d'œil, et sans épeler les chiffres, des nombres dixainaires, comme 10, 20, 30, etc. abandonnant ceux qui ne me conviennent pas, et que je reprends ensuite ; et quelquefois même en y employant portion nécessaire d'un chiffre dont la totalité m'embarrasseroit.

Je compte les 9 pour 10 et je retranche l'unité du chiffre qui suit ; car il m'est plus facile, en voyant 9 . 9 . 9 . 7, de dire d'emblée 34, que d'épeler les 4 chiffres.

Par exemple, si je vois :

		2	.	9	.	9	je dis d'emblée	20
		3	.	9	.	8	idem	20
		4	.	8	.	8	idem	20
		5	.	6	.	9	idem	20
		7	.	5	.	8	idem	20
6	.	8	.	8	.	8	idem	30
6	.	7	.	8	.	9	idem	30
5	.	9	.	8	.	8	idem	30
6	.	6	.	9	.	9	idem	30
4	.	8	.	9	.	9	idem	30
3	.	9	.	9	.	9	idem	30

Et ainsi de tous les nombres faciles à rassembler en idée. J'additionne très-vîte, j'étonne par la rapidité, et il est très-rare que je me trompe : quelques essais et la moindre constance à les suivre, en rendent l'habitude très-prompte.

EXEMPLE :

{ 2,249# 18ſ 10λ

78	"	9
465	9	11
6,310	15	7
702	4	8
13,322	17	4
7,010	3	10
3	8	9
47,326	14	3
204	1	2
4,420	19	11
1,376	17	6
7	4	9
5,442	11	7
66	13	4
524	17	8
600	"	"
47	18	4
89,160	18	2

Colonne des deniers. Je vois 10.9.11 je dis 30; 7.8.4, je dis 50, (il me manque 1)10.9.2, je dis 70; 3.11.6, je dis 90; 9.7.4, je dis 110; 8.4, je dis 122.

En 122 deniers j'ai 10 sous 2 deniers. je porte les 2 deniers et je retiens les 10 sous.

Colonne des sous. Je vois 8.4.7.3.8, je dis 30 et 10 retenus 40; 9.5.9.7, je dis 70; 4.1.4.1.7.3, je dis 90 et 8 = 98. Je pose les 8 sous et je retiens les 9 dixaines, et les 10 de la seconde colonne = 19. Je pose 1, et retiens 9 livres.

Colonne des livres. Je vois 9.5.6. 8.2, je dis 30, et 9 retenus 39; 2.3.4.6.7, je dis 71; 2.7.6.4, je dis 80. Je pose 0 et retiens 8.

Enfin poursuivant de même jusqu'au bout, j'additionne sans peine, sans contention d'esprit, et je n'oublie rien.

Si, pour faire l'Addition, j'ai commencé par la droite, pour en faire la preuve, je commence au contraire par la gauche, et je pose sur un papier à part le montant de chaque colonne.

PREUVE.

En la colon. des 10 mille je trouve		5 . 5 fois 10 m. =	50,000l.	0s.	0d
En celle	de mille	*idem*	34 . 34 fois 1000 =	34,000	0	0
En celle	des cents	*idem*	46 . 46 fois 100 =	4,600	0	0
En celle	des dixaines	*idem*	48 . 48 fois 10 =	480	0	0
En celle	des unités	*idem*	71 . 71 fois 1 =	71	0	0
En celle	des dix.de sous	*idem*	10 . qui valent	5	0	0
En celle	des sous	*idem*	88 . qui valent	4	8	0
En celle	des deniers	*idem*	122 . qui valent	0	10	2

Somme pareille 89,160 18 2

De toutes les manières d'additionner et de faire les preuves, celles-ci m'ont toujours paru les plus expéditives et les plus solides ; car indépendamment de ce qu'il est presque impossible que le même résultat couvrît la même erreur, la preuve indique dans quelle colonne l'Addition pèche. On n'a donc qu'une vérification partielle à faire, avantage qu'aucune autre preuve ne permet pas.

L'Addition est, selon moi, la plus difficile de toutes les opérations du calcul. Conséquemment, j'exhorte à y tenir long-temps les jeunes gens, et même à leur en donner de très-longues et sur toutes sortes d'objets, à mesure qu'ils se les rendront plus familières : le mouvement, la cumulation des chiffres, en les exerçant, leur préparera des succès faciles.

Comme les jeunes gent ignorent l'état pour lequel ils sont destinés, et qu'il est intéressant pour eux qu'ils ne rencontrent aucun obstacle, aucune difficulté dans celui qu'ils embrasseront, on fera bien de les exercer à faire des Additions en ligne horizontale :

en administration cette habitude évite beaucoup de longueurs.

EXEMPLE :

124f. 73c. 2,836f. 47 . 512f. 09 . 33f. 54 . 27,290f..98 = 30,797f. 81c.

Cette manière d'additionner n'est pas plus difficile qu'en ligne verticale ; encore faut-il que l'on en contracte l'habitude. D'ailleurs, évitons les routines, en exerçant le calcul sous toutes les formes possibles.

L'Addition est l'opération la plus usuelle ; c'est celle qui mérite la plus grande attention. Je le répète, c'est celle qui exige la plus longue habitude, et qui, par la cumulation des chiffres, prépare les succès des autres règles : on ne sauroit trop se la rendre très-familière.

DE LA SOUSTRACTION.

La Soustraction défait ce que l'Addition a construit.

Si, d'une somme quelconque, on retranchoit successivement tous les nombres que l'Addition a cumulés, on finiroit par les en sortir tous. Il est senti que l'on ne soustrait qu'une somme moindre d'une somme plus considérable.

Supposons qu'une somme soit composée de deux nombres seulement ; $24 + 32 = 56$. Pour faire sortir l'un des deux, disons, par une opération contraire, $56 - 24 = 32$, ou $56 - 32 = 24$.

Si, dans l'Addition, la cumulation des chiffres

produit, dans chaque colonne, des unités et des dixaines, que l'on confond avec les chiffres de la colonne qui précède. Dans la Soustraction on a, au contraire, très-fréquemment besoin d'emprunter cette dixaine de la colonne qui précède, pour opérer sur celle qui suit.

Commençons sans emprunt ; les difficultés viendront après.

EXEMPLE :

Un particulier doit	2,687 ℔	12 ſ	8 ᴅ
Il paie à compte	1,236	8	5
Il reste à payer	1,451	4	3
Preuve	2,687	12	8

La différence de la somme due à celle payée à compte, est de 1,451 ℔ 4 ſ 3 ᴅ ; et en additionnant la somme payée avec celle restante à payer, on rétablit la somme primitive ; et c'est ce qui constitue la preuve de la Soustraction.

On voit par cette opération que l'on soustrait un chiffre de l'autre, et colonne par colonne, en commençant par la droite ; et que l'on pose au-dessous de la barre l'excédent du chiffre supérieur sur le chiffre inférieur, en disant :

Qui de 8 deniers en retranche 5, reste 3 que l'on écrit dessous.
Qui de 12 sous   *idem*   8, reste 4   *idem.*
Qui de 7 livres   *idem*   6, reste 1   *idem.*
Qui de 8 dixaines   *idem*   3, reste 5   *idem.*
Qui de 6 centaines   *idem*   2, reste 4   *idem.*
Qui de 2 mille   *idem*   1, reste 1   *idem.*

Voilà tout le travail de la Soustraction terminé.

Il a été payé	1,236ʰ	8ˢ	5ᵈ	
Il reste à payer	1,451	4	3	

Total pareil à la somme due 2,687 12 8

Quand le chiffre supérieur suffit pour en extraire le chiffre inférieur, l'opération est extrêmement simple ; mais quand il ne suffit pas, l'opération devient plus compliquée. Que fait l'homme qui doit, qui n'a pas assez d'argent, et cependant qui veut payer ? Il emprunte ; c'est ce que fait le chiffre supérieur lorsqu'il est insuffisant, il emprunte de son voisin à gauche.

Ce voisin à gauche étant d'un degré plus élevé, se compose de dixaines relativement à celui qui est à sa droite. Donc s'il lui prête une de ses unités, cette unité vaut 10 à celui qui emprunte ; et ainsi successivement jusqu'à ce que l'opération soit terminée ; car

Si l'unité des dixaines   vaut 10 unités simples,
L'unité des centaines   vaut 10 unités de dixaines,
L'unité des mille   vaut 10 unités de centaines, etc. etc.

D'où il résulte la conviction que tout chiffre, à quelque degré qu'il soit, qui emprunte 1 à son voisin à gauche, compte cette unité pour 10 en sa faveur.

Tel est le mouvement uniforme et général pour les nombres entiers.

Pour les nombres fractionnaires le mouvement diffère. Car si les deniers empruntent 1 sou, ce sou vaut 12 deniers; si les sous empruntent 1 livre, cette livre vaut 20 sous: ces choses sont senties.

Donc l'emprunt que l'on fait à son voisin est toujours en valeur relative à celle de l'emprunteur, qui ne sauroit emprunter qu'à un degré supérieur.

D'après ce développement, opérons avec la nécessité des emprunts; et ce jeu simple aplanira toutes les difficultés de la Soustraction.

Mais pour ne jamais oublier qu'un chiffre a prêté, il faut le marquer par un point au-dessus; et ce point avertit que ce chiffre, ainsi marqué, ayant prêté 1, vaut 1 de moins que la valeur qu'il caractérise : donc si c'est 1, il ne vaudra que 0; si c'est 8, il ne vaudra que 7, etc. etc.

J'ai besoin pour bâtir une maison de	2 4 5 6 t.	4 p.	8 p. bois.
Je n'en ai dans mon chantier que	1 7 8 9	5	10
Quelle quantité faut-il que j'achète ?	6 6 6	4	10
Preuve	2,4 5 6	4	8

Ici, il a fallu constamment emprunter sur tous les chiffres; et chaque emprunt a été relatif en valeur entre le prêteur et l'emprunteur.

De 8 pouces on n'a pu en soustraire 10. On emprunte donc 1 pied qui vaut 12 pouces; or, 12 + 8 = 20, et qui de 20 en retranche 10, reste 10 pouces que l'on écrit dessous.

Le chiffre 4 des pieds étant pointé, ne vaut plus que 3, et de ce 3 on ne peut retrancher 5;

on emprunte donc 1 toise qui vaut 6 pieds. Or, $6 + 3 = 9$, et $9 - 5 = 4$ pieds que l'on écrit dessous.

Ici finit le mouvement des chiffres fractionnaires. Passons aux entiers dont le mouvement est dixainaire, et dont les unités empruntées vaudront 10 à l'emprunteur.

Le premier chiffre 6 pointé, ne vaut que 5. De 5 ne pouvant retrancher 9, on emprunte 1 qui vaut 10. Or, $10 + 5 = 15$, et $15 - 9 = 6$ que l'on écrit dessous.

Le deuxième chiffre 5 pointé, ne vaut que 4. De 4 ne pouvant retrancher 8, on emprunte 1 qui vaut 10. Or, $10 + 4 = 14$, et $14 - 8 = 6$ que l'on écrit dessous.

Le troisième chiffre 4 pointé, ne vaut que 3. Ne pouvant payer 7, il emprunte 1 qui vaut 10. Or, $10 + 3 = 13$, et $13 - 7 = 6$ que l'on écrit dessous.

Enfin le dernier chiffre 2 pointé, ne vaut que 1, et 1 pouvant payer 1, il ne reste rien.

L'opération est terminée; et il en résulte que j'ai besoin d'acheter 666 toises, 4 pieds, 10 pouces de bois pour completter la quantité qui m'est nécessaire.

Comme il pourroit paroître étrange que l'on empruntât sans cesse, et que l'on ne rendît pas les emprunts faits; faisons remarquer que la preuve opère tous ces mouvemens.

J'ai

J'ai, dans mon chantier; 1,789 toises, 5 pieds, 10 p. ᵇˢ
Je dois en acheter   666   4   10

Et l'addition de ces deux sommes
  va justifier de ces rembour-
  semens, en rétablissant la
  somme primitive   2,456   4   8

Puisque 10 + 10 pouces = 20 pouces, et que dans 20 pouces il se trouve 1 pied, 8 pouces, il est clair qu'en posant 8 pouces, je restitue le 1 pied que les pouces avoient emprunté; et ainsi consécutivement, on rend à tous les prêteurs ce qui leur avoit été emprunté.

Il nous reste encore une difficulté à surmonter; c'est celle des emprunts à faire à des zéros.

Les zéros n'ayant aucune valeur ne sauroient prêter. Il faut donc forcément remonter à un degré plus haut : ce degré est le troisième. Or, si le premier est une unité, si le second est dixaine; le troisième est centaine; l'on ne sauroit emprunter une centaine.

S'il falloit, par une suite de zéros, remonter au quatrième, cinquième et sixième degrés, l'embarras seroit plus considérable, puisque, dans tous les cas, on ne sauroit emprunter qu'une unité à son voisin, qui ne peut valoir que 10 pour l'emprunteur.

Que faire en pareil cas ? Deux moyens de conciliation nous sont offerts.

Le premier consiste à emprunter au premier chiffre caractéristique que l'on rencontre.

S'il est centaine, relativement à l'emprunteur, il

prête une unité au zéro, et cette unité vaut 10 pour le zéro. Le zéro valant alors 10, prête 1 à l'emprunteur, et il reste pour 9; et l'unité qu'il a prêtée vaut 10 pour l'emprunteur.

Il en seroit de même pour tous les degrés que l'on auroit à remonter. L'unité empruntée, au degré le plus élevé, vaudroit 10 pour le premier zéro à sa droite; celui-ci prêtant une des unités au zéro qui suivroit, ce second zéro y trouveroit également la valeur de 10; et ainsi consécutivement d'emprunt et de prêt, chaque zéro resteroit pour 9, et le véritable emprunteur auroit une unité qui lui vaudroit 10.

D'après tous ces développemens, et sans entrer dans tous ces détails, on peut emprunter du premier chiffre numérique, n'importe à quel degré il se trouve placé, une unité qui vaut 10, comme s'il empruntoit à son voisin à gauche, et considérer tous les zéros intermédiaires, comme des 9.

Pour mieux sentir ceci, supposons la somme   1000
dont on voudroit soustraire   999

Il est sensible qu'il ne restera que   1

Donc l'emprunt fait sur l'unité 1000 convertit en 900   90   10
d'où retranchant   900   90   9

On n'a à dire que $10 - 9 = 1$, ci.   .   //   //   1

D'où il résulte encore la conviction que si de 1000# // //
on en vouloit soustraire   999   19   11

Il ne resteroit que 1 denier, ci. . .   //   //   1

Parce qu'on peut considérer les 1000# comme 999# 19ſ 12₰
desquelles on voudroit soustraire 999 19 11

De sorte que l'on n'auroit que 12 — 11 = 1, ci // // 1

Il est donc palpable que l'emprunt fait sur le chiffre caractéristique éloigné, le diminuant de 1, donne à tous les zéros intermédiaires la valeur de 9, et que le dernier zéro reste pour 10, si l'on n'a que des nombres entiers.

Mais si l'on a des nombres fractionnaires, ce dernier zéro reste également pour 9, et l'unité qu'il prête aux sous leur vaut 20, et s'il y a des deniers, les 20 sous restent pour 19, et le 20e sou va pour 12 deniers, aux deniers.

Tel est le premier moyen.

Le second moyen est plus simple, il consiste tout uniment à considérer les zéros comme des valeurs, et à leur emprunter: ils ne feroient en ceci que l'office d'un ami qui va souvent emprunter pour nous prêter; et qui, par ce moyen, nous oblige, quoiqu'il n'en ait pas la faculté quand nous recourons à lui.

Ce zéro prêteur est pointé, et quand il emprunte à son voisin une unité qui lui vaut 10, le point rappellant qu'il a prêté d'avance, avertit qu'il ne reste que pour 9 : c'est faire la même chose, mais avec plus de simplicité.

J'avois hier dans ma bourse ₊ 7,0 0 5# //ſ //₰
Je n'y trouve aujourd'hui que 5 0 6 17 6

Combien ai-je dépensé? Réponse, 6,4 9 8 2 6

Preuve 7,0 0 5 // ₰

3 *

N'ayant ni sous ni deniers, je n'ai pu trouver aujourd'hui dans ma bourse sans avoir converti une livre
en monnoie. Cette conversion m'a donné 19 sous 12
deniers en échancge.

Donc j'avois alors : 7,004$^{\#}$ 19$\int$ 12$\mathcal{R}$

Tel est le raisonnement que l'on doit se faire si
l'on veut agir conséquemment ; mais laissons ce raisonnement à part, et agissons méthodiquement.

N'ayant point de deniers, si je veux en soustraire 6,
il faut que j'emprunte 1 sou aux sous, quoiqu'ils n'aient
rien. Or, ce sou vaut 12 deniers, et 12 — 6 = 6
que je pose dessous.

N'ayant point de sous, et cependant devant en
soustraire 17, j'emprunte 1 livre qui vaut 20 sous ;
mais le point m'avertissant que les sous ont déjà prêté,
les 20 se réduisant à 19, et 19 — 17 = 2 que je
pose dessous.

Le premier chiffre 5 des livres, étant pointé, me
reste pour 4. De 4 ne pouvant retrancher 6, j'emprunte 1 au premier zéro, en le pointant. Or, cet 1
me vaut 10 Donc 10 + 4 = 14, et 14 — 6 = 8 que
je pose dessous.

Le premier zéro est obligé d'emprunter à son voisin,
et je pointe ce voisin. L'unité qu'il a empruntée vaut
10 ; mais attendu qu'il a prêté d'avance, il reste pour
9 ; et 9 — 0 = 9 que je pose dessous.

Le second zéro emprunte 1 de son voisin que je
pointe ; cette unité lui vaut 10, mais attendu qu'il
est pointé lui-même, il ne lui reste que 9. Or,
9 — 5 = 4 que je pose dessous.

Enfin du dernier chiffre 7 qui est pointé, et qui reste pour 6, n'ayant rien à en retrancher, je le descends au-dessous.

Et l'opération terminée, me justifie que j'ai dépensé :

$$6,498 \, \text{liv.} \; 2 \, \text{s} \; 6 \, \text{d}$$

Voilà toutes les difficultés de la Soustraction surmontées. Elles se réduisent aux emprunts, et la moindre intelligence suffit pour les vaincre.

Si en opérant de droite à gauche, on est obligé de faire des emprunts; en opérant de gauche à droite, il faut, par la même raison, faire des réserves. Donc toutes les manières d'opérer se ressemblent quoiqu'elles diffèrent par les procédés. Essayons celle-ci :

Un lot de café pèse	1,203 liv.	6 onces	4 gros	36 gr.
L'adjudicataire en a cédé	240	10	7	21
Que restera-t-il pour lui ? R.	962	11	5	15
Preuve,	1,203	6	4	36

Attaquant la question par la gauche, j'en examine les dispositions; et je vois que de 12, je puis en soustraire 2; mais j'observe que du zéro qui suit 12, je ne puis en soustraire 4. Dès-lors je réserve 1 qui vaut 10 pour le zéro; de sorte qu'il ne me reste que 11. Donc 11 — 2 = 9 que je pose au-dessous.

Au moyen de la réserve que j'ai faite sur 12, le zéro qui suit vaut 10; et considérant que du 3 qui suit le zéro, il n'y a rien à soustraire, je dis 10 — 4 = 6 que je pose dessous.

Du chiffre 3 je n'ai que 0 à soustraire; mais

j'observe que de 6 onces, j'en ai 10 à soustraire. Je lui réserve donc 1 livre qui vaut 16 onces, et le 3 ne me reste que pour 2. Dès-lors 2 — 0 = 2 que e pose dessous.

J'ai 6 onces plus les 16 réservées = 22 onces, je puis bien dire 22 — 10. Mais j'observe que de 4 gros, on ne peut en retrancher 7. Conséquemment je réserve 1 once qui vaut 8 gros, et 21 — 10 = 11 onces que je pose dessous.

4 Gros et 8 réservés = 12 gros, et remarquant que de 36 grains on peut sans secours en retrancher 21, je ne leur réserve rien, et 12 — 7 = 5 gros que je pose dessous.

Enfin 36 grains — 21 = 15 grains que je pose dessous.

Et mon opération terminée se justifie par la preuve comme à l'ordinaire.

Voilà deux procédés, l'un par des emprunts, l'autre par des réserves, qui conduisent aux mêmes résultats.

Un troisième procédé qui n'exigeroit ni emprunts ni réserves, et qui porteroit sa preuve avec lui, seroit plus simple ? Je le crois : c'est celui que j'emploie ordinairement. Il consiste à additionner le nombre à soustraire avec le reste, pour completter la somme principale. Ce reste est inconnu, mais on le pose au fur et mesure qu'on le trouve, et qu'on en a besoin pour faire l'addition. Voici comme je pose la règle :

Je paye	2,987ʰ 6ᴶ 8ℜ	
Il me reste à payer		
Somme que je dévois,	3,674 15 ″	

La somme restante à payer est en blanc ; mais je la remplis, en opérant, des chiffres qui me sont nécessaires, avec ceux de la somme payée, pour completter celle que je devois.

J'ai 8 deniers, pour completter 1 sou, il me faut 4 *deniers que je pose*, et je dis $8 + 4 = 12$ deniers, qui valent 1 sou, que je retiens.

J'ai 6 sous $+$ 1 retenu $= 7$ sous. Pour aller à 15, il m'en faut 8, *que je pose*, en disant $7 + 8 = 15$ sous.

J'ai 7 livres, pour trouver le 4 que j'ai à la somme, je suis obligé de dire 7 que j'ai, *et 7 que je pose* $= 14$; je trouve le 4, et je retiens 1.

J'ai pour le second chiffre $8 + 1$ retenu $= 9$, pour aller à 17 ; il me faut 8 *que je pose*, en disant : $9 + 8 = 17$. J'ai le 7, et je retiens 1.

J'ai pour troisième chiffre $9 + 1$ retenu $= 10$, pour aller à 16, il me faut 6 *que je pose*, j'ai le 6, et je retiens 1.

Enfin mon quatrième chiffre est $2 + 1$ retenu $= 3$, que j'ai à la somme principale : je n'ai rien à poser, et mon opération est terminée.

Je trouve donc qu'ayant payé	2,987#	6ſ	8꒰
Il me reste encore à payer	687	8	4
Pour completter ce que je devois,	3,674	15	//

Ce troisième procédé est le plus simple, le plus facile et le plus expéditif de tous. Néanmoins j'engage à les pratiquer tous les trois ; car tout ce qui tend à varier le travail, étend le cercle des connois-

sances, et nous garantit de ces méthodes uniques
qui communément dégénèrent en routines.

Pour rendre les jeunes gens fermes sur le travail,
et les habituer à bien examiner les questions avant
d'opérer, il seroit bon de leur présenter par fois les
questions dans un ordre renversé, mais sans les en
prévenir.

$$\begin{array}{lccc}
\text{Soustraire} & 783^{tt} & 19^{J} & 8 \\
\text{De} & 2,560 & 14 & 6 \\[4pt]
\hline
\text{Reste} & 1,776 & 14 & 10
\end{array}$$

Il seroit également intéressant de les habituer à
soustraire en ligne horizontale.

	Recette.	Dépense.	Reste.
Totaux.	5,485 ^{tt} 13 ^{J} 7	2,896 15 9	2,588 17 10

Ce seroit d'ailleurs le vrai moyen de leur épargner
des fatigues et leur rendre tous les travaux faciles.

Apprenons-leur aussi à trouver l'âge des personnes
par le moyen d'une simple soustraction des époques.

Je suis né le 10 Octobre 1755, et je veux savoir
l'âge que j'ai aujourd'hui 9 Août 1814.

Il faut observer que les années ne doivent s'écrire
qu'autant qu'elles sont expirées.

Donc au lieu de 1814, on n'écrit que 1813, plus le temps de 1814.
au lieu de 1755, on n'écrit que 1754, plus le temps de 1755.

$$\begin{array}{lccc}
\text{On dira donc de} & 1813 \text{ ans} & 7 \text{ mois} & 9 \text{ jours.} \\
\text{Soustraire} & 1754 & 9 & 10 \\[4pt]
\hline
\text{Mon âge est de} & 58 & 9 & 29
\end{array}$$

On pourroit bien écrire 1755 et 1814, puisque

l'année ajoutée à chaque terme, maintiendroit l'égalité, et présenteroit le même résultat; mais il est
sage de les exercer à réfléchir leur travail. Voici un
exemple de cette nécéssité:

Un homme possède pour   150,240^{tt} 8 $\mathcal{J}$ 9 $\mathcal{R}$ de biens.
Un autre ne possède que   47,934   5   10   *idem.*

Quelle est leur différence? 102,306   2   11

Cette opération est simple, ils sont l'un et l'autre
possesseurs, la différence de leur position s'établit par
la Soustraction. Mais faisons-leur cette autre proposition, et voyons comment ils la résoudront:

Un homme possède pour   64,840^{tt} 4 $\mathcal{J}$ 7 $\mathcal{R}$ de marchandises.
Un autre qui ne possède rien,
        a contracté pour   20,954 12 10   de dettes.

Quelle est leur position? 85,794 17 5

Ici il faut additionner et non soustraire; car il est
tout simple de penser qu'il faut que le premier dé-
pense 85,794^{tt} 17 $\mathcal{J}$ 5 $\mathcal{R}$, avant d'être réduit à la
malheureuse position du second; puisqu'il devoit
consommer son bien, et contracter autant de dettes
que lui : donc l'addition satisfait à la question.

C'est par des exercices pareils que l'intelligence
se développera, et que l'esprit du calcul en hâtera
les progrès.

DE LA MULTIPLICATION.

~~~~~~~~~~~~~~~~~

La Multiplication n'est qu'une méthode abréviative de l'Addition ; mais avec la différence néanmoins, que, si l'Addition *cumule toutes sortes de nombres*, la Multiplication *cumule constamment le même.*

Deux nombres seulement concourent à former une Multiplication : c'est par cette raison qu'on les nomme *facteurs.* L'un désigné sous le titre de *multiplicande*, ce qui signifie *à multiplier* ; l'autre désigné sous le titre de *multiplicateur*, c'est-à-dire qui *multiplie.*

Donc le multiplicateur ne sert qu'à répéter le multiplicande, *autant de fois que lui*, *multiplicateur*, *contient d'unités.*

J'ai dit que dans toutes les opérations possibles, on ne pouvoit cumuler que des nombres de la même espèce, et jamais de deux espèces différentes. La Multiplication va confirmer ce principe, quoique les deux facteurs soient constamment de deux espèces de choses. Et comme dans le commerce de la vie tout s'achète et se vend pour de l'argent, nous devons en conclure que l'on multiplie constamment *de l'argent par des marchandises*, c'est-à-dire que c'est le prix qui est multiplié par la quantité de marchandises, et que le produit doit toujours être en argent.

Par exemple à 40 francs l'aune de drap, combien coûteroient 6 aunes de drap ? Voilà une proposition que l'on peut considérer comme générale. Nous avons deux facteurs d'espèces différentes. Lequel des deux est multiplicateur ? le bon sens résout cette question ; c'est la quantité de drap.

Observons bien que, dans les opérations du calcul, on va toujours *du connu à l'inconnu*. Ici la quantité de drap est bornée à 6 aunes ; elle ne sauroit augmenter ; donc ce n'est pas cette quantité invariable qui est inconnue.

Le prix de l'aune du drap est également borné à 40 francs l'aune ; ce prix est également invariable, il ne sauroit augmenter ; il n'est pas inconnu.

Quel est donc l'inconnu que nous cherchons ? *la valeur des 6 aunes de drap, à raison de 40 francs, prix d'une aune*. Donc si nous disons 6 fois 40 francs égalent 240 francs, nous trouverons dans le produit 240 francs, cette valeur qui nous étoit inconnue, et que l'esprit de la question nous invitoit à chercher.

Le marchand qui livre son drap donne une valeur, il en attend l'équivalent de l'acheteur ; celui-ci le lui donne en argent, et ils se quittent satisfaits l'un de l'autre.

Tout, dans la vie, étant *échange de valeurs égales*, le produit de la Multiplication doit toujours être de la valeur inconnue au moment où l'on traite : tel est le principe fondamental de la Multiplication. Peu importe lequel des facteurs est dessus ou dessous ; c'est l'esprit qui doit en diriger l'opération et non la méthode ; et le produit, toujours prévu, ne laissera point de doute sur l'espèce qu'il doit présenter.

Un homme a des moutons, l'autre a du bled. Celui qui a des moutons propose à l'autre, de lui donner 20 moutons, à raison de 5 boisseaux de bled pour un mouton. La proposition est acceptée. Quelle est l'inconnu de cette proposition ? La quantité des moutons est déterminée ; elle est de 20. La quantité de boisseaux de bled pour 1 mouton est également fixée ; elle est de 5 boisseaux. Que nous reste-t-il à connoître ? *la valeur du bled à donner pour celle des* 20 *moutons, à raison de 5 boisseaux de bled pour 1 mouton.* Donc si nous disons 20 × 5 = 100, ou 5 × 20 = 100, nous aurons résolu la question avec intelligence ; et nous saurons, sans hésitation, que celui qui reçoit les 20 moutons, doit livrer *en échange 1 0 0 boisseaux de bled.*

A proprement parler, la Multiplication est toujours nécessitée par des échanges de valeurs pour des valeurs égales, ou présumées telles, en raison des conventions qui ont déterminé les échanges.

On *vend* des marchandises pour de l'argent. On *troque* des marchandises contre des marchandises ; mais soit vente, soit troc, des deux facteurs, concourant à former une Multiplication, l'un est toujours multiplicande et l'autre multiplicateur ; et le produit est toujours de même espèce que le multiplicande.

Le multiplicande est toujours censé être *le prix* des choses.

Le multiplicateur est toujours censé être *la quantité* des choses.

Et le résultat est constamment le produit *du prix multiplié par la quantité.*

Si nous avons 6 aunes de drap à 40 francs l'aune ,
il est clair que

        1 aune de ce drap coûtera   40 francs.

        1 aune encore   *idem*   40

        1 aune encore   *idem*   40

        1 aune encore   *idem*   40

        1 aune encore   *idem*   40

        1 aune encore   *idem*   40

Ensemble 6 aunes de drap coûtant   240 francs.

Donc nous avons posé 6 fois le prix du drap pour
en connoître la valeur totale. On a donc plutôt fait
de dire $40 \times 6 = 240$. Et voilà en quoi la Multiplication abrège les procédés de l'Addition.

Ce procédé $40 \times 6 = 240$ n'est qu'indicatif; car
il seroit impraticable si les deux facteurs étoient composés de plusieurs chiffres : voici comme on les pose
ordinairement pour pouvoir les résoudre.

Multicande ; à   42 francs l'aune.

Multiplicateur ; combien 246 aunes de drap ?

1.er produit des unités   252   42 par 6

2.e produit des dixaines 168 .   42 par 4 ou 40.

3.e produit des centaines 84 . .   42 par 2 ou 200.

Produit total   10,332 par l'add. des 3 produits partiels.

On voit, par ce détail, que l'on ne multiplie le
multiplicande que par un chiffre du multiplicateur ,
et que chaque chiffre du multiplicateur donne un
produit partiel. C'est comme si nous avions trois
multiplications à faire ; c'est-à-dire autant d'opérations
que nous avons de chiffres au multiplicateur 200. 40. 6.

La première et 42f par 6 unités, faisant 6 fois 42 fr. 252f
La seconde est 42 par 40 unités, fais. 40 fois 42   1680
La troisième est 42 p. 200 unités, fais. 200 fois 42   8400

Toutes ces opérations sont indépendantes l'une de l'autre ; il n'y a que leur réunion par l'addition qui en fasse un corps. A 6 fois 42 il n'en faut qu'une ; à 46 fois 42, il en faut deux ; à 246 fois 42, il en faut trois ; et ce nombre de produits partiels est toujours égal à la quantité de chiffres présentée par le facteur-multiplicateur.

On ne sauroit jamais multiplier avec sûreté, si l'on ne connoissoit parfaitement *et par cœur*, le produit d'un chiffre par l'autre, parce que l'on ne multiplie jamais qu'un chiffre à la fois par un autre chiffre. Le tableau ci-après, que l'on qualifie *de Table de Multiplication*, doit être parfaitement connu, si l'on veut calculer avec aisance et solidité.

TABLE DE MULTIPLICATION.

2 fois	2 font	4	4 fois	6 font	24	7 fois	7 font	49
2	3	6	4	7	28	7	8	56
2	4	8	4	8	32	7	9	63
2	5	10	4	9	36	7	10	70
2	6	12	4	10	40	7	11	77
2	7	14	4	11	44	7	12	84
2	8	16	4	12	48	8 fois	8 font	64
2	9	18				8	9	72
2	10	20				8	10	80
2	11	22	5 fois	5 font	25	8	11	88
2	12	24	5	6	30	8	12	96
			5	7	35			
3 fois	3 font	9	5	8	40	9 fois	9 font	81
3	4	12	5	9	45	9	10	90
3	5	15	5	10	50	9	11	99
3	6	18	5	11	55	9	12	108
3	7	21	5	12	60			
3	8	24				10 fois	10 font	100
3	9	27	6 fois	6 font	36	10	11	110
3	10	30	6	7	42	10	12	120
3	11	33	6	8	48			
3	12	36	6	9	54	11 fois	11 font	121
			6	10	60	11	12	132
4 fois	4 font	16	6	11	66			
4	5	20	6	12	72	12 fois	12 font	144

On ne devra jamais admettre à multiplier, celui qui ne
possédera pas parfaitement cette table, et par cœur; non-
seulement parce que sans son secours, il lui seroit presque impossible de parvenir à une solution, mais encore parce qu'il
travailleroit péniblement, et que le dégoût, dont il faut le
garantir avec le plus grand soin, le rebuteroit à jamais.

Revenons à la Multiplication que nous avons faite, et posons la de nouveau.

Multiplicande ; à	42 francs l'aune.
Multiplicateur ; combien	246 aunes de drap.

1er. produit 42 aunes, à 6 francs	252
2.e produit 42 aunes, à 40	1 68.
3.e produit 42 aun. à 200	8 4. .
Produit total	10,332 francs.

On remarquera ici , que le produit total est de même espèce que le multiplande ; c'est-à-dire qu'il est en francs, parce que le prix du drap est en francs.

Que les 10,332 francs sont le produit de 42 francs, multipliés par les 246 aunes ; c'est-à-dire de 246 fois 42 francs, ou $42 \times 246 = 10,332$ francs.

Que si le premier produit se compose d'unités , $42 \times 6 = 252$.

Le second produit se compose de dixaines, $42 \times 40 = 1680$. A la vérité , on ne voit dans l'opération que 168. ; mais le point qui est au bout, tient lieu de zéro ; l'usage ou la propreté a fait généralement adopter le point.

Ce point occupant le degré des unités , indique que le produit est du second degré ; c'est-à-dire des dixaines , parce que le chiffre 4 du multiplicateur qui l'a donné , est du second degré : on multiplie par 4 , mais il faut lire 40.

Le troisième produit donné par le chiffre 2 du multiplicateur, est du troisième degré, c'est-à-dire des centaines ;

centaines ; aussi a-t-il deux points au bout, parce que le chiffre 2 a deux chiffres après lui : or , puisqu'il est au rang des centaines , il ne peut produire que des centaines : on multiplie par 2, mais il faut lire 200 × 42 = 8400.

Si nous renversons l'ordre des facteurs , nous n'aurons que deux produits partiels, donnant le même produit total.

Multiplicateur ; combien	246 aunes de drap?	
Multiplicande ; à	42 francs l'aune.	
1.er produit 246 aunes , à 2 francs	492	
2.e produit 246 aunes , à 40	984.	
Produit total	10,332 fr.	

La parité des produits justifie qu'il est très-indifférent lequel des facteurs est dessus ou dessous ; mais la facilité du travail prescrit de placer dessous celui qui a le moins de chiffres. Il suffit d'observer que chaque produit partiel soit du même degré que le chiffre multipliant occupe ; c'est-à-dire, qu'il y ait au bout du produit autant de points que le chiffre multipliant a de chiffres après lui , pour bien opérer. Quant au résultat, pourvu que l'on sache ce que l'on cherche , on n'aura jamais de doute sur l'espèce de produit , qui doit être celle du prix des choses.

L'attention de marquer par des points , au bout des produits partiels, les degrés occupés par le chiffre multiplicateur, est d'autant plus essentielle , qu'elle est

4

le plus solide des régulateurs , lorsqu'il y a des zéros parmi les chiffres multiplicateurs.

Si les zéros sont muets , s'ils n'exercent aucune action dans une opération , ils servent néanmoins à marquer les degrés que les chiffres numériques occupent ; soit qu'ils en soient précédés ou qu'ils en soient suivis. Conséquemment , les degrés que les zéros occupent , doivent également être observés , si l'on veut donner aux chiffres numériques celui qui leur appartient.

Soit · 859

A multiplier par 4007

1.er produit 859 × par 7   6 013 unités.
2.e produit 859 × 4 ou 4000   3 436 . . . mille unités.

Produit total   3,442,013 unités.

Ici , quoique le multiplicateur ait quatre chiffres, il ne donne que deux produits partiels , parce qu'il n'a que deux chiffres numériques , et que les zéros n'en sauroient donner Mais le second produit partiel est suivi de trois points , parce que le quatrième chiffre numérique a trois chiffres après lui.

Beaucoup de personnes ne mettent des produits en zéros , que parce qu'elles n'ont aucune idée des degrés ; mais leur besogne est plus obscure encore qu'elle n'est fatigante et douteuse.

Quand le facteur qui est au-dessus se compose de quelques zéros , ils ne sont pas embarrassans ; on les multiplie comme les chiffres numériques : à la vérité , ils ne produisent rien , parce que 7 fois

0 = 0, comme 7 fois *rien* = *rien* ; mais on écrit le zéro.

<pre>
         Soit   9006
         A multiplier par   420
                         _____
1.er produit 9006 × 0 =   . . . 0 unité.
2.e produit 9006 × 2 ou 20 =   18012 . dixaines d'unités.
3.e produit 9006 × 4 ou 400 =   36024 . . centaines d'unité

    Produit total   3,782,520 unités.
</pre>

Ainsi qu'on le voit, les zéros du premier facteur ne causent aucun embarras, et sont occupés comme chiffres numériques.

Pour celui qui est au second facteur, je n'ai établi son produit que pour en montrer l'inutilité. On fera donc bien de le supprimer, mais toutefois en écrivant le zéro, et portant immédiatement après le second produit, ainsi que je le fais ici ; attendu que le zéro doit occuper son degré, qui est le premier, comme le second produit doit occuper le second degré, auquel le second chiffre appartient.

<pre>
         Soit   9006
         A multiplier par   420
                         _____
                         180120
                         36024 . .
                         _____
    Produit total   3,782,520
</pre>

Le jeu des zéros *qui sont au bout des nombres*, est extrêmement joli ; il ne cause aucun embarras quand on sait les mouvoir avec intelligence ; mais il n'est pas encore temps d'en parler : quand la Multiplication

4 *

nous sera familière , nous saurons mieux apprécier les facilités dans le travail.

Les leçons séches ne conduisant qu'à des résultats bornés , essayons de leur donner tout le degré d'in‑térêt dont elles sont susceptibles : le jeu des multiples va nous aider.

Il ne suffit pas de savoir multiplier mécaniquement, il faut encore savoir quels sont les produits que les facteurs doivent donner. C'est donc en développant l'effet que les facteurs doivent produire , que les le‑çons deviennent instructives. Et pour que l'esprit puisse comparer les effets avec les causes , nous allons varier nos exemples, sur deux facteurs primitifs , en les com‑posant de deux chiffres seulement.

Soit	36	La moitié de 36 est	18
A multiplier par	12	A multiplier par	24
	72		72
	36.		36.
Produit primitif	432	Produit pareil	432

La première opération à gauche va servir de base à mes développemens. Et 36 × 12 = 432 , sont les deux facteurs et le produit que je veux obtenir di‑versement, ou multiplier au gré des mouvemens que j'imprimerai aux deux facteurs.

A droite, j'ai doublé l'un des facteurs; j'ai réduit l'autre à moitié , et j'ai obtenu un produit pareil. La conséquence de cette parité est tirée du plus simple raisonnement. Supposons que chaque facteur soit 2 ,

et que 2 × 2 = 4. Il est constant que si je double l'un,
il sera 4, et que la moitié de l'autre sera 1. Or,
4 × 1 = 4.

Le quart de 36 est	9	6 fois 36	est	216
Et 4 fois 12 est	48	Le sixième de 12 est		2
Produit pareil	432	Produit pareil	432	

La parité des produits résultera toujours de l'égalité des rapports maintenus entre les deux facteurs.
Si l'un est 4 ou 6 fois plus grand, et que l'autre soit
4 ou 6 fois plus petit, l'équilibre dans le produit
existera toujours : si l'un compose, l'autre décompose.

Si l'on double un seul facteur, on doublera le produit, comme 1 × 2 = 2.

2 fois 36 égalent	72	Le produit primitif est	432
à multiplier par	12	ajouté à lui-même	432
Produit double	864	Produit double	864

Si les deux facteurs sont doublés, le produit sera
quadruple, comme 2 × 2 = 4.

2 fois 36 égalent	72	Le produit double est	864
2 fois 12 égalent	24	ajouté à lui-même	864
	288		
	144.		
432 × 4 =	1728	Produit quadruple	1728

Si l'un des facteurs étoit quadruplé, et que l'autre
restât simple, le produit ne seroit que quadruple,
comme 4 × 1 = 4.

4 fois 36 égalent	144	Le produit primitif est	432
à multiplier par	12	à multiplier par	4
Produit quadruple	1728	Produit quadruple	1728

Ici, j'ai multiplié par 12 à la fois. Il faut s'y familiariser ; c'est plus expéditif.

J'observerai encore que ne cherchant que des nombres et non des valeurs, je ne me sers que des qualifications de *facteurs* : celles de multiplicateur et de multiplicande seroient plus embarrassantes que nécessaires.

Si nous quadruplons les deux facteurs, nous aurons un produit seize fois plus grand, et comme $4 \times 4 = 16$.

4 fois 36 égalent	144	Le produit quadruple est	1,728
4 fois 12 égalent	48		1,728
	1,152		1,728
	5,76 .		1,728
$432 \times 16 =$	6,912	Produit 16 fois	6,912

On sent que ces progressions pourroient se pousser à l'infini ; et l'on agira avec discernement, en multipliant les augmentations des deux facteurs l'un par l'autre, puisque leurs produits proviennent de leur multiplication.

Si nous triplons l'un des facteurs, le produit sera triple, comme $3 \times 1 = 3$.

3 fois 36 égalent	108	Produit simple	432
A multiplier par	12		432
			432
$432 \times 3 =$	1,296	Produit triple	1,296

Si nous triplons les deux facteurs, le produit sera nonocuple, comme 3 × 3 = 9.

3 fois 36 égalent	108	Produit triple	1,296
3 fois 12 égalent	36		1,296
			1,296
	648		
	3,24.		
432 × 9 =	3,888	Produit nonocuple	3,888

Si l'un des facteurs étoit sextuplé, le produit seroit sextuple, comme 6 × 1 = 6.

6 fois 36 égalent	216	Le produit triple est	1,296
A multiplier par	12		1,296
432 × 6 =	2,592	Produit sextuple	2,592

Si les deux facteurs étoient sextuplés, le produit seroit 36 fois plus grand, comme 6 × 6 = 36.

6 fois 36 égalent	216	Le produit nonocuple est	3,888
6 fois 12 égalent	72		3,888
			3,888
	432		3,888
	15,12.		
432 × 36 =	15,552	Produit 36 fois	15,552

Si l'un des facteurs étoit nonocuplé, le produit seroit nonocuple, comme 9 × 1 = 9; mais s'ils étoient nonocuplés tous les deux, le produit seroit 81 fois, comme 9 × 9 = 81.

9 fois 36 égalent	324	Produit simple	432
9 fois 12 égalent	108	A multiplier par	81
	2,592		432
	32,40.		34,56.
432 × 81 =	34,992	Produit pareil	34,992

Ces exemples sont suffisans pour donner une idée de la puissance des multiples ; et on fera bien de familiariser les jeunes gens, sur toutes sortes de nombres. C'est le vrai moyen d'acquérir cet esprit de calcul qui doit diriger toutes les opérations. D'ailleurs, en poussant ces opérations un peu loin, le nombre des chiffres s'élevera insensiblement dans les deux facteurs, et l'exercice ainsi gradué n'aura rien de fatigant.

Si 5 fois 1 égalent 5 ;   5 fois 5 égalent 25 ;   et 5 fois 25 égalent 125
      6   1   6 ;   6   6   36 ;   et 6 fois 36   216

par cette progression sur tous les nombres, on iroit à l'infini.

Il faut en outre que des questions exercent la sagacité, pour s'assurer des progrès acquis.

Par exemple, combien de fois un produit quelconque seroit-il augmenté, si l'un des facteurs l'étoit 8 fois, et l'autre 9 fois? il le sera 72 fois, puisque $8 \times 9 = 72$. Et si l'on fait résoudre ces questions par des procédés analogues à ceux ci-après, qui, tous différens, justifient que les mêmes nombres, combinés de diverses manières, donnent constamment des produits semblables, on doit tout espérer de l'élève qui les sentira.

1.er facteur primitif 36	1.er facteur $36 \times 8 =$	288
2.e facteur *id.* 12	2.e facteur $12 \times 9 =$	108
		2,304
		28,80.
Produit primitif 432	432×72 égalent	31,104

Produit primitif	432	Produit primitif	432
Multiplié par	72	Multiplié par	8
	864		3,456
	30,24.	Multiplié par	9
Produit 72 fois	31,104	Produit 72 fois	31,104

La parité des produits justifie ce que j'ai déjà énoncé. Mais attendu que 72 produit de 8×9, peut l'être également de divers autres nombres, justifions que quand on a plusieurs facteurs à faire agir consécutivement, l'un sur l'autre, on peut indifféremment les faire mouvoir isolément, ou les combiner de deux en deux, ou n'en former qu'un seul facteur.

$$2 \times 2 = 4 \qquad 4 \times 3 = 12 \qquad 12 \times 6 = 72$$
$$3 \times 3 = 9 \qquad 9 \times 4 = 36 \qquad 36 \times 2 = 72$$

Prenons le même produit primitif 432 qui nous a servi ci-dessus. Multiplions-le successivement par chacun de ces facteurs isolés ; et s'ils donnent le même produit 31,104, on se convaincra que tous les résultats ont la même cause, quand les agens sont les mêmes ; et qu'ils doivent produire les mêmes effets.

432	432	432	432
× 2	× 3	× 12	× 36
864	1,296	5,184	15,552
× 2	× 3	× 6	× 2
1,728	3,888	pareil 31,104	pareil 31,104
× 3	× 4		432
5,184	15,552	×	72
× 6	× 2		864
			30,24.
Pareil 31,104	pareil 31,104		pareil 31,104

En variant ces jeux , non-seulement on s'instruiroit très-vîte, mais encore ils inspireroient le goût du calcul, ils rendroient le jugement aussi rapide que sûr ; et j'en recommande l'exercice en raison.

De ces jeux passons à ceux des zéros, *qui se trouvent au bout des facteurs*, et dont les effets sont aussi brillans que généralement peu sentis, quoiqu'il soit très-facile de les mouvoir.

Multiplier un nombre par 10, c'est le rendre dix fois plus grand. Or, notre numération dixainaire, qui nous indique qu'un chiffre au premier degré est *unité*, qu'au second degré il est *dixaine*, nous indique également que 1 n'est unité que parce qu'il est seul ; et qu'il ne devient dixaine que par l'adjonction d'un autre chiffre à sa droite; et que ce chiffre qui se place à sa droite, prend le rang des unités pour lui donner celui des dixaines.

Conséquemment, si à cette unité 1, nous ajoutons un zéro, elle devient 10 fois plus grande. Donc la simple adjonction d'un zéro à la droite de quelque nombre que ce soit, produit le même effet que s'il avoit été multiplié par 10.

Par la même cause, l'adjonction de deux zéros multipliera par 100 celle de trois zéros multipliera par 1000 et ainsi par continuation jusqu'à l'infini.

Supposons le nombre 432 A 432 ajouter un zéro, on fera à multiplier par 10 de même 4320.

Il produira 4320

Supposons le nombre 432   A 432 ajouter deux zéros, on
à multiplier par   100   fera de même 43,200.

Il produira   43,2000

Multiplier un nombre par mille ou lui adjoindre trois zéros, c'est faire la même chose. Donc l'adjonction d'autant de zéros qu'il y en a au bout du multiplicateur, élève le nombre comme s'il étoit multiplié.

On observera que, pour multiplier par un nombre qui a des zéros *à son extrémité*, on opère avec plus d'aisance, en les sortant hors ligne, comme je l'ai fait dans les Multiplications ci-dessus.

Je dis *à l'extrémité des facteurs*, car il ne faudroit pas confondre ceux-ci avec ceux qui se trouveroient dans le corps des nombres, comme 102, 504, etc. qui ne pourroient être augmentés ni retranchés, sans détruire la valeur de ces facteurs.

Observons bien quelle est la composition des nombres, et nous ferons mouvoir les zéros comme multiplicateurs, par 10, par 100, par 1000, etc. avec autant de facilité que de sûreté : c'est toujours en remontant aux causes que l'on s'assure des effets ; et que l'on agit avec intelligence, avec discernement.

En 10, il n'y a qu'un zéro ; donc l'adjonction d'un zéro multiplie par   10

En 100, il y a deux zéros ; donc l'adjonction de 2 zéros multiplie par   100

En 1000, il a y trois zéros ; donc l'adjonction de trois zéros multiplie par   1000

Et ainsi à l'infini.

Par la même raison, le retranchement

de 1 zéro, rend un nombre 10 fois plus petit ;
    comme 10 devient   1

de 2 zéros, rend un nombre 100 fois plus petit,
    comme 100 devient   1

de 3 zéros, rend un nombre 1000 fois plus petit,
    comme 1000 devient   1 etc.

Si deux facteurs d'une Multiplication terminent par
des zéros, on peut les considérer comme s'ils n'en
avoient pas. Mais après avoir multiplié les chiffres
numériques, il suffit d'ajouter au produit, autant de
zéros qu'il en est contenu au bout des deux facteurs ;
et l'on obtient ainsi, sans peine et sans hésitation,
le résultat qu'ils eussent donné, si on les avoit multipliés avec leurs zéros.

Démontrons ceci par les développemens les plus
simples.

Si j'ai 1 à multiplier par 10, je puis dire 1 × 1
= 1. (Car 1 × 1 ne multiplie pas ; 1 fois 1 ne peut
être que 1.) En ajoutant le zéro, après cette multiplication de 1 par 1 = 1, j'aurai 10, parce que 1
× 10 = 10.

Si j'ai 10 à multiplier par 10, je dirai 1 × 1 = 1,
et ajoutant les deux zéros, j'aurai 100 ; parce que
10 × 10 = 100.

Si j'ai 10 à multiplier par 100, je puis dire 1 × 1
= 1, et ajoutant les 3 zéros, j'aurai 1000 ; parce
que 10 × 100 = 1000.

Si j'ai 100 à multiplier par 100, je dirai de même

$1 \times 1 = 1$, et ajoutant les quatre zéros, j'aurai 10,000;
parce $100 \times 100 = 10,000$.

Et ainsi de suite.

e ne me suis servi de l'unité 1 que pour mieux justifier de la propriété des zéros, attendu que 1 multiplié par 1 ne changeant pas et donnant toujours au produit 1, a parfaitement servi ma démonstration, en faisant mieux ressortir l'effet des zéros. Mais si j'avois d'autres nombres à multiplier, je n'aurois de même que les chiffres numériques à faire mouvoir: supposons, par exemple,

2×30, je dirois, $2 \times 3 = 6$, et ajout. 1 zéro, j'aurois   60
30×50, je dir. $3 \times 5 = 15$, et ajout. 2 zéros, *id.*   1,500
90×800, je dir. $8 \times 9 = 72$, et ajout. 3 zéros, *id.*   72,000
700×6000, je dir. $6 \times 7 = 42$, et ajout. 5 zéros, *id.* 4,200,000

Combien les opérations ne deviennent-elles pas faciles et sûres, en employant des moyens aussi simples!

Les zéros ont encore une propriété qui, bien sentie, sert parfaitement à abréger les opérations. Que l'on ait, par exemple, un nombre à multiplier par 25, par 50, par 75, par 125 et autres semblables; l'adjonction de deux zéros le centuplera, et dès-lors

Pour 25, on prend le quart de la somme ainsi centuplée.

Pour 50, on en prend la moitié.

Pour 75, on en retranche le quart.

Pour 125, on ajoute le quart.

EXEMPLES :

Soit	6742	Soit	6742	Soit	6742	Soit	6742
à ×	25	à ×	50	à ×	75	à ×	125

	33710		337100		33710		33710
	13484.				47194.		13484.
							6742..
Prod. 168,550		337,100		505,650		842,750	

Autrement , après l'adjonction de deux zéros ,

674200	674200	674200	674200
		retrancher	ajoutant
		le $\frac{1}{4}$ 168550	le $\frac{1}{4}$ 168550
Le $\frac{1}{4}$ 168550	La $\frac{1}{2}$ 337100	Reste 505,650	Prod. 842,750

Ces exemples , auxquels je me borne , peuvent donner des idées très - étendues pour toutes sortes d'abréviations : on fera bien de s'y exercer.

J'ai dit que $1 \times 1 = 1$, et comme on a peine à concevoir que deux facteurs donnent un produit moindre en multipliant , que celui qu'ils donneroient s'ils étoient additionnés , puisque $1 + 1 = 2$. Donnons à ce sujet un développement qui préparera le succès en éclairant l'esprit.

Quoique la Multiplication ne soit qu'une méthode abrégée de l'Addition , les fonctions des deux règles ne sont pas les mêmes, et leurs résultats sont différens. L'Addition cumule, la Multiplication multiplie.

Par l'Addition , $1 + 1 = 2$; $2 + 3 = 5$; $5 + 7 = 12$; $8 + 9 = 17$

Par la Multiplic. $1 \times 1 = 1$; $2 \times 3 = 6$; $5 \times 7 = 35$; $8 \times 9 = 72$

Si l'Addition n'a pas de *facteurs* , elle ne peut que rassembler des nombres isolés ; c'est une pelote de neige qui n'augmente que successivement.

La Multiplication , au contraire , a deux facteurs, dont l'un fixe, est multiplié très-vîte, au gré de la puissance de l'autre. Or c'est la puissance du facteur multiplicateur qui détermine la quantité de fois que le facteur multiplié doit être présenté par le produit.

Si le facteur multipliant est 1 , il est senti qu'il ne peut présenter que 1 fois le produit du facteur multiplié 1 ; or 1 fois 1 ne peut être qu'une fois lui-même. Donc il n'y a pas de multiplication dans le fait ; donc le facteur multiplié 1 , ne sauroit donner que 1 au produit.

Il faut donc , de toute nécessité , que pour avoir la faculté de multiplier, la facteur multipliant en ait la puissance ; et il n'acquiert cette puissance que lorsqu'il est plus que 1. Donc s'il est 2 , et que le facteur à multiplier ne soit que 1 , le facteur multipliant se reproduira seul ; car $2 \times 1 = 2$, comme $50 \times 1 = 50$.

Concluons donc , de ce raisonnement , qu'il n'y a réellement de multiplication , qu'autant que les deux facteurs sont puissans , comme $2 \times 2 = 4$; $6 \times 9 = 54$, etc.

DE QUELQUES JEUX DU CALCUL.

Après avoir bien travaillé, on aime assez à jouir de quelque repos ; et ce repos on le cherche dans des jeux qui délassent l'esprit, même en l'occupant : on trouve donc le repos piutôt dans la diversité des travaux que dans l'inaction.

Parvenus à la profonde connoissance du pouvoir des multiples et de la propriété des zéros, voyons quel parti nous pouvons en tirer pour les jeux de l'esprit ; et dans lesquels ils servent si bien le génie de celui qui sait les employer : ce délassement va nous donner quelques idées sur la combinaison des nombres ; et nous nous instruirons même en nous amusant.

Il s'agit de deviner les nombres que l'on aura fait penser dans une société, *nombres qui ne peuvent pas dépasser 9*, pourvu que les personnes qui les auront pensés, veuillent faire les opérations que vous leur indiquerez, et vous en communiquer les résultats.

Tout le secret de ce sortilège, consiste à faire reculer les nombres pensés, du rang des unités à celui des dixaines, et conséculivement, par la simple adjonction des zéros, qui, d'après ce que nous avons appris, multiplient par 10.

PREMIER EXEMPLE.

D'un nombre pensé : soit le nombre 6.

Prescrivez que le nombre pensé soit multiplié par 10 ; si l'on vous accuse 60, retranchez idéalement le zéro, et dites que le nombre pensé est 6.

On

On voit , dans cette opération, que le nombre 6 a été reculé au degré des dixaines, et que le zéro a pris la place des unités. Avec ces notions simples, on peut faire ajouter tant d'unités que l'on voudra à la suite de chaque multiplication.

I I.ᵉ EXEMPLE.

Deux dés sont jetés sur une table : deviner les points que chacun d'eux présente. Ils sont 4 et 5.

Faites multiplier l'un des points par 10. Si c'est le 4 que l'on multiplie , le produit sera 40 : cette opération aura fait reculer le 4 pour faire place au zéro.

Au produit obtenu faites ajouter le second point par l'addition. Ce point est 5 , et l'on vous accusera la somme 45. Dans cette somme vous trouverez les nombres 4 et 5 placés l'un à côté de l'autre.

D'où il résulte que chaque multiplication ne fait reculer un nombre que pour faire place à un autre : ce mécanisme est extrêmement simple.

IIIᵉ. EXEMPLE.

Trois dés sont jetés. Les points qu'ils présentent sont 2 , 4 , 6. Les deviner.

Faites multiplier l'un d'eux par 10. Si c'est le 4 , on aura 40. Donc le 4 n'a reculé que pour faire place à un autre point.

Dites qu'à ce produit on ajoute un autre point. Si c'est 6 , on aura 46.

Pour faire place au troisième point, faites multiplier la somme obtenue par 10; ce qui l'élevera à 460.

A ce produit, faites ajouter le troisième point 2, et l'on accusera la somme 462, dans laquelle vous verrez les points des dés 2, 4, 6.

IVe. Exemple:

Six personnes sont dans une Société; donner à chacune d'elles un numéro, de 1 à 6, en les invitant à faire circuler une bague. Deviner en quelles mains elle aura successivement passé; enfin la demander à la personne qui l'aura.

Supposons que le N°. 4 ait pris la bague; faites multiplier par 10, et l'on aura. 40
Si le N°. 4 a donné la bague au N°. 1, faisant ajouter 1 à 40, on aura. . . . 41
qui, multipliés par 10, deviendront. . . 410
Si le N°. 1 donne la bague au N°. 3, faisant ajouter 3 à 410, on aura. . . . 413
qui, multipliés par 10, deviendront. . . 4130
Si le N°. 3 donne la bague au N°. 5, faisant ajouter 5 à 4130, on aura. 4135
qui, multipliés par 10, deviendront. . . 41350
Si le N°. 5 donne la bague au N°. 2, faisant ajouter 2 à 41350, on aura. 41352
qui, multipliés par 10, deviendront. . . 413520
Enfin, si le N°. 2 donne la bague au N°. 6, faisant ajouter 6 à 413520, on vous accusera 413526

somme dans laquelle vous verrez tous les numéros
dans l'ordre où la bague a circulé ; de sorte qu'en
nommant les personnes, vous pourrez dire quelle est
celle qui l'a prise, en quelles mains elle a successivement passé ; enfin la demander à celle désignée
sous le N°. 6, qui doit l'avoir.

Tels sont les jeux simples, qu'avec le seul secours
des zéros, on pourrroit étendre à l'infini. Mais attendu qu'ils se dévoilent d'eux-mêmes, et qu'il est
nécessaire de les masquer, pour leur donner une
teinte de science occulte, nous allons y joindre l'effet
des multiples ; et de la concordance des deux moyens,
il résultera des combinaisons propres à dérouter les
esprits les plus subtils.

Continuons donc nos exemples, et voyons quels
seront les moyens à employer pour masquer le mécanisme. Mais il faut ici que la mémoire nous serve
bien ; car nous aurons *à défaire idéalement tout ce
que nous aurons fait composer.*

V^e. EXEMPLE.

Deviner un nombre pensé : supposons le nombre 8.

Au nombre pensé 8, faites ajouter celui qui vous
plaira. Supposons 4, on aura 12. Faites doubler 12,
on aura 24. Faites multiplier 24 par 5 ; demandez le
total, on vous accusera 120.

Défaites intérieurement ce que vous avez fait
construire.

Vous avez fait ajouter 4 qui, multipliés par 2 = 8 ;

5*

et qui multipliés par 5 = 40. Retranchez 40 de 120,
il restera 80 ; d'où retranchant le zéro, il restera 8 ,
nombre pensé.

Observons que le 4 que nous avons fait ajouter,
n'est qu'un déviatoire, pour masquer la multiplication par 10 que nous avons fait faire en deux fois,
par 2 et par 5 , puisque 2 × 5 = 10. Or, 8 + 4
= 12 × 10 = 120. Donc, en retranchant le zéro, il
restera 12. et 12 — 4 = 8, nombre pensé.

On peut, par mille combinaisons, varier les manières de masquer un calcul : il suffit de se faire des
tableaux de combinaison ; en voici un.

	Nombre pensé.	Nombre ajouté.	Total.
Le nombre pensé est	8	5	13
Si nous faisons multiplier par	2	2	2
Nous aurons	16	10	26
Encore par 5, pour compléter par 10	5	5	5
Nous aurons les nombres pri- mitifs élevés au rang des dixaines	80	50	130
Voulez-vous ajouter quelque chose à ces produits , ce ne sera qu'au total, ci.			7
Le total accusé sera			137

Le nombre 7 ajouté, n'occupe donc que la place
du zéro qu'il falloit supprimer. Conséquemment, en
supprimant le 7, on supprime le zéro. Dès-lors, du

nombre 13 qui vous reste, retranchez le 5 que vous avez ajouté, il vous restera 8, nombre pensé.

Assurément, rien n'est plus simple, et l'esprit le plus subtil ne sauroit trouver la moindre analogie entre 137 et le nombre 8. Cependant elle existe pour vous, et vous la retrouvez avec la plus grande aisance.

VIe. EXEMPLE.

Deux dés sont jetés : ils présentent les nombres 3 et 5.

A l'un des deux nombres, faites ajouter 5. Si c'est le nombre 3, nous aurons 8.

Si nous faisons doubler 8, nous aurons 16 ; et 16 ne sont autre chose que le double du nombre ajouté 5 qui est 10 ; et il reste 6 qui est le double du point 3.

Si nous faisons multiplier 16 par 10 nous aurons 160, c'est-à-dire le nombre 16 plus un zéro, qui n'est là que pour recevoir le second point 5, qui, ajouté donnera pour total 165.

Enfin, si nous voulons bien dérouter les gens, faisons ajouter 9 aux 165 ; on nous accusera 174, qui sont sans analogie avec les points 3, 5.

Néanmoins, si nous nous rappelons que le premier chiffre 1 est le résultat du nombre 5 ajouté, multiplié par 2 ; nous le retrancherons, et il restera 74.

Si, des 74 restans, nous retranchons le nombre 9 sur-ajouté, il restera 65 : d'où prenant la moitié du chiffre 6, il nous restera 3 et 5, qui sont les points présentés par les dés.

VIIe. EXEMPLE.

Quatre dés jetés ont présenté les points 2 , 3 , 5 , 6.

La combinaison pour masquer le jeu de ces quatre. points, est trop profonde pour des commençans ; néanmoins je l'indique , parce qu'ils pourront y reve- nir , et qu'en attendant elle servira à des personnes instruites pour en composer d'autres.

Faites tripler l'un des points. Si c'est 2 , on aura 6 qui × 10 = 60. Donc pour trouver 2 en 60 , il faut retrancher le zéro , et prendre le tiers de 6. Voilà ce qui , pour l'instant , constitue l'état du pre- mier point 2.

A 60, faisons ajouter le second point 3 , et l'on aura 63. Si nous faisons doubler cette somme , elle s'élevera à 126. Et il faudra se rappeler que dans ce nouvel état, le premier point 2 , se trouve 6 fois en 12 ; et le second 3 , deux fois en 6.

126 × 10 = 1260. Auquel faisant adjoindre le troi- sième point 5 , nous donnera 1265 ; et si nous fai- sons doubler 1265, faisant 2530 , il faudra nous rap- peler qu'en 25 le premier point 2, est contenu 12 fois en 24 , que la dixaine qui reste fait 13 avec le troi- sième chiffre ; qu'en 13 se trouve 4 fois le second point 3 pour 12 ; qu'enfin la dixaine qui reste de 13 fait avec le quatrième chiffre zéro , 10 , dans lequel le troisième point 5 se trouve 2 fois.

Faisons enfin ajouter le quatrième point 6 à 2530, et l'on nous accusera 2536.

D'après mes observations disons donc :

25 — 1 = 24, dans lequel le premier point contenu
    12 fois est   2.

L'unité retranchée de 25, est une dixaine,
qui, avec le troisième chiffre 3, donne 13.

13 — 1 = 12, dans lequel le second point con-
    tenu 4 fois est   3.

L'unité retranchée de 13, est une dixaine, qui,
avec le quatrième chiffre 6, donne 16.

16 — 6 quatrième point = 10, contenant 2 fois
    le troisième point qui est   5.

Enfin le nombre 6 retranché de 16, est le quatrième point, ci. . . . . ,   6.

Et c'est ainsi que les points se découvrent, quelque soit l'ordre dans lequel ils ont été placés, en
prenant le contre-pied des mouvemens ordonnés.

Je ne donne pas ces compositions comme les meil-
leures, mais seulement comme modèles, que l'on
pourra simplifier ou perfectionner.

Ces jeux, que l'on variera à l'infini, quoique donnés comme un simple objet d'amusement, seroient
des sources d'analyse pour les personnes qui voudroient
s'y exercer.

Le calcul n'est que le résultat de combinaisons plus
ou moins compliquées; et si l'attrait du plaisir, peut
en inspirer le goût, il ajoutera de nouveaux ressorts à
ceux que le génie a développés jusqu'ici. Du moment
que l'imagination travaille, le cercle des connoissances
s'aggrandit, l'esprit du calcul acquiert des forces, et
les difficultés disparoissent.

DE LA DIVISION.

La Division est l'opposé de la Multiplication ; elle décompose ce que la Multiplication avoit composé, ou ce qu'il est censé qu'elle a composé.

La Division n'est qu'une Soustraction continue. Diviser $\frac{24}{6} = 4$, ou de 24 en soustraire 6, quatre fois, c'est faire la même opération ; mais avec la différence que l'on fait très-promptement, avec la Division, ce qui exigeroit un travail très-long par la Soustraction.

Si la Multiplication compose les produits avec deux facteurs, la Division les décompose avec un seul, qui, de multiplicateur, prend le titre de *diviseur*. Le produit de la Multiplication prend le titre de *dividende*; et le facteur multiplicande, devient le *quotient*; c'est-à-dire résultat, quotité ou part de la Division.

Nous trouvons donc,

Pour la Multiplication : *Multiplicateur, Produit, Multiplicande*.
Pour la Division : *Diviseur, Dividende, Quotient*.

C'est-à-dire que, pour la Multiplication, le multiplicateur forme le produit par le multiplicande ; et que, dans la Division, le multiplicateur cherche le multiplicande dans le produit.

Tel est l'esprit, tel est le but de la Division, dont le mécanisme est unique ; c'est-à-dire qu'il n'existe qu'une seule manière de diviser.

Il n'est pas nécessaire, par exemple, de faire une multiplication pour la diviser ; tout nombre pris au hasard peut être et diviseur et dividende ; mais il est censé qu'un dividende est toujours un produit ; puis-que le quotient multiplié par le diviseur, le rétablit.

On cherche par la division combien de fois le di-viseur est contenu dans le dividende. Cette quantité de fois se nomme le quotient, c'est-à-dire quotité ou part. Donc les mêmes élémens qui décomposent doi-vent recomposer ; donc le quotient multiplié par le diviseur, doit rétablir le dividende ; et ce rétablis-sement est la preuve que la division a été bien faite.

Multiplions   48
par   12
—————————
Le produit sera 576

Divisons   576
par   12   (Le quotient sera   48

Divisons   576
par   48   (Le quotient sera   12

On fait donc sortir, par la division, au quotient, celui des deux facteurs de la multiplication que l'on veut y trouver. Si l'un est diviseur, l'autre est quotient ; *et vice versa*. Car si la somme de 576 francs est à diviser par 12 personnes, le quotient dira qu'il re-vient à chacune d'elles 48 francs. Donc le quotient se trouve autant de fois dans le dividende, qu'il est contenu d'unités dans le diviseur, et la preuve en est que 12 fois 48 francs égalent 576 francs.

Si la même somme de 576 francs étoit à diviser entre 48 personnes, le quotient diroit qu'il revient

à chacune d'elles 12 francs ; parce que 12 francs se
trouvent contenus 48 fois dans 576 francs.

Donc le quotient donne toujours la part revenante
dans le dividende, à chacune des personnes composant le diviseur ; et comme il est une portion du dividende, il est toujours composé de même espèce de
choses que le dividende.

Il résulte, du développement de ces divisions, une
conséquence bien naturelle et qui, au premier coup-
d'œil, sert à s'asurer de la solidité des résultats ; c'est que,
plus le diviseur est petit, et plus le quotient est grand ;
plus le diviseur est grand, et plus le quotient est petit.

Désormais nous connoissons ce qu'est la division ;
quel est son motif, quelle est son utilité : voyons quel
est le mécanisme à l'aide duquel on parvient à la
solution.

Toute somme ou nombre à diviser se présente sous la
forme d'une fraction : $\frac{12}{3}$ annonce le nombre 12 à diviser par 3. Et $\frac{12}{3} = 4$, annonce que 12 divisé par 3,
donne 4 au quotient.

La division s'écrit encore 3 : 12 = 4 ; c'est-à-dire
que 3 se trouve en 12 4 fois.

On pose encore la division d'une autre manière :

$$3 : 12 \mid 4$$
$$\overline{0} \mid$$

Le quotient 4 placé dans le crochet, donne la même
solution ; et le zéro qui est au-dessous du dividende 12,

annonce que 12 est divisé par 3, sans reste. Les deux premiers procédés ne sont guères qu'indicatifs ; le dernier est mécanique.

Ces préliminaires connus, il nous reste à développer le travail des opérations.

C'est toujours par la gauche que l'on attaque le dividende, afin que les parties indivisibles, descendant constamment vers la droite, amènent la division des sommes jusqu'à leurs plus petites valeurs.

On n'attaque du dividende qu'une quantité de chiffres pareille à celle contenue dans le diviseur. Quand on a extrait de cette quantité de chiffres le nombre de fois que le diviseur y est contenu, on descend à côté du reste un autre chiffre du dividende. Cette nouvelle quantité est de nouveau divisée ; et ainsi par continuation, jusqu'à ce que tous les chiffres du dividende soient descendus et divisés.

Il résulte de ce que je viens de dire, que si le dividende se composoit de 7 chiffres, et que le diviseur en eût 3, on auroit 5 divisions partielles à faire, et comme chaque division partielle donne un chiffre au quotient, le quotient devroit être composé de 5 chiffres, attendu que les trois premiers lui en donnent un, et les 4 autres 4, d'où $1 + 4 = 5$.

On observera néanmoins que cette règle est soumise à une exception de droit : c'est lorsque le premier chiffre du dividende est plus petit que celui du diviseur. Supposons le diviseur 547, et le dividende 3456203. Or, comme il n'est pas possible de dire :

en 3 combien de fois 5 ? on est obligé de dire : en 34
combien de fois 5 ? Conséquemment, 34 n'étant
alors censé qu'un seul chiffre, on doit considérer le
dividende comme n'en ayant que 6 , et dès-lors le
quotient n'en présenteroit que 4.

D'après ce que nous venons de dire de la quantité
de chiffres que le quotient doit présenter, il doit être
senti que si, après avoir descendu un chiffre du dividende auprès d'un restant , la somme à diviser étoit
moindre que celle du diviseur , on porteroit un zéro
au quotient.　　　　　　　-

Il doit être encore senti que , portant un chiffre
au quotient à chaque division partielle, ce chiffre ne
peut être qu'un 9 au plus.

Enfin , il doit être également senti que , si le reste
d'une division partielle étoit ou aussi fort ou plus
fort que le diviseur , il faudroit augmenter le chiffre
que cette division avoit porté au quotient , et refaire
cette division.

Avec ces observations, et celle de porter une barre
au-dessous de la dernière somme à diviser partielle-
ment, pour distinguer le restant , décidément indivisible , du corps de la division , on opérera avec
beaucoup d'aisance.

Essayons maintenant une division un peu forte ;
et par le diviseur 57 , divisons le dividende 49,824.

Le dividende a 5 chiffres, mais at‑
tendu que le premier chiffre n'est que 4
et que celui du diviseur est 5, et que nous
sommes obligés de prendre 49 pour un
seul chiffre, nous n'en verrons que 4,
qui en donneront 3 au quotient. Opérons.

$$57 \overline{\smash{)}49824} (874$$

En 49 combien de fois 6 ? (je dis 6 au
lieu de 5, parce que 57 approche plus de
60 que de 50,) La réponse est 8 fois. Je
porte 8 au quotient, et multipliant le di‑
viseur 57 par 8 = 456 ; je les déduis des
498 du dividende, ci. 456

Retranchant 456 de 498, il reste 42,
à côté duquel je descends le quatrième
chiffre du dividende ; ce qui donne pour
la deuxième division. 422

En 42 combien de fois 6 ? Réponse, 7
fois. Je porte 7 au quotient ; et multi‑
pliant le diviseur 57 par 7 = 399, je déduis
ce produit des 422 à diviser, ci. . . 399

Retranchant 399 de 422, il reste 23,
à côté duquel je descends le dernier chiffre
du dividende, ce qui donne pour la troi‑
sième division. 234

En 23 combien de fois 6 ? Ici la réponse
seroit 3, mais si l'on remarque que 234
approchent de 240, qui est 4 fois 60, et que
le diviseur n'est que 57, on dira 4 fois.
Donc je porte 4 au quotient, et 57 × 4
= 228 ; je les retranche de 234, ci. . 228

Enfin, retranchant 228 de 234, il
reste indivisible. . . . . $\frac{6}{17}$

Et attendu que je n'ai plus de chiffres du dividende à descendre, la division est terminée ; et le quotient me dit que le diviseur 57 étoit contenu 874 fois dans les 49,824 du dividende ; ou bien que si 49,824 fr. avoient été à partager entre 57 personnes, il seroit revenu 874 francs à chacune d'elles.

Le restant 6 indivisible seroit alors considéré comme 6 fr. sur lesquels les mêmes 57 personnes auroient des droits: aussi en les mettant sous la forme d'une fraction $\frac{6}{57}$, j'annonce que ces 6 francs sont à diviser par 57.

Il est sans doute senti que ces 6 francs, réduits en 600 centimes, donneroient un peu plus de 10 centimes $\frac{1}{2}$ à chaque personne ; mais il n'est pas encore temps d'en parler.

Le dividende, divisé par le diviseur, a produit le quotient. Donc si les élémens qui décomposent doivent recomposer, la multiplication du quotient par le diviseur doit rétablir le dividende.

PREUVE.

Multiplier le quotient	874
par le diviseur	57
	6118
	4370.
À joindre le restant indivisible	6
Dividende rétabli	49,824

J'ai dit qu'il n'y avoit qu'une seule manière de faire la Division ; et cependant celle que je viens de développer est faite avec longueur. J'ai dû en montrer le mécanisme, en portant le produit du diviseur, par chaque chiffre du quotient, sous la somme à diviser, pour en opérer la soustraction.

Mais si l'on se rappelle que j'ai fait la soustraction, *sans soustraire*, c'est-à-dire que j'additionnois le restant à payer *en l'écrivant*, avec la somme payée, pour parfaire la somme due, on conviendra que si l'on opéroit de même en divisant, on iroit beaucoup plus vîte, et avec beaucoup moins de chiffres : ce seroit faire la même chose, mais par un procédé plus léger.

Les personnes instruites n'opèrent pas autrement, et l'on augureroit mal du génie de celles qui, comme je l'ai fait, poseroient la somme à soustraire sous celle à diviser.

Faisons encore la même division, et mettant les deux manières en regard, on s'assurera que la dernière est plus élégante que la première.

$$
\begin{array}{ll}
& 57 \quad \dfrac{49824}{} \Big(874 \qquad 57 \quad \dfrac{49824}{} \Big(874 \\
8 \text{ fois } 57 & \quad \dfrac{456}{} \qquad\qquad\qquad \dfrac{422}{} \\
& \quad \dfrac{422}{} \qquad\qquad\qquad 234 \\
7 \text{ fois } 57 & \quad 399 \qquad\quad \text{Reste } \tfrac{6}{57}. \\
& \quad \dfrac{234}{} \\
4 \text{ fois } 57 & \quad 228 \\
\text{Reste} & \quad \dfrac{6}{57}.
\end{array}
$$

La différence dans les deux manières, est trop saillante, quoique faites par le même procédé, pour être dispensé de faire l'apologie de celle qui est à droite.

La manière est plus facile à montrer qu'à écrire ; néanmoins, que l'on me suive attivement, je vais tâcher de
me rendre intelligible.

En 49 combien de fois 6? Réponse, 8 fois. Je
pose 8 au quotient ; et avec ce même 8, je vais multiplier les 57 du diviseur, et poser ce qui, de ce produit,
manqueroit pour completter les 498 à diviser. En
conséquence je dis 8 fois 7 = 56, *et 2 que je pose* = 58.
J'ai le 8 au dividende, et je retiens 5. Ensuite 8 fois
5 = 40 + 5 retenus = 45, *et 4 que je pose* = les 49 du
dividende : cette division est faite, et j'ai 42 de reste.

Je n'ai fait autre chose que dire 57 × 8 = 456,
+ 42 que j'ai posés = 498.

A côté du restant 42, j'ai abaissé le 2 du dividende, ce qui me donne 422 à diviser de nouveau.

En 42 combien de fois 6? 7 fois que j'ai posés au
quotient ; et avec ce même chiffre 7, je vais de
nouveau multiplier le diviseur 57, et poser ce qui, de ce
produit, manqueroit pour completter le 422 à diviser.
En conséquence je dis, 7 fois 7 = 49, *et 3 que je
pose* = 52. J'ai le 2 à la somme à diviser, et je retiens 5. Ensuite 7 fois 5 = 35, + 5 retenus, = 40
et 2 que je pose = 42, que j'ai à la somme à diviser :
la division est faite et il reste 23.

Je n'ai encore fait que dire 57 × 7 = 399 + 23
posés = 422.

A côté du reste 23, je descends le dernier chiffre
4 du dividende ; ce qui me donne 234 à diviser pour
en finir.

En

En 23 combien de fois 6 ? 4 fois ; (on sait pourquoi je dis 4 fois,) je pose le 4 au quotient ; et avec ce
4 multipliant le diviseur 57, en posant ce qui, de ce
produit, manqueroit pour completter les 234 à diviser. En conséquence, je dis 4 fois 7 = 28, *et 6 que
je pose* = 34. J'ai le 4 à la somme à diviser, et je
retiens 3. Ensuite 4 fois 5 = 20 + 3 retenus = 23,
et comme j'ai les 23 à la somme à diviser, je n'ai rien
à poser.

Ma division est terminée, et mon restant 6 que
j'écris $\frac{6}{7}$, annonce qu'elle est exactement conforme
à la première ; et l'on n'aura pas fait dix opérations
semblables que l'habitude en sera contractée.

Je n'ai plus rien à dire, pour le moment, sur la
division. Qui saura la faire avec 2 chiffres au diviseur, saura la faire avec 20 ; car alors elle n'exige
qu'un peu plus de travail, en raison de la plus grande
quantité de chiffres à faire mouvoir.

Néanmoins je vais, avant de finir cet article, développer quelques observations essentielles, pour donner
l'intelligence et la facilité du travail dans les divisions.

Quand le diviseur n'a qu'un chiffre, l'opération est
plus raisonnée que méthodique.

Prendre la moitié d'un nombre, c'est le diviser par 2.

Prendre le tiers d'un nombre, c'est le diviser par 3.

Prendre le quart d'un nombre, c'est le diviser par 4, etc.

Donc, quand le diviseur n'a qu'un nombre, on n'a
autre chose à faire, qu'à prendre le 6.e, s'il est 6 ; le
9.e, s'il est 9 ; le 12.e, s'il est 12, etc. Et les parties

6

obtenues, par ces procédés, seront les quotients de
ces divisions. Ces divisions attaquent également le dividende par la gauche.

Si le diviseur et le dividende sont réductibles, *par
la même proportion*; c'est à-dire par demi, par tiers,
par quart, par douzième, etc., on doit opérer ces
réductions, attendu que tant que les rapports d'égalité
primitive existeront entre le diviseur et le dividende,
le quotient sera constamment le même.

Mais ayant moins de chiffres à mouvoir, on aura
moins de travail, et l'on sera moins exposé à commettre
des fautes.

Supposons le diviseur 576, le dividende 6912 don. le quotient 12

La moitié sera	288	*idem*	3456	donnant *id.*	12
Le quart de la ½ sera	72	*idem*	864	donnant *id.*	12
Le sixième sera	12	*idem*	144	donnant *id.*	12
Le douzième sera	1	*idem*	12	donnant *id.*	12

Voilà cinq divisions, provenant des réductions successivement opérées sur le diviseur et le dividende
primitif, donnant toutes le même quotient : elles sont
donc toutes égales, ou en rapport d'égalité avec la
première.

Il est donc constant qu'un diviseur quelconque sera
en rapport d'égalité avec un dividende quelconque,
du moment que le quotient sera le même.

1 Est à 12 comme 12 est à 144 ; comme 72 est à
864, comme 288 est à 3456, comme 576 est à 6912,

puisque tous ces rapports donnent également le même quotient 12. Donc il importe beaucoup que les diviseur et dividende soient réduits lorsque la chose est possible, puisque les opérations en deviennent plus faciles.

Si le diviseur et le dividende terminoient par des zéros, on peut en supprimer autant à l'un qu'à l'autre ; l'égalité des rapports sera maintenue lorsque la suppression sera égale sur l'un et l'autre. Si le retranchement d'un zéro divise par 10, c'est réduire les deux facteurs au dixième ; donc ils donneront également le même quotient.

Si le diviseur est 3000 le dividende 12000, donn. le quotient 4

Le diviseur 300 le dividende 1200 donneront *id.* 4

Le diviseur 30 le dividende 120 donneront *id.* 4

Le diviseur 3 le dividende 12 donneront *id.* 4

Pourvu, je le réitère, que les deux facteurs de la division soient réduits par la même proportion, les rapports d'égalité maintenus, le quotient sera le même.

Il est sans doute senti que, si la réduction ne s'opéroit que sur un seul, l'équilibre seroit rompu ; car si le diviseur étoit trop grand, le quotient seroit trop petit, *et vice versa*.

L'homme intelligent qui sait faire usage de ces réductions, s'amuse en travaillant ; tandis que celui qui en ignore la propriété ou les néglige, fatigue beaucoup.

Il existe, à cet égard, des données certaines, à l'aide desquelles on voit, d'un coup-d'œil, si deux nombres sont également réductibles ; les voici :

Tout nombre terminant *par un chiffre pair* , est divisible par 2.

Quand les deux derniers chiffres d'un nombre quelconque sont divisibles par 4 , la totalité du nombre est également divisible par 4 , parce que les mille et les cent le sont par 4. Or, 5532 sont divisibles par 4, puisque le $\frac{1}{4}$ de 32 est 8. Mais 5542 ne l'est pas, parce qu'on ne sauroit prendre le $\frac{1}{4}$ de 42.

Tout nombre terminant par un 5 est divisible par 5.

Tout nombre terminant par un zéro est divisible par 5 et par 10.

Tout nombre , dont l'addition des chiffres qui le composent, forme les sommes 3 , 6 , 9 , 12 , 15 , etc, et autres multiples par 3 , est divisible par 3 ; 574872 faisant $5 + 7 + 4 + 8 + 7 + 2 = 33$, est divisible par 3

Tout nombre , dont l'addition des chiffres qui le composent, forme les sommes 9 , 18 , 27 , 36 , etc., et autres multiples par 9 , est divible par 9 ; 784557 faisant $7 + 8 + 4 + 5 + 5 + 7 = 36$, est divisible par 9.

Avec ces données exactes, on peut essayer des réductions, et en opérer promptement sur une infinité de nombres qui, au premier coup-d'œil , ne paroîtroient pas en être susceptibles.

Le nombre 2 seul a la propriété particulière de donner le même quantité , soit additionné avec lui-même , soit multiplié par lui ; $2 + 2 = 4$, et $2 \times 2 = 4$.

Le nombre 9 a également la propriété particulière de donner des produits formant les sommes 9, par quelque nombre qu'il soit multiplié.

$$2 \times 9 = 18 \quad \text{et} \quad 1 + 8 = 9.$$
$$15 \times 9 = 135 \quad \text{et} \quad 1 + 3 + 5 = 9.$$

Le nombre 11 a encore la propriété de donner deux chiffres égaux au produit, multiplié depuis 1 jusqu'à 9.

$$2 \times 11 = 22 \qquad 7 \times 11 = 77.$$
$$5 \times 11 = 55 \qquad 9 \times 11 = 99.$$

J'ai développé, dans la Multiplication, les causes qui déterminent le produit quand on multiplie $1 \times 1 = 1$. Or, puisque la division décompose la multiplication, il doit résulter le quotient 1 de la division de 1 par 1, puisque la multiplication donne le produit 1, et que les mêmes élémens qui décomposent doivent recomposer.

Donc, si 1 fois 1 = 1, de même on doit dire, en divisant : en 1 combien de fois 1 est-il contenu? Il l'est 1 fois ; donc le quotient sera 1.

On sent qu'il ne sauroit être zéro, parce que la recomposition ne sauroit reproduire les élémens décomposés ; attendu que si l'on mettoit 0 au quotient, la multiplication du diviseur 1 par le quotient 0, formeroit $1 \times 0 = 0$.

L'intime liaison qui existe entre la multiplication et la division devient le guide le plus sûr du travail. Conséquemment, décidons que si 1 par 1 ne multiplie ni ne divise, le produit et le quotient sont toujours 1. Donc en multipliant nous disons, $1 \times 1 = 1$, et en divisant nous dirons, $\frac{1}{1} = 1$.

Le mécanisme des quatre règles de l'Arithmétique est désormais connu. C'est la partie la plus difficile, puisqu'il y faut tout apprendre. Maintenant nous allons étendre nos connoissances, en nous formant des idées sur les entiers et leurs parties fractionnaires. Cette seconde étude sera moins épineuse que la première, parce que nous avons déjà acquis des idées profondes sur la composition, la décomposition et sur les combinaisons des nombres ; donc nous allons travailler avec plaisir.

DU SYSTÊME MÉTRIQUE.

L'égalité des poids, des mesures, des monnoies, et leur uniformité dans tous les pays du monde, seroit un grand bienfait pour tous les peuples, si cet établissement pouvoit être adopté par tous les souverains, et si l'habitude pouvoit s'y plier. Il est établi en France ; il est montré dans toutes les écoles ; je dois donc en donner une idée précise et succincte

Ce système unique, invariable, a remplacé par des poids et par des mesures uniformes, toutes dérivant de la même souche, cette foule de poids et de mesures locales qui rendoient les sujets du même souverain étrangers entr'eux ; puisque chaque ville, chaque bourg en avoient de particuliers, quoiqu'ils portassent les mêmes noms et qu'ils eussent les mêmes divisions.

De l'uniformité des poids et des mesures, il en

résulte, que les relations du peuple français sont désormais aussi faciles et sûres, d'un bout du royaume à l'autre, qu'elles étoient auparavant difficiles et dangereuses.

Aujourd'hui *le mètre*, dont l'étalon est en *platine*, (métal incorruptible, de la couleur de l'or et plus dur que l'acier), et dont émanent tous les poids, toutes les mesures, en garantiroit l'invariabilité, si lui-même ne l'étoit par le quart du cercle terrestre, et dont il représente *la dix millionième partie.*

Ce système se nomme *métr*ique, parce que *le mètre* lui sert de base; et c'est ce que je vais développer.

Le Mètre. . *Est une mesure de longueur.* Il est la dix millionième partie du quart du cercle terrestre; et il équivaut à 36 pouces 11 lig. $\frac{3}{10}$ de la mesure ancienne que l'on nommoit *pied de roi.*

L'Are. . . . *Est une étendue en superficie de* 100 *mètres carrés* ; c'est-à-dire d'un terrein qui a 10 mètres de longueur, et 10 mètres de largeur; ce qui équivaut à 947 pieds 8 pouces 4 lignes carrés de l'ancien pied de roi.

Le Stère. . *Est une mesure d'un mètre cube*; c'est-à-dire un bloc semblable à un dé à jouer, ayant un mètre de longueur, un mètre de largeur et un mètre de hauteur. Il sert à mesurer les bois de chauffage et de charpente : il équivaut à 29 pieds 4 lignes cubes de l'ancien pied de roi.

Le Litre. . *Est la mesure de contenance pour les grains et les liquides*, et de la capacité d'un déci-mètre cube; c'est-à-dire de la millième partie du stère ou mètre cube. L'eau contenue dans un litre pèse juste un kilogramme. Le litre est une forte pinte de Paris : 100 litres égalent 107 pintes.

Le Gramme. *Est un poids.* C'est celui d'un centimètre cube d'eau ; c'est-à-dire de la millionième partie du mètre cube : il équivaut à 18 grains $\frac{83}{100}$ de l'ancien poids de marc.

Le Franc. . *Est la monnoie courante.* Le franc en argent est du poids de 5 grammes, c'est-à-dire de 5 centimètres cubes d'eau. Il équivaut à 20 sous 3 deniers de la livre tournois: 80 francs égalent 81 livres tourn.

Tel est en raccourci le système métrique, qui, avec six noms, a remplacé cette foule de poids et de mesures diverses, dont il étoit impossible à l'homme de connoître tous les rapports ; et qui, fruits du caprice, étoient sujets à toutes les altérations possibles, sans aucune garantie contre.

Aujourd'hui la même mesure est par-tout. Ses divisions, ses multiplications sont décimales; et les calculs en sont aussi simples que faciles.

L'unité de chaque chose s'exprime par son nom propre.

Un mètre, un are, un stère, un litre, un gramme, un franc.

La dixaine s'exprime par le mot *déca.* Un déca-mètre,

un déca-are, un déca-stère, un déca-litre, un déca-gramme, un décime.

La centaine s'exprime par le mot *hecto*. Un hecto-mètre, un hectare, un hecto-stère, un hectolitre, un hecto-gramme, un centime.

Le mille s'exprime par le mot *kilo*. Un kilo-mètre, un kilo-litre, un kilogramme, etc.

Les dix mille s'expriment par le mot *myria*. Un myria-mètre, un myria-litre, un myria-gramme, etc.

Conséquemment, l'unité, le déca, l'hecto, le kilo et le myria sont les mots qui expriment toutes les grandeurs croissantes. Le déci, le centi, le milli, expriment les grandeurs fractionnaires.

Néanmoins, et malgré toutes ces divisions, on les a restreintes dans toutes les administrations et dans le commerce, à celles ci-après.

Le mètre se divise en millimètres. 5,456 on lit, 5 mètres 456 mil.
L'are se divise en centiares.   6,72 on lit, 6 ares 72 cent.
Le stère se divise en déci-stères. 6,4 on lit, 6 stères 4 déci.
Le litre se divise en centi-litres. 4,22 on lit, 4 litres 22 centi.
Le kilogramme se div. en grammes 3,766 on lit, 3 kil. 766 gram.
Le franc se divise en centimes. 6,72 on lit, 6 fr. 72 cent.

La totalité du système se réduit donc à ce dernier tableau. Dès-lors, on a peu de choses à loger dans la mémoire, pour en avoir une parfaite connoissance. Il ne nous reste donc plus qu'à donner ses rapports avec ceux qu'il a remplacés.

DU MÈTRE.

Le mètre a remplacé toutes les mesures ancien-nement connues, sous les titres de toise, d'aune, de canne, de verge, etc. etc., dont chaque pays faisoit usage.

Le mètre équivaut à   3 pieds 0 pouces 11 lign. $\frac{1}{10}$ de l'anc. pied de roi.

Le kilo-mètre   à 3078   5   8   *idem.*

Le myria-mètre à 30,784   8   8   *idem.*

Le kilomètre ou 1000 mètres équivaut à 513 toises $\frac{1}{2}$, à peu près, ancienne mesure. Il sert à mesurer les distances, et vaut un cinquième de lieue commune.

Le myria-mètre ou 10,000 mètres, qui équivaut à 5132 toises $\frac{1}{2}$, ancienne mesure, sert plus particulièrement à mesurer les distances : il équivaut à 2 lieues moyennes, ou à deux lieues $\frac{1}{4}$ de 25 au degré ; ou à 1 lieue $\frac{4}{5}$ de 20 au degré.

Le degré de latitude en France est de 57,074 toises, mesure ancienne. Je dis *en France*, parce qu'en raison de la courbure sphérique de la terre, très-difficile à corriger, on ne l'a trouvé être au Pérou que 56,733 toises, tandis que vers les pôles on la trouve être de 57,422 toises.

DE L'ARE.

L'are est une mesure pour les superficies ; elle est de 100 mètres carrés, ou d'un terrein de 10 mètres de longueur et 10 mètres de largeur. On le désigne sous le nom de *perche métrique*, parce qu'il est affecté à l'arpentage des terres.

L'hectare, qui se compose de cent ares ou perches métriques, se désigne sous le nom d'*arpent métrique*. C'est une étendue de 94,769 pieds 6 pouces carrés, de l'ancien pied de roi.

Avec cette donnée, on peut comparer les gran-deurs des mesures nouvelles, dans leurs rapports avec les anciennes ; car si

L'are de 100 mètres carrés équivaut à	947 pieds 8 p. 4 lig.	carrés.
L'hectare de 100 ares carrés équivaut à	94769 p. 6 0	carrés.
L'arpent de 100 perches de 18 pieds cont.	32400 p. 0 0	carrés.
L'arpent de 100 perches de 20 pieds cont.	40000 p. 0 0	carrés.
L'arpent de 100 perches de 22 pieds cont.	48400 p. 0 0	carrés.
Le journal de 80 cordes de 24 pieds cont.	46080 p. 0 0	carrés.

D'où il résulte que l'hectare ou arpent métrique, vaut :

2 arpens 92 perches $\frac{1}{2}$ de la perche de 18 pieds.

2 arpens 37 perches   de la perche de 20 pieds.

1 arpent 96 perches   de la perche de 22 pieds.

2 journaux 4 cordes $\frac{1}{2}$ du journal de 80 cordes de 24 pieds.

Il est conséquemment très-facile de faire de pareils rapprochemens sur toutes les mesures locales, en les réduisant toutes en pieds carrés.

DU STÈRE.

Le stère est la mesure pour les bois de charpente et de chauffage ; c'est un mètre cube qui équivaut à 29 pieds, 4 lignes cubes, ancienne mesure.

Avant l'adoption du stère, le bois de chauffage n'avoit que 2 pieds $\frac{1}{2}$ de long, aujourd'hui la buche doit avoir 3 pieds, 1 pouce de longueur ; c'est-à-dire celle du mètre.

Le déci-stère ou la dixième partie du stère se nomme solive métrique. Cette solive, qui équivaut à 2 pieds, 10 pouces, 10 lignes cubes, ancienne mesure, est la mesure en usage pour l'achat et la vente des bois de charpente.

On forme le stère en faisant une caisse ouverte, mais très-solide, que l'on remplit de bûches : on la divise par parties pour la commodité des personnes.

Du Litre.

Le litre, petite mesure de contenance, tant pour les liquides que pour les grains, a remplacé toutes les petites mesures qui étoient autrefois en usage.

Le litre est un vaisseau contenant 50 pouces $\frac{1}{2}$ cubes de l'ancien pied de roi : la pinte de Paris ne contenoit que 48 pouces cubes.

Le litre contient la capacité d'un déci-mètre d'eau; et ce déci-mètre cube d'eau pèse un kilogramme.

100 Litres égalent 107 pintes de Paris : on sait que la pinte de Paris est une bouteille ordinaire.

La forme du litre est réglée de telle sorte que,

Pour les menus grains, le diamètre intérieur est égal à la hauteure intérieure : l'un et l'autre dimensions sont de 108 millimètres $\frac{4}{10}$.

Pour les liquides, le diamètre intérieur n'est que de la moitié de la hauteur intérieure. Le diamètre est de 86 millimètres, et la hauteur de 172.

Comme il est très-interessant de connoître les dimensions des mesures de contenance, et de pouvoir en vérifier l'exactitude, je me fais un devoir de les donner ici.

Les dimensions intérieures pour les grains et matières séches sont :

Hauteur et diamètre intérieurs ; égaux en millimètres.

S A V O I R :

Le double hectolitre	ou	200 litres	633,8
L'hectolitre	ou	100 litres	5o3,1
Le demi-hectolitre	ou	5o litres	399,3
Le double décalitre	ou	20 litres	294,2
Le décalitre	ou	10 litres	233,5
Le demi-décalitre	ou	5 litres	185,3
Le double litre	ou	1 litre	136,6
Le litre	ou	1 litre	108,4
Le demi-litre	ou	$\frac{1}{2}$ litre	86,0

Les dimensions intérieures pour les mesures des liquides, ayant la hauteur double du diamètre sont,

S A V O I R :

Diamètre intérieur, millimètres. Hauteur intérieure, millimètres.

Le double litre	ou	2 litres	108,4	216,7
Le litre	ou	1 litre	86,0	172,0
Le demi-litre	ou	$\frac{1}{2}$ litre	68,3	136,6
Le double décilitre	ou	$\frac{1}{5}$ de litre	50,3	100,6
Le décilitre	ou	$\frac{1}{10}$ de litre	39,9	79,9
Le demi-décilitre	ou	$\frac{1}{20}$ de litre	31,7	63,4

Les dimensions des futailles à contenir les liquides sont dans la proportion de 21 de longueur intérieure, 18 de diamètre intérieur à la bonde, 16 de diamètre intérieur aux fonds.

Noms des Futailles.	21 Longueur, millimètres.	18 Diam. à la bonde, millim.	16 Diam. aux fonds, millim.
Demi-hectol. ou 5o litres	454,0	389,0	345,0
Hectolitre ou 100 litres	572,0	490,0	435,0
Double hect. ou 200 litres	720,0	618,0	548,0
Demi-kilolit. ou 5oo litres	978,0	838,0	745,0
Kilolitre ou 1000 litres	1232,0	1056,0	938,0

Telles sont les dimensions de toutes les mesures pour la contenance des grains et des liquides ; et les *pieds de roi nouveaux* étant divisés en millimètres, il est très-facile d'en vérifier l'exactitude.

DU GRAMME.

Le gramme, le plus petit des poids, est le poids d'un centimètre cube d'eau ; c'est-à-dire de la millionième partie du mètre cube : il équivaut à 18 grains $\frac{83}{100}$ de l'ancien poids de marc.

Le kilogramme ou poids de 1000 grammes, et qui est le poids d'un décimètre cube d'eau, ou de l'eau contenue dans un litre, est le poids généralement adopté : tout se pèse et se vend au kilogramme. On observera que, un décimètre cube est la millième partie du mètre cube.

Le kilogramme équivaut à 32 onces, 5 gros, 35 grains $\frac{15}{100}$ de l'ancien poids de marc ; le quintal métrique ou 100 kilogrammes, équivaut à 204 livres, 4 onces, 4 gros, 59 grains de l'ancien poids de marc. Ce quintal métrique n'est guères en usage, attendu que tout se compte par kilogrammes.

DU FRANC.

Le titre des monnoies d'or et d'argent, est à 9 parties de fin et 1 d'alliage.

La pièce de 20 francs en or   pèse 6 grammes $\frac{174}{1000}$.
La pièce de 40 francs en or   pèse 12 grammes $\frac{748}{1000}$.
La pièce de 1 franc en argent pèse 5 grammes.
La pièce de 5 francs   *id.*   pèse 25 grammes.
La pièce de 1 centime en cuivre pèse 2 grammes.
La pièce de 5 centimes *id.* pèse 10 grammes.

Tel est le développement du systéme métrique, dont l'ingénieuse conception subordonne tout au mètre, et n'est susceptible d'aucune altération. Aussi le Gouvernement, qui en a apprécié le mérite, a-t-il voulu qu'il fût suivi avec rigueur, nonobstant toutes les observations d'une habitude enracinée.

Néanmoins, et pour satisfaire en quelque sorte aux besoins usuels, il a bien voulu, par décret du 12 Février 1812, tolérer, mais seulement pour le commerce du menu détail, les noms et les divisions des mesures anciennes, mais adoptées aux mesures métriques.

MODIFICATIONS PERMISES POUR LES MESURES LINÉAIRES.

La toise nouvelle, composée de 2 mètres. Cette nouvelle toise sera divisée d'un côté en 2000 millimètres, et de l'autre côté en 6 pieds.

L'ancienne toise équivaloit à 1 mètre 948 millimètres. Donc la nouvelle toise est plus longue que l'ancienne de 52 millimètres, ou de 1 pouce, 10 lignes $\frac{4}{10}$.

Le nouveau pied, composé du tiers du mètre, sera divisé d'un côté en 333 millimètres $\frac{1}{3}$; de l'autre côté en 12 pouces, et le pouce en 12 lignes.

L'ancien pied équivaloit à 324 millimètres $\frac{2}{7}$. Donc le nouveau pied est plus long que l'ancien de 8 millimètres $\frac{2}{3}$, ou de 3 lignes $\frac{4}{7}$.

L'aune nouvelle, composée de 1200 millimètres, sera divisée, d'un côté, en millimètres, et de l'autre côté en $\frac{1}{2}$, en $\frac{1}{4}$, en $\frac{1}{8}$, en $\frac{1}{16}$, en $\frac{1}{3}$, en $\frac{1}{6}$ et en $\frac{1}{12}$.

L'ancienne aune équivaloit à 1188 millimètres ;
donc la nouvelle est plus longue que l'ancienne de 12
millimètres ou de 5 lignes $\frac{1}{3}$.

Pour les mesures de contenance des grains.

Le même décret a permis que, pour la vente des
grains et matières sèches, on se servît d'une mesure
égale au huitième de l'hectolitre, qui prendroit le nom
de *boisseau*, et qu'il y eût, en conséquence, des mesures diverses. Mais il a voulu aussi que chacune des
mesures portât son nom particulier, et son rapport
avec l'hectolitre.

S A V O I R :

Le double boisseau	ou $\frac{1}{4}$ d'hectolitre	ou de 25 litres.	
Le boisseau	ou $\frac{1}{8}$ d'hectolitre	de 12 litres $\frac{1}{2}$.	
Le demi-boisseau	ou $\frac{1}{16}$ d'hectolitre	de 6 litres $\frac{1}{4}$.	
Le quart de boisseau	ou $\frac{1}{32}$ d'hectolitre	de 3 litres $\frac{1}{8}$.	

Et pour la vente des menus grains en détail, le
litre pourra se diviser en $\frac{1}{2}$, en $\frac{1}{4}$, en $\frac{1}{8}$. Chacune
desdites portant son nom indicatif, et son rapport
avec le litre.

Toutes ces mesures doivent être construites en bois ;
de forme cylindrique, ayant leur diamètre intérieur
égal à leur hauteur intérieure.

Pour les mesures de contenance des liquides.

Pour la vente en détail des vins, eaux-de-vie et autres
liquides, il est également permis de se servir de mesures d'étain, d'une forme cylindrique, ayant la hauteur

teur intérieure double du diamètre intérieur, et de la contenance de $\frac{1}{4}$, $\frac{1}{8}$, $\frac{1}{16}$ de litre , portant leur nom indicatif , et leur rapport avec le litre.

Pour la vente du lait , même permission ; mais les mesures pareilles à celles des autres liquides devront être en fer blanc.

Pour les poids.

Le même décret a encore permis , pour la vente en détail de toutes les substances , dont le prix se règle au poids , que les marchands se servissent de poids usuels.

SAVOIR :

Que la nouvelle livre, egale au $\frac{1}{2}$ kilogr. ou 500 gram. se divisât en 16 onces.
Que la nouvelle once , égale   31,3 id. se divisât en 8 gros.
Que le nouveau gros , égal   3,9 id. se divisât en 72 grains.

Il a voulu que tous ces nouveaux poids ne fussent construits qu'en fer ou en cuivre , prohibant l'usage des poids de plomb ou de toute autre matière.

La nouvelle livre est plus lourde que l'ancienne de 2 gros 33 grains $\frac{115}{100}$.
La nouvelle once *idem*   de   12 grains $\frac{11}{32}$.
Le nouveau gros *idem*   de   1 grain $\frac{9}{16}$.

Cette faveur ou plutôt cette tolérance , n'étant accordée qu'au commerce du détail , est absolument interdite au commerce en gros , ainsi qu'aux administrations publiques et privées , qui ne peuvent se servir que de poids et mesures légales , et y tenir leurs écritures.

Le même décret ordonne , en outre , que le système légal ou métrique soit enseigné dans toutes les écoles.

7

DU CALCUL DÉCIMAL.

~~~~~~~~~~~~~~~

Qui dit calcul décimal, dit calcul où tous les mouvemens sont dixainaires. Il est dans la nature de notre
numération qui est dixainaire; donc son titre est idéal:
il eût été mieux qualifié, si on lui avoit donné celui
de calcul par fractions décimales, attendu qu'il n'a
réellement trait qu'aux fractions.

On entend par *fractions*, les parties de l'unité qui
se divise ordinairement par demi, par tiers, par quart,
etc. etc., et qui, par le calcul décimal, ne se divise
que par dixièmes, par centièmes, par millièmes, etc.

Avant l'établissement du système métrique, le calcul
par fractions décimales n'étoit pas en usage, et n'étoit
montré qu'aux jeunes gens qui se destinoient aux hautes
sciences; mais le système métrique ayant établi les
divisions de l'unité par dixièmes, par centièmes, par
millièmes, le calcul décimal est devenu la base de
l'enseignement, puisque les écritures tant publiques
que privées y sont soumises.

Ce calcul ne diffère en rien de celui dont j'ai déjà
traité, puisqu'il est décimal, et que le mécanisme des
opérations est absolument le même. Ce n'est donc que
sur les fractions, et seulement sur les fractions dont
je n'avois point encore parlé, que j'aurai à disserter.

Pour que le calcul des fractions décimales fût bien
apprécié, il m'a fallu en faire sentir la nécessité, et

'c'est ce que j'ai fait en le précédant du développement du système métrique, dont on doit se faire une étude partulière ; car on ne m'entendroit pas, si on ne le connoissoit parfaitement.

Si, dans tous les calculs possibles, la numération des entiers s'élève par degrés et par dixaines, en allant de droite à gauche ; cette même numération par fractions décimales, décroit par degrés et par dixaines, *en partant des unités*, et en allant vers la droite.

L'unité devient donc le point central : les entiers vont vers la gauche, et les parties fractionnaires vont vers la droite ; c'est-à-dire que la numération des entiers suit l'ordre ordinaire, et que la numération des parties fractionnaires suit un ordre renversé.

Une virgule, mise constamment à la droite des unités, les sépare des parties fractionnaires.

Nombres entiers.		*Nombres fractionnaires.*
L'unité s'écrit. . .	1,	
La dixaine s'écrit. .	10,	le dixième s'écrit. . 0,1
La centaine s'écrit	100,	le centième s'écrit. . 0,01
Le mille s'écrit. . .	1000,	le millième s'écrit. . 0,001

Et ainsi de suite et à l'infini ; en observant religieusement de placer une virgule à la droite de l'unité ; parce que cette virgule est le seul indice qui serve à séparer les entiers des parties fractionnaires. Donc

Le prem. chiffre à droite, après la virgule, marque les dixièmes.
Le second chiffre, *idem idem* marque les centièmes.
Le troisième chiffre, *idem idem* marque les millièmes, etc.

Néanmoins, dans le calcul des fractions décimales,

7 *

les nombres sont tous écrits sans distinction d'entiers et de parties fractionnaires.

Si l'on calcule par décimes, toute la somme est en décim. 52,1

Si l'on calcule par centimes, toute la somme est en cent. 52,24

Si l'on calcul par millièmes, toute la somme est en mil. 52,012

La seule interposition de la virgule sert à distinguer les entiers des parties fractionnaires, et à connoître la valeur des sommes.

Aussi est-il très-essentiel, quand on n'a à écrire que des parties fractionnaires, de mettre un zéro à la gauche de la virgule 0,42, afin que ce zéro annonce que la somme posée, est réellement toute fractionnaire.

De même, quand on a des sommes composées seulement d'entiers, est-il sage de placer un zéro à la droite des unités 62,0, pour affirmer qu'elles ne sont suivies d'aucune fraction.

Ce calcul est extrêmement simple; la même quantité de chiffres qui, à la gauche de l'unité, marque les degrés de croissance, à droite marque les degrés de décroissance : par exemple,

Unité.

1,

Dixaines.	. . .	10 , 1	. . dixième.
Centaines.	. . .	100 , 01	. . centième.
Mille.	. . . .	1000 , 001	. . millième.
Dix mille.	. . .	10000 , 0001	. . dix millième.
Cent mille.	. . .	100000 , 00001	. . cent millième
Million.	. . . .	1000000 , 000001	. . millionième.

Il résulte de ce tableau, l'intime conviction, qu'il ne faut pas plus supprimer les zéros, qui marquent les degrés de la numération fractionnaire vers la droite, que ceux qui marquent les degrés de la numération des entiers vers la gauche, sous peine d'en altérer la valeur.

Le calcul par francs, par exemple, se compose de francs et de centimes. On sait que le franc se divise en 100 centimes. Or, si 100 centimes composent le franc, il faut de toute nécessité deux chiffres fractionnaires à la droite du franc 1,00 pour marquer les centimes : on doit sentir que la moindre négligence, à cet égard, détruiroit l'ordre de la numération.

Conséquemment, si pour écrire 1 franc 05 centimes, on posoit 1,5, il n'est personne qui ne lût 1 franc, 5 décimes, puisque le premier chiffre, à la droite de l'unité, est un dixième. Donc, si le second chiffre est un centième, il faut, de toute nécessité, que les centimes soient au second chiffre. Donc, au lieu de 1 franc 5, il faut absolument écrire 1,05 cent.

J'ai d'ailleurs observé que, quand on comptoit par centimes, toute la somme étoit par centimes. Or, 1 franc 05 centimes forme 105 centimes. Donc il faut écrire 105 et non 15.

Pour ne jamais se tromper en posant les fractions, il faut numérer vers la droite, comme on numère vers la gauche.

A gauche, nous disons : unité, dixaine, centaine, mille, etc.

A droite, nous dirons : unité, dixième, centième, millième, etc.

Le *franc* se divise en 1,00 centimes, et toutes les sommes se posent en centimes.

54,25 cent. se prononcent, au moyen de la virgule, 54 fr. 25 c
12,05 *idem*   *idem*   *idem*   12   5
70,10 *idem*   *idem*   *idem*   70 10

Le *mètre* se divise en 1,000. Or, la virgule qui indique 1 mètre, laissant trois zéros à la droite, dit que ces trois zéros occupent la place des millièmes parties du mètre. Donc,

16,003 milllimètres se pron. au moyen de la virg. 16 mèt. 3 mil.
72,024 *idem*   *idem*   *idem*   72   24
34,206 *idem*   *idem*   *idem*   34 206

Le *kilogramme*, étant composé de 1000 grammes, attendu que le mot kilo, signifie mille, suit les mêmes règles que pour le mètre.

57,005 grammes se pron. au moyen de la virg. 57 kil. 5 gram.
75,042 *idem*   *idem*   *idem*   75   42
69,706 *idem*   *idem*   *idem*   69 706

Ou, si l'on veut, 69 killogrammes, 7 hectogrammes, 5 gram.

Et ainsi de même pour toutes les autres mesures, la virgule annonçant toujours comment il faut prononcer les sommes. D'ailleurs, on doit savoir quelles sont les espèces de sommes posées avant d'opérer.

Ici il se présente deux observations essentielles à faire.

La première *a trait à la virgule*. J'ai, dès le principe, recommandé de trancher les nombres de trois en trois, *par une virgule*, afin de pouvoir lire les sommes avec plus de facilité, chose indifférente pour le calcul ordinaire, dans lequel la virgule ne joue aucun rôle; mais dans le calcul decimal où la virgule sert essentiellement, il faut s'abstenir de trancher les nombres, puisqu'il pourroit en résulter des erreurs.

La seconde *a trait aux entiers*. Qu'est-ce qu'un entier? C'est une unité. Fort bien; mais qu'est-ce qu'une unité? C'est ici le cas de s'entendre.

Un kilogramme est une unité; le gramme, qui en est une également, n'est cependant que la millième partie du kilogramme. Le gramme peut avoir ses fractions ainsi que le kilogramme. Donc, convenons que les entiers sont de convention; qu'il n'en est point de réel, puisque la terre elle-même n'est qu'une fraction de l'univers.

Posons donc pour base *que les parties sont relatives au tout*. Conséquemment, nous verrons le centime comme fraction du franc; le franc, comme fraction de la pièce de 5 francs; la pièce de 5 francs, comme fraction de la pièce de 20 francs; celle-ci, comme fraction de celle de 40 francs, et ainsi à l'infini.

D'où il résulte qu'il faut savoir de quelles espèces de choses se composent les unités, pour pouvoir apprécier la valeur de leurs parties fractionnaires.

Revenons à notre besogne.

En général, toutes les monnoies, toutes les mesures, tous les poids peuvent se diviser uniformément, soit par dixièmes, soit par centièmes, soit par millièmes, attendu qu'il seroit très-facile, après que les opérations sont faites, de réduire les parties fractionnaires de l'unité au gré de telles divisions que l'on voudroit lui

donner : donc tout le système métrique peut être divisé par millièmes.

On sent sans doute, d'après tout ce que je viens
d'observer, qu'il faut que la virgule, servant à séparer
les entiers des parties fractionnaires, soit en colonne
comme les chiffres, afin que le lecteur ne puisse éprouver aucun doute sur la valeur des sommes écrites. En
conséquence, si je veux poser

50 entiers	et 3 dixièmes,	je dois écrire	50,3
37	et 7 centièmes,	idem	37,07
14	et 20 millièmes,	idem	14,020
119	et 9 millièmes,	idem	119,009

En disant toujours unités, dixièmes, centièmes,
millièmes, etc. etc., selon l'ordre renversé de la numération ; ayant toujours soin de poser les chiffres des
unités sous ceux des unités, ceux fractionnaires sous
ceux fractionnaires, et chaque colonne dans le degré
de numération qui lui convient : c'est le seul moyen
de ne jamais se tromper, et d'opérer avec sûreté et
facilité.

De l'exposé ci-dessus, il résulte une observation
bien essentielle ; c'est qu'après les chiffres numériques,
dans les parties fractionnaires, on peut ajouter tel
nombre de zéros que l'on voudra, sans que la valeur
de la fraction en soit altérée.

Par exemple :	0,5	dixièmes est une moitié.
	0,50	centièmes est une moitié.
	0,500	millièmes ast une moitié.
	0,5000	dix millièmes est une moitié.

D'où il suit que 0,5 - 0,50 - 0,500 - 0,5000 ne sont jamais que 5 dixièmes, parce qu'il n'y a que le chiffre numérique qui ait valeur. Et en effet, les zéros qui, dans les parties fractionnaires, suivent le dernier des chiffres numériques à droite, n'ont pas plus de valeur que ceux que l'on placeroit en avant du dernier chiffre numérique à gauche : 0054,0 ne sera jamais lu autrement que 54,0. Donc on peut ajouter ou retrancher des zéros, après le dernier chiffre numérique des fractions, sans qu'il en résulte le moindre inconvénient.

On observera bien que je dis, *après le dernier chiffre numérique*; car on doit bien se garder d'augmenter ni de diminuer ceux qui les précèdent, comme 0,03, 0,009 et autres semblables, qui sont là pour marquer l'ordre de la numération, comme 3 centièmes, 9 millièmes.

Supposons la somme   52,46

Adjoignons-y des zéros tant
   à gauche qu'à droite   0052,4600 elle sera toujours 52,46

Supprimons les zéros ajoutés   52,46   nous aurons   52,46

Car la fraction 0,4600 dix millièmes n'a pas plus de valeur que celle 0 46 centièmes; et si 100 centimes composent le franc; les zéros qui accompagnent l'unité vers la droite, étant supprimés, laissent l'unité 1 à découvert; et cette unité, ainsi privée de ses zéros, est également 1 franc.

Ce développement, qui n'a d'autre but que celui de familiariser le lecteur avec les valeurs des fractions, le prépare à l'intelligence des opérations dont nous allons nous occuper ; et s'il a bien senti qu'il peut adjoindre ou retrancher des zéros , et à volonté , à la suite du dernier chiffre numérique des fractions décimales, sans en altérer la valeur , il ne rencontrera plus de difficultés à surmonter.

DE L'ADDITION AVEC DES FRACTIONS DÉCIMALES.

Les fractions décimales ne se composent que d'un seul terme; ce terme est *numérateur*; et elles tirent leur dénomination de la quantité de chiffres qui les composent.

Elles diffèrent , en cela seulement , des fractions ordinaires , qui ont deux termes; donc l'un supérieur est *numérateur*, et l'autre inférieur est *dénominateur* ; et si le numérateur indique la *quantité*, le dénominateur désigne la *qualité*.

$\frac{2}{10}$ En fractions ordinaires , se prononcent deux dixièmes; et la même fraction , en parties décimales, s'écrivant 0,2, annonce, par le chiffre unique qui suit la virgule, que ce chiffre représente des dixièmes ; et puisque ce chiffre est 2 , on lit *deux dixièmes*.

$\frac{2}{100}$ En fractions ordinaires , s'écrivent 0,02 en fractions décimales, et se lisent de même, parce que le chiffre 2 , est au degré des centièmes.

$\frac{2}{1000}$ En fractions ordinaires , s'écrivent 0,002 en fractions décimales , et se lisent de même , parce que le chiffre 2 est au degré des millièmes.

Ce seul rapprochement montre combien la fraction décimale est supérieure à la fraction ordinaire. Non-seulement la fraction décimale est numérateur et dénominateur; mais encore, étant constamment décimale, c'est-à-dire dans l'ordre constant de la numération dixainaire, elle se prête à toutes les opérations du calcul, comme si les sommes ne se composoient que d'entiers. Tandis que la fraction ordinaire exige le plus souvent des préparations aussi longues que pénibles.

Néanmoins, et attendu qu'il n'est pas d'avantage sans inconvénient, les fractions décimales ne permettant pas la division d'un entier sans reste, quand le diviseur n'est ni 5 ni 10, la fraction ordinaire l'emporte à son tour sur elle; et c'est ce que je développerai quand nous en serons-là.

Les nombres qui se composent d'entiers et de fractions décimales, s'additionnent comme s'ils ne se composoient que d'entiers. Il suffit de poser les entiers sous les entiers, les fractions sous les fractions; c'est-à-dire que les virgules qui les séparent, soient en colonne, et que chaque chiffre, de part et d'autre, soit également en colonne et à son degré de numération.

Si quelque fraction avoit moins de chiffres que l'autre, on pourroit y ajouter des zéros, et lui donner la même quantité de chiffres, pour remplir toutes les colonnes également.

Néanmoins, je préfererois remplir ces vides avec des points, parce qu'ils conserveroient l'identité des sommes ; et qu'au besoin leur vérification en seroit plus facile.

Supposons avoir à additionner les sommes ci-après :

Les nombres tels qu'ils sont.	Avec des points au bout des parties fractionnaires.	Avec des zéros au bout des parties fractionnair.
242,2	242,2	242,20000
0,56	0,56 . . .	0,56000
37,009	37,009 . .	37,00900
8,72	8,72 . . .	8,72000
44,0267	44,0267 .	44,02670
138,90004	138,90004	138,90004
471,41574	471,41574	471,41574

La parité des sommes justifie que l'adjonction de zéros ou de points, au bout des parties fractionnaires, n'en changent point la valeur, et que l'on peut même s'en passer. Delà il résulte, que mes développemens confirmés ont acquis plus de force, puisqu'ils ont appris à jouer avec les chiffres.

La fraction 41574 cent millièmes est énorme, et si la valeur des objets étoit médiocre, on pourroit la réduire à 0,4 ou à 0,42. Je dis 42 au lieu de 41, parce que les 574 abandonnés, étant plus de la moitié de 1000, forcent la fraction. Ces sortes de réductions n'exigent qu'un coup-d'œil.

Toutes les additions, par parties décimales, étant absolument semblables à celles ci-dessus, n'importe ce que l'on additionneroit, cet exemple suffit.

DE LA SOUSTRACTION PAR PARTIES DÉCIMALES.

Le calcul pour la soustraction des parties décimales ne diffère en rien de celui pour la soustraction des entiers , parce que les fractions y suivent l'ordre de la numération qui est dixainaire ou décimale , mots synonymes. Donc le chiffre insuffisant qui emprunte à son voisin à gauche , en obtient une unité qui lui vaut 10 ; dès-lors la difficulté consistant dans l'emprunt , et cet emprunt et ses effets étant connus, cette difficulté n'en est plus une.

Néanmoins, nous en avons encore une à surmonter : elle se présentera , si la somme à soustraire a plus de chiffres fractionnaires que celle dont elle doit être soustraite ; mais si nous rappelons qu'au bout du chiffre fractionnaire, on peut , sans inconvénient, ajouter tel nombre de zéros ou de points que l'on voudra , toute difficulté sera applanie.

Supposons que du nombre	546,08. ou	546,080
on veuille retrancher	79,476	79,476
Il restera	466,604	466,604
Preuve	546,080	546,080

Que j'ajoute un zéro ou non , à la somme principale, peu importe , il y est supposé. *Zéro ou rien*, dans ce cas, c'est la même chose. Or , de rien on ne peut soustraire ; donc il faut emprunter. Conséquemment, si l'emprunt que je fais me vaut 10, avec ces 10

je puis payer 6 ; et c'est tout ce qu'il m'importe de savoir. Car, que l'on observe bien que les procédés du
calcul ne sont que les fruits du raisonnement , et que
les chiffres ne sont que les signes mémoriaux de ce que
l'on fait , et de ce que l'on a à faire : dès-lors , si la
raison nous guide , les chiffres n'ont que des fonctions
passives.

Cet exemple suffit pour toutes les soustractions avec
parties décimales , puisqu'elles se ressemblent toutes.
Mais si on veut les faire de diverses manières, on peut
suivre les procédés que j'ai indiqués au commencement
de cet Ouvrage , Chapitre *Soustraction* ; et j'y renvoie.

DE LA MULTIPLICATION PAR PARTIES DÉCIMALES.

La Multiplication par parties décimales ne diffère
en rien de celle que nous avons précédemment faite ,
parce que les parties décimales y sont considérées
comme des entiers , et que les facteurs multiplient
comme tels, *sans égard aux virgules* ; parce que
multipliant l'un des facteurs par l'autre , comme s'ils
étoient entièrement composés d'unités , il suffit de séparer le produit par une virgule , et de désigner ,
comme fractionnaires , la même quantité de chiffres
fractionnaires , que les deux facteurs ensemble présenteroient.

On doit ici se rappeler le développement que j'ai
donné sur la multiplication des facteurs , ayant des
zéros à leurs extrémités. On les laisse à part pour les

ajouter au bout des produits des chiffres numériques. Ici c'est le même principe, à la seule différence près que les deux facteurs multiplient réellement et en totalité.

Supposons que l'un des facteurs ne contienne que des entiers, et que l'autre se compose de dixièmes, nécessairement le produit se composera de *dixièmes* ; parce que je n'aurai multiplié que des dixièmes. Donc, si le produit présente 345 dixièmes, je dois, par une virgule, le réduire à 34,5.

Si les deux facteurs se composent de dixièmes, le produit se composera nécessairement de *centièmes* ; parce que le 10.ᵉ du 10.ᵉ est un 100.ᵉ, comme 10 × 10 = 100 ; car *que les produits soient croissans ou décroissans, ils sont toujours également figurés, puisqu'ils sont le résultat d'une multiplication.* Delà la nécessité de séparer deux chiffres d'un produit en centièmes, pour avoir des entiers et des centièmes. Donc, si le produit est de 7562 centièmes, il sera 75,62.

Si des deux facteurs, l'un étoit en dixièmes et l'autre en centièmes, le produit seroit en millièmes, parce que le 10.ᵉ d'un 100.ᵉ est un 1000ᵉ. Comme 10 × 100 = 1000. Donc un produit de 54676 millièmes, sera 54,676.

D'après ce développement, il doit être senti qu'en retranchant d'un produit quelconque autant de chiffres fractionnaires *qu'il en est contenu dans les deux facteurs de la multiplication*, on opère bien : quelques exemples vont justifier de la solidité de ces principes.

A   3 francs le litre ;

combien. 542 litres ?

Produit   1626 francs.

Dans cette question - ci les deux facteurs étant en nombres entiers, le produit ne pouvoit se composer que de nombres entiers ; conséquemment il est en fr.

II.ᵉ EXEMPLE.

A   24,5 dixièmes le mètre ,

combien   4236 mètres d'étoffe ?

$$1470$$
$$735.$$
$$490..$$
$$980...$$

Produit   103⁊820 dixièmes de franc , ou 103782,0 fr

En multipliant 24,5 dixièmes par 4236 mètres, le produit n'a pu me donner que 4236 fois 245 dixièmes ; donc il n a pu se composer que de dixièmes Il faut donc réduire les 1037820 dixièmes, au dixième de ce qu'ils sont pour en faire des entiers. Or, si le retranchement du dernier chiffre rend le produit 10 fois plus petit , puisqu il est 10 fois trop grand , j'opère bien en le réduisant à 103782 francs.

Faisons la preuve de ce raisonnement en multipliant les 4236 mètres d étoffe par 24 francs 5 décimes ; c'est-à-dire par 24 francs $\frac{1}{2}$, puisque 5 dixièmes sont la moitié de l'unité.

A

A   24 francs $\frac{1}{2}$,

Combien   4236 mètres d'étoffe ?

          16944
          8472 .

La moitié de 4236   2118 puisqu'il faut 2 mètres pour 1 fr.

Produit pareil   103782   francs.

Cette preuve est si convaincante, qu'il seroit super-
flu de l'appuyer du moindre raisonnement : j'espère
qu'en justifiant tout ainsi, le doute ne sauroit exister.

IIIᵉ. EXEMPLE.

A   4,5 décimes le kilogramme; ou à 4 fr. 5 décimes
Combien   456,2 dixièmes de kil. de sucre; ou 456 kil. 2 dixièm.

    2281 0
    18248 .

Produit 20529 0 centièmes, ou 2052 francs 90 centimes.

Les dixièmes multipliant par des dixièmes produisent
des centièmes, parce que, je le répète, croissans ou
décroissans, les effets de la multiplication sont constamment les mêmes; le 10.ᵉ × le 10.ᵉ = le 100.ᵉ;
comme 10 × 10 = 100. Justifions ceci par une
preuve.

A   4 francs 5 décimes le kilogram.
Combien   456 kilogr. 2 dixièmes de sucre.

        1824
La $\frac{1}{2}$ de 456 kil. pour les 5 décim.   228   ou 456 kilogr. à 5 décimes.
Pour les 2 dixièmes le $\frac{1}{5}$ du prix   0 90 ou   2 dixièmes à 4,5 le kil.

Produit pareil   2052 90

La parité des produits appuie le principe, que des dixièmes multipliés par des dixièmes produisent des centièmes; parce que, je le répète, croissans ou décroissans les effets de la multiplication sont les mêmes. Car si 10 unités multipliées par 10 unités, produisent 10 fois 10 unités, ou 100 unités; de même des dixièmes d'unités, multipliées par des dixièmes d'unités, doivent rendre des centièmes d'unités; c'est-à-dire, des dixièmes dix fois plus petits. Et en effet, si le dixième n'est que la 10.e partie d'un tout, il est constant que si ce dixième est lui-même partagé en 10 parties, chaque partie ne sera que le 10.e d'un 10e. Donc, si l'on avoit 10 dixièmes ainsi partagés en 10es, on auroit 100 parties de dixièmes; donc, il en découle le principe constant et convaincant, que le 10.e d'un 10e est un 100e.

IVe EXEMPLE.

A   5,36 centimes le mètre   ou   5 francs 36 centimes.
Combien 327,560 millimètres d'étoffe ou 327 mètres 560 millimètres.

```
    196 5360
    982 680 .
   16378 00 . .
```

Produit 1755,72160 cent millièmes ou 1755 francs 72160 cent millièm.

Ici j'ai multiplié des centièmes par des millièmes, ce qui m'a produit des cent millièmes, parce que des 100.e × des 1000.e = de 100000.e, comme 100 × 1000 = 100000. Conséquemment en 1,00000, j'ai 5 zéros; donc, j'ai 5 chiffres à retrancher du produit, pour le réduire en entiers, et ces 5 chiffres

fractionnaires que j'ai au produit, sont en égale quantité que ceux que présentent les deux facteurs : $2 + 3 = 5$.

Tout concourt donc à justifier des principes que
j'ai développés, et s'ils sont sentis, tout deviendra
facile. Jouons avec les chiffres, ils se prêtent à toutes
les combinaisons du génie. Consultons les nombres
fractionnaires, voyons combien chacun d'eux a de
zéros au bout du chiffre numérique qui *seul représente l'unité*, et nous n'aurons jamais de doute sur
la validité des résultats.

$1,0$ Dixièmes sont une unité. Si nous retranchons
le zéro, nous aurons également l'unité 1, Donc, pour
réduire les dixièmes en entiers, il suffit de séparer
un chiffre; $1,00$ centièmes sont une unité. Retranchons
les deux zéros, l'unité 1, se montre à découvert.
Donc, pour réduire les centièmes en entiers, il suffit
de séparer deux chiffres; $1,000$ millièmes sont une
unité. Elle a 3 zéros, donc, il faut séparer 3 chiffres;
et ainsi de suite et à l'infini. Opérons donc les mêmes
retranchemens à des produits pareils, et nous tra-
vaillerons conséquemment.

Mais admirons la simplicité du calcul par fractions
décimales? la dernière multiplication que nous avons
faite eut été aussi longue que difficile, si nous l'avions
opérée par les seules notions du bon sens, attendu
que les fractions auroient exigé une foule d'opérations;
tandis que nous n'en avons eu qu'une seule à faire.

J'ai dit et justifié qu'on étoit libre d'ajouter, ou de

8 *

retrancher des zéros, au bout des nombres fractionnaires. Justifions de ce principe, en répétant la dernière opération.

L'un des fact. est 5,36 centièm. Nous pouvons l'élever à 5,360 millièm.
L'autre est   327,560 millièm. que nous conserverons 327,560 millièm.

Nos deux facteurs ayant chacun 3 chiffres fractionnaires, ce sera 6 chiffres à séparer du produit.
Or, 1000 × 1000 = 1000000, ci . . . . . .

$$
\begin{array}{r}
19\,653600 \\
98\,2680.. \\
1637\,800... \\
\hline
1755,721600 \text{ millio.}
\end{array}
$$

C'est-à-dire, 1755 francs 721600 millionnièmes.

L'adjonction du zéro au premier facteur n'a produit d'autre effet que celui d'augmenter le produit d'un
chiffre. Mais elle a produit aussi un effet sensible,
celui de mettre les entiers en colonne, et les fractions de même, de sorte que les 6 chiffres fractionnaires sont parfaitement en évidence.

Si nous supprimons les zéros que nous avons au
bout de chaque facteur, nous les réduirons à deux
chiffres fractionnaires chaque ; dès lors ils ne seront
que de centièmes, et leur produit sera de dix millièmes, puisque 100 × 100 = 10000, ou bien que
le 100.e × le 100.e = des 10000e.

L'un des fact. est 5,360 millièm., nous pouvons le réduire à 5,36 cent.
L'autre   est 327,560 millièm., nous le réduirons aussi à 327,56 cent.

Nos deux facteurs ayant chacun 2 chiffres fractionnaires, ce sera 4 chiffres à séparer du produit.
Or, 100 × 100 = 10000, ci . . . .

$$
\begin{array}{r}
19\,6536 \\
98\,268. \\
1637\,80.. \\
\hline
1755,7216 \text{ dix m.}
\end{array}
$$

C'est-à-dire, 1755 fr. 7216 dix millièmes, égaux
à 72160 et à 721600, puisqu'au bout des nombres

fractionnaires les zéros sont absolument insignifians.

Concluons donc de tous ces développemens, que si le calcul n'a rien d'abstrait, il n'a également rien de difficile ; et qu'en remontant des effets aux causes, le doute cède à la conviction.

Jusqu'ici nous n'avons raisonné que sur les entiers, et sur les entiers suivis des parties fractionnaires ; il nous reste à parler des multiplications des parties fractionnaires seulement ; opérations étonnantes pour qui ne réfléchit pas, quoique les mêmes personnes qui s'étonnent de la modicité des produits, fassent journellement de semblables opérations de tête.

A   0,50 centimes le litre.

Combien   0,5 dixièmes de litre d'une liqueur quelconque ?

250

0 00.

Produit 0,250 millièmes ou 0,25 centimes, puisqu'on peut bâtonner sans inconvénient le zéro , 0,250 qui est à l'extrémité des nombres fractionnaires.

Ayant justifié de la nécessité de séparer du produit de la multiplication autant de chiffres fractionnaires qu'il en est contenu dans les deux facteurs, l'exemple d'une multiplication de facteurs fractionnaires seulement, confirme ce principe ; et je n'ai mis dans l'opération une ligne de zéros, que pour justifier qu'il ne s'est commis aucun oubli ; attendu que cette ligne de zéros est le produit du multiplicande, par le zéro multiplicateur. Donc, j'ai dû trouver 3 chiffres fractionnaires au produit, puisque le 100.^{e} $\times$ le 10.e = le 1000e. Donc, le produit 0,250 millièmes, n'est autre chose que 0 francs 250 millièmes ou 25 centimes.

La modicité de ce produit est exacte. Un demi-litre, à 50 centimes le litre, ne coûtera que la moitié du prix; donc, la moitié de 50 centimes est 25 centimes; puisque 5 dixièmes de litre, sont la moitié du litre.

C'est-à-dire, que l'on divise une fraction par l'autre, lors même qu'on croit la multiplier; cela vient de ce que l'on multiplie réellement les nombres, alors que l'on divise eff-ctivement l'un de ces nombres par l'autre; comme le 10.^{e} $\times$ le 10.e produit un 100.e; opération qui divise le 10e. par l'autre 10e. Donc, le nombre augmente, et la chose diminue.

Ceux qui, les premiers, ont donné les noms aux choses, ou n'ont pas réfléchi sur les eff-ts, ou ont éprouvé de l'indécision sur le choix des termes. Ici la chose existe, et le terme manque. On divise, même en multipliant; et c'est ce qui seroit incon-cevable, si le produit des fractions qui devient plus petit, à mesure qu'il multiplie, ne disoit pas qu'il est l'inverse du produit des unités; car, si 10 unités multipliées par 10 unités, sont 10 fois 10 unités ou 100 unités; le 10.e d'une unité multiplié par le 10e d'une autre unité, ne produit que le 100.e d'une unité : la différence de ces deux produits, quoique obtenus par les mêmes procédés, est comme 10000, est à 1; c'est-à-dire, que celui des unités est dix mille fois plus grand que celui des fractions. Car, l'un est 100 fois plus grand que l'unité, et l'autre 100 fois plus petit que l'unité ; et 100 fois 100 = 10,000.

Rendons-nous compte à nous-mêmes des motifs de cette diversité de produits, et éclairons notre travail, en cherchant les principes moteurs, dans l'analyse des choses qui nous occupent.

Des entiers multipliés par des entiers, multiplient réellement. 12 Mètres d'étoffe à 4 francs le mètre, produisent 12 fois 4 francs = 48 francs.

Des entiers multipliés par des fractions, ne multiplient pas : les fractions divisent les entiers. A 4 fr. le mètre d'étoffe, combien coûteroit la moitié du mètre ? la réponse 2 fr., dit que le demi-mètre a divisé le prix du mètre.

Des fractions multipliées par des fractions, ne multiplient pas : une fraction divise l'autre. Or, comme une fraction est le quotient de la division d'un entier, il y a division d'une division, c'est-à-dire, subdivision.

A 50 centimes le mètre, combien le demimètre ? c'est une moitié multipliant une moitié, et le produit est un quart, c'est-à-dire, 25 centimes. On multiplie, et cependant on divise, puisque la moitié d'une moitié est un quart.

Avec un esprit analytique, tout se développe, tout s'approfondit ; on sait pourquoi les résultats sont tels et ne sont pas autres ; et l'on ne s'étonne plus de l'incohérence qui paroissoit régner, entre le mécanisme des opérations, et leurs résultats.

DE LA DIVISION PAR FRACTIONS DÉCIMALES.

La Division par le calcul décimal, ne diffère nullement de celle dont nous avons déjà montré le mécanisme : ce sont les mêmes procédés, c'est le même but.

Je n'ai donc à traiter que des fractions *qui peuvent se rencontrer dans le diviseur*; et comme ces fractions et leurs propriétés, nous sont connues, nous n'aurons pas beaucoup de choses à en dire.

Nous savons que la Division décompose les produits de la multiplication; et que si l'un des facteurs de cette multiplication est établi *diviseur*, l'autre facteur doit se montrer *au quotient*.

Nous savons aussi que si l'un des facteurs se compose d'entiers et de fractions d'une espèce; que si l'autre facteur se compose d'entiers et de fractions d'autre espèce, ils se combinent ensemble, et forment un produit qui donne des fractions d'un autre espèce encore.

Mais il est senti, que pour décomposer ce produit, il faut nécessairement que le facteur diviseur ait des fractions de même espèce que lui. Donc, si le produit, qui devient un dividende, se compose de dixièmes, il faut de toute nécessité que le diviseur soit également en dixièmes, sous peine d'avoir un quotient ou plus grand ou plus petit que celui que l'on doit obtenir.

Rappellons-nous bien que par la division, on cherche à connoître combien de fois le diviseur est contenu dans le dividende. Donc, pour avoir cette quantité de fois le quotient, il faut que l'identité de valeurs se rencontre dans le diviseur et le dividende.

Rappellons encore que la simple adjonction ou le simple retranchement de zéros au bout des chiffres fractionnaires, suffit pour rétablir l'équilibre entre deux nombres fractionnaires; et que par ce moyen on les réduit tous les deux à être des dixièmes, des centièmes, des millièmes, &c. &c.

On doit sentir qu'en divisant des entiers par des entiers, le quotient sera ce qu'il doit être; mais aussi on doit sentir que si l'on divisoit des centièmes par des dixièmes, on auroit un quotient dix fois trop considérable; et que, par la même raison, si on divisoit des dixièmes par des centièmes, le quotient seroit dix fois trop foible : on remédie à cet inconvénient en donnant le même nombre de chiffres fractionnaires, tant au diviseur qu'au dividende ; et les zéros sont à disposition pour établir cette égalité.

De l'identité des valeurs fractionnaires, entre les deux agens d'une division, il résulte une égalité proportionnelle parfaite; et de cette égalité proportionnelle, il en résulte encore l'avantage de pouvoir les considérer comme s'ils n'étoient que des entiers, puisqu'ils en jouent le rôle.

Supposons 12 à diviser par 4 ; le quotient sera 3.

Si nous les élevons l'un et l'autre au dixième, nous aurons 12,0 à diviser par 4,0 ; nous aurons le même quotient 3.

Mais si l'un étoit en dixièmes et que l'autre fût entier, nous aurions pour diviseur 12,0 à diviser par 4, et le quotient seroit 3,0.

Je sens bien qu'au moyen de la virgule 3,0 n'est que 3 ; mais j'ai vu tant de personnes errer à cet égard, que je conseille l'égalité proportionnelle comme un préservatif assuré contre les erreurs.

J'ajouterai néanmoins à ceci que, quand un diviseur est tout composé d'entiers, il peut diviser un dividende fractionnaire ; pourvu toutefois qu'on ait soin de distinguer au quotient ce qui provient des entiers et des fractions du dividende.

Ma doctrine ne paroîtra peut-être pas bonne à quelques personnes qui, par leur génie, s'élèvent au-dessus des règles, comme elles s'élèvent au-dessus des erreurs ; mais je les prie de considérer que j'écris pour la multitude, et qu'on ne sauroit trop la garantir des écarts.

Nul doute que si je multiplie des centièmes par des dixièmes, le produit ne me donne des millièmes ; et que si je divise ces millièmes par des dixièmes, le quotient sera composé de centièmes ; et ne me présente ainsi les deux facteurs de la multiplication, puisque les élémens qui composent doivent décomposer. Mais comme il s'agit ici de décomposer des produits dont on ne connoît pas les élémens composans, la prudence prescrit l'égalité proportionnelle ; et je la

conseille, comme un préservatif, contre les erreurs
que l'oubli d'une virgule pourroit occasionner.

Le génie n'a pas les mêmes ressorts chez tous les
hommes; néanmoins, ils intéressent tous également.
Ceux qui pourront s'élever au-dessus des craintes, feront bien de s'élever au-dessus de mes recommandations; mais ceux qui n'auroient pas la même har-
diesse feront bien de s'y conformer; puisque, je le
répète, elles sont le garant le plus assuré contre les
doutes et les erreurs; et que dans le calcul décimal
l'égalité des fractions en est le principe fondamental.
Justifions que ces recommandations sont plus précieuses
que blâmables.

756 Mètres d'étoffe ont coûté 3579 fr. 45 cent.,
on demande à combien revient le mètre?

$$756 \quad \frac{3579,45}{555\ 4} \left(4,73 \text{ centimes.} \right.$$
$$26\ 25$$
$$\frac{375}{756}.$$

Le quotient me dit que le mètre d'étoffe revient
à 4 francs 73 centimes, et ce quotient est parfaitement
exact. Cependant ajoutons 246 millièmes aux 756 mètres; ce qui est un quart de mètre, valant 1 fr. 18
cent., somme qui ne pouvant absorber les 357 cent.
qui nous sont restés indivisibles, ne changent en rien
le prix de 4 francs 73 centimes, le mètre.

Essayons cette nouvelle division telle quelle, et
voyons quel sera son résultat.

756,246 3579,45

Reste   3579,45

Le dividende se trouvant plus foible que le diviseur donne zéro pour quotient ; et ce quotient est d'autant plus ridicule, que nous savons de science certaine qu'il devroit produire 4 francs 73 centimes.

Donc si le quotient, qui doit donner 3 chiffres, n'en donne point, convenons qu'il en manque 3 au dividende, puisque si ces trois chiffres y étoient ajoutés, ils se présenteroient au quotient.

J'ai dit qu'en élevant les fractions des deux agens en rapport d'égalité, ils pourroient être considérés comme s'ils étoient composés de nombres entiers ; et c'est exact. Donc, si nous ajoutons un zéro au dividende les fractions seront balancées ; en conséquence, au lieu de 3579,45, nous l'éleverons à 3579,450, et les deux agens ayant chacun 3 chiffres fractionnaires seront considérés comme s'ils ne se composoient que de nombres entiers.

756,246 3579,450

Reste francs 554,466 (4 francs 73 centimes.

qui ×   100

produisent centimes 554,46600 qu'il faut encore diviser.

25 09380

Reste indivisible 240,642 qui ne donneroient pas ⅐ de c.

Si l'adjonction d'un zéro au dividende a donné les 4 francs au quotient ; le restant 544466 francs, a dû

être réduit en centimes en le multipliant par 100 ; c'est-
à-dire qu'au restant il a fallu ajouter deux zéros, pour
pouvoir en obtenir les 73 centimes au quotient , qui
étoient contenus dans ce restant. Donc, dans le fait ,
nous avons ajouté 3 zéros au dividende ; et c'est ainsi
que , pas à pas , et d'encore en encore , je suis parvenu
à justifier que , malgré toutes les lois de la composition
et de la décomposition , *il falloit ajouter au dividende,*
quel qu'il fût , *autant de zéros qu'il y avoit de chiffres*
fractionnaires au diviseur.

Cette conséquence est d'autant plus naturelle , que
l'on cherche à trouver au quotient la valeur d'un entier.
Or, pour y trouver la valeur d'un entier, il faut que
le diviseur ne se compose que d'entiers. Donc , s'il se
compose de parties fractionnaires, le quotient ne présentera que la valeur d'une de ces parties fractionnaires ;
ce qui obligeroit à le multiplier au gré de cette fraction , pour y trouver la valeur de l'unité. Donc il est
plus simple d'ajouter d'emblée, au dividende, autant
de zéros qu'il y a de chiffres fractionnaires au diviseur ;
et par ce moyen simple , prescrit par la moindre réflexion, on obtient d'emblée un quotient vrai.

Si j'avois dit spontanément , *il faut ajouter au di-*
vidende autant de zéros qu'il est contenu de chiffres
fractionnaires au diviseur, j'aurois séchement indiqué
une méthode , et le motif de cette adjonction n'eût
pas été justifié : il l'est désormais ; opérons en conséquence, en supprimant les virgules.

$$756246 \quad \frac{357945000}{\begin{array}{c} 5544660 \\ 2509380 \end{array}} \left(4,73 \text{ centimes.} \right.$$

Reste indivisible   240642

Et voilà une division satisfaisante, faite avec intelligence, par une seule opération, qui ne permet ni doute, ni hésitation. Cependant il faut se rappeler que le dividende se composoit de *centimes*, et qu'il doit donner des centimes au quotient, n'importent les zéros y ajoutés.

Néanmoins, et attendu qu'il n'est pas d'avantages sans inconvénient, la multiplication du diviseur par le quotient, donnera en produit 3579,45000, au lieu de 3579,45 qui est le vrai dividende. Mais il faut être assez sûr de ce que l'on fait, pour savoir en supprimer les trois zéros que l'on y avoit ajoutés, pour la facilité de l'opération.

Telle est la seule observation à faire pour opérer la division des parties décimales ; du reste, le mécanisme est le même, puisque l'on n'a qu'une seule manière d'opérer pour la division.

Néanmoins, quand le diviseur est décimal, c'est-à-dire quand il est absolument dixairaire, comme 10, ou 100, ou 1000, etc., la seule interposition de la virgule, qui sépare les entiers des parties fractionnaires, suffit pour déterminer la valeur du quotient ; quel que soit le dividende à diviser.

EXEMPLE :

Soit, je suppose, le dividende   2734 francs à partager

à 10   pers. le quotient sera   273,4 dixièmes. .
à 100   personnes, *id.*   27,34 centièmes.
à 1000   personnes, *id.*   2,734 millièmes.
à 10000   personnes, *id.*   0,2734 dix millièmes.

Si le dividende étoit   2734,02 centimes à partager

à 10   pers. le quotient sera   273,402 millièmes.
à 100   personnes, *id.*   27,3402 dix millièmes.
à 1000   personnes, *id.*   2,73402 cent millièmes.
à 10000   personnes, *id.*   0,273402 millionièmes.

Or, si la transposition de la virgule vers la gauche divise par 10, à chaque degré de transposition ; il doit être senti que transposée vers la droite, elle multiplie également par 10.

Avec ces notions simples, et bien développées, le calcul des fractions décimales doit être connu. Passons à la connoissance des fractions ordinaires.

DES FRACTIONS,
Proprement *dites.*

En traitant des fractions décimales, qui se bornent au morcellement de l'unité en parties dixainaires, nous n'avons pu donner qu'une idée imparfaite de ces portions de l'unité : désormais ayant toute permission, nous allons diviser cette même unité, par tous les diviseurs que le caprice ou le besoin pourront nous présenter.

Par le seul mot de fraction, on doit entendre, une parcelle, un morceau, une portion d'un tout, d'un entier, d'une unité.

Si le tout est 25, tout nombre au-dessous de 25 en sera une fraction; si ce tout ou cet entier est une unité 1, il est sensible que lorsque cette unité 1 appartient à plusieurs personnes, il faut qu'elle soit divisée en autant de parties qu'il y a de personnes y ayant droit.

Or, ce partage se fait avec aisance en présentant cette unité 1 sous la forme d'une division. Si ce partage se fait par deux personnes, on l'écrit $\frac{1}{2}$; c'est-à-dire, l'unité 1 à diviser par 2. Si c'est à 3 personnes, on l'écrit $\frac{1}{3}$; c'est-à-dire, l'unité 1 à diviser par 3.

Si, au lieu d'une unité, plusieurs personnes avoient à se partager plusieurs unités, on les écriroit de même. Si c'étoit 5 unités à se partager entre 7 personnes, on écriroit $\frac{5}{7}$; c'est-à-dire, 5 unités à diviser par 7. Si c'étoit 105 unités à partager entre 2742 personnes, on l'écriroit $\frac{105}{2742}$; c'est-à-dire 105 unités ou choses à diviser par 2742.

Il résulte, de cet exposé, la conviction que le chiffre supérieur est *seul la quantité* à diviser, et que le chiffre inférieur n'est que la *quotité* de la division. En conséquence, le chiffre supérieur, qui est un dividende,

dividende , est qualifié de *numérateur* , c'est-à-dire *quantité* numérique ; et le chiffre inférieur qui n'est qu'un diviseur , est qualifié de *dénominateur* , c'est-à-dire *qualité* de la division ou dénommant l'espèce.

Une fraction ainsi exprimée est donc une *division à faire* ; et ce qu'elle a de particulier , c'est qu'elle est en même temps quotient de *la division faite.*

La fraction $\frac{1}{2}$, je suppose, est *un deuxième* , *une moitié* , *une demie* ; si elle présente l'unité 1 à diviser par 2 , ce qui est *une division à faire* ; elle présente également $\frac{1}{2}$ une demie , qui est le quotient d'*une division faite.* Si l'unité 1 est divisée en deux portions , elle présentera $\frac{2}{2}$ deux demies ; donc le partage fait présente $\frac{1}{2}$ ou une des deux moitiés : donc toute fraction quelconque est en même temps , division à faire et quotient d'une division faite.

Il résulte encore de ce raisonnement , une conséquence bien naturelle , c'est que $\frac{2}{2}$ sont un entier , ainsi que $\frac{5}{5}$, $\frac{8}{8}$, $\frac{100}{100}$; et que l'on peut en déduire le principe constant , que toutes les fois que le numérateur d'une fraction est égal à son dénominateur , la fraction représente l'unité 1 ; et en effet,

$\frac{1}{1}$ est une unité à diviser par 1. Or , en 1 combien de fois 1 ? Rép. 1 fois.
$\frac{2}{2}$ sont 2 unités à diviser par 2. Or , en 2 combien de fois 2 ? Rép. 1 fois.
$\frac{27}{27}$ sont 27 unités à diviser par 27. Or, en 27 combien de fois 27? Rép. 1 fois.

D'où l'on peut conclure encore , que le dénominateur de toute fraction quelconque représente constamment l'unité 1. Car si en 27 on a vu 27 unités à diviser par 27 , on peut y voir également les 27 parties d'un tout morcellé en 27 parties.

9

En $\frac{5}{6}$, par exemple, on a la liberté de voir, ou 5 unités à diviser par 6, ou 5 des 6 parties qui ont divisé l'unité 1.

En $\frac{247}{874}$ on a la liberté de voir, ou 247 unités à diviser par 874, ou 247 des 874 parties qui ont divisé l'unité 1.

Puisque, je le rappelle, on peut voir, dans la même fraction, et une division à faire et le quotient d'une division faite. Et puisque le dénominateur est le diviseur du numérateur, appliquons-y également le principe déjà connu, que plus le diviseur est grand et plus le quotient est petit, *et vice versa.* Car si

$\frac{1}{2}$ est le quot. de l'unité divi. par 2 seulement, ce quot. est grand.
$\frac{1}{2750}$ est le quot. de l'unité divisée par 2750, ce quot. est petit.

Donc plus le dénominateur est grand, plus la portion est petite.

Réfléchissons bien, que plus j'avance, et plus je donne de force au développement des principes que j'ai déjà annoncés et démontrés ; et que leur application aux choses dont je traite et dont je traiterai, n'est que la conséquence naturelle du mouvement que l'on imprime aux chiffres au gré des opérations que l'on fait ; soit que l'on additionne, que l'on soustraie, que l'on multiplie ou que l'on divise.

On doit, par ce seul préambule, avoir acquis des notions claires des fractions. Revenons sur nos pas, et indiquons les moyens à employer pour en donner une idée plus facile aux enfans, en nous prêtant à la foiblesse de leurs organes.

Donnons aux enfans un carré de papier présentant l'unité $\frac{1}{1}$

s'ils le divisent en 2 parties , ils y verront		$\frac{2}{2}$
encore	en 2 parties , ils y verront	$\frac{4}{4}$
encore	en 2 parties , ils y verront	$\frac{8}{8}$, etc.

Faisons-leur remarquer ,

1°. Que plus le dénominateur est grand et plus la portion est petite ; et que plus le dénominateur est petit et plus la portion est grande. Et en effet, une demie ou $\frac{1}{2}$, est le double de $\frac{1}{4}$ ou un quart. $\frac{1}{2}$ Est 4 fois plus grande que $\frac{1}{8}$; conséquemment, que $\frac{4}{8} = \frac{1}{2}$; que $\frac{50}{100} = \frac{1}{2}$, etc., etc.

2°. Que si $\frac{8}{8}$ égalent un entier, $\frac{14}{8}$ seront plus grands qu'un entier ; parce qu'en $\frac{14}{8}$ se trouvent une fois $\frac{8}{8}$, plus $\frac{6}{8} = \frac{14}{8}$. Donc que $\frac{6}{8}$ sont moins qu'un entier.

3°. Enfin, que le dénominateur, représentant constamment l'entier, la proportion qui existe entre le numérateur et le dénominateur, détermine toujours la valeur de la fraction. En conséquence, que $\frac{3}{4}$ ne sont que les trois quarts de l'unité ; parce que le numérateur 3 ne présente que 3 des 4 parties qui doivent composer l'unité, et que $\frac{9}{6}$ sont une fois et demie l'unité ; parce qu'en $\frac{9}{6}$ il y a une fois $\frac{6}{6}$, égalant l'unité, plus $\frac{3}{6}$ qui sont la moitié de l'unité.

Servons-nous constamment du mot *diviser* et non de celui de *couper* le papier, afin de les habituer à savoir que le dénominateur d'une fraction est constamment le diviseur du numérateur de la même fraction ; et que le numérateur représente toujours des unités à diviser par le dénominateur.

9

En faisant diviser le papier, faisons-leur écrire sur chaque portion ce qu'elles représentent, comme $\frac{1}{2}$, $\frac{1}{3}$, $\frac{1}{4}$, $\frac{1}{6}$, etc., etc., afin qu'ils apprennent d'où ces valeurs proviennent, et qu'ils sentent que $\frac{1}{8}$ est la moitié de $\frac{1}{4}$, que $\frac{1}{12}$ est la moitié de $\frac{1}{6}$, etc., etc.

Saisissons ce moment pour leur faire remarquer que plus le dénominateur multiplie, et plus la portion devient petite, puisque $\frac{1}{12}$ n'est que la moitié de $\frac{1}{6}$, et que $\frac{1}{6}$ ne produit $\frac{1}{12}$ qu'en multipliant le dénominateur par 2. D'où ils conclueront nécessairement, qu'à mesure qu'ils divisent les portions, ils multiplient le dénominateur, et qu'à mesure qu'ils rapprochent les portions, ils divisent ce même dénominateur, puisque $\frac{2}{12} = \frac{1}{6}$, comme $\frac{2}{2} = \frac{1}{1}$. Car plus il est difficile de se persuader que l'on divise en multipliant, et que l'on multiplie en divisant, *quand il est question de fractions*, et plus il faut s'attacher à les en convaincre par leur propre expérience.

Ayons l'attention, en leur faisant diviser les carrés de papier, de réserver des parties entières, comme des $\frac{1}{2}$, des $\frac{1}{4}$, des $\frac{1}{8}$, des $\frac{1}{3}$, des $\frac{1}{6}$, etc., etc., afin de leur faire comparer ces parties avec d'autres. Ensuite, pour leur en faire composer des grandes avec des petites, moyens bien simples de leur faire sentir les rapports qui existent entr'elles.

Un autre carré de papier, qu'on leur fera diviser par $\frac{1}{3}$, par $\frac{1}{6}$, par $\frac{1}{12}$, etc, etc.; un autre par $\frac{1}{5}$, etç. suffiroient pour completter ces développemens.

Quand on les aura ainsi fait jouer pendant quelques

jours, il faut exercer leur sagacité en les questionnant ; et en leur demandant $\frac{4}{8}$, ils présenteront $\frac{1}{2}$. Si c'est $\frac{3}{8}$, ils présenteront $\frac{1}{4}$ et $\frac{1}{8}$. On aura soin de graduer les questions, mais en les bornant à ce qu'ils puissent y satisfaire avec les morceaux de papier qu'ils auront sous la main.

Une fois exercés à ces valeurs, présentez-leur $\frac{1}{4}$, et dites-leur de vous en donner $\frac{1}{12}$.

S'ils hésitent, rappelez-leur que 3 fois $4 = 12$. S'ils ne sentent pas encore, demandez-leur combien il y a de douzièmes dans un entier. S'ils répondent 12 ; ils sentiront qu'il y en a trois dans $\frac{1}{4}$, et alors ils donneront le tiers de ce $\frac{1}{4}$.

Enfin, c'est à l'homme instruit et patient à exercer l'imagination des enfans ; et s'il a l'adresse de varier ces exercices, il les instruira vîte en les amusant, et ces leçons simples, frappant les sens, en graveront profondément les principes dans la mémoire.

Le jeu des fractions est en tout l'opposé de celui des entiers : avec cette donnée, on le trouvera extrêmement simple. Mais, attendu que je le considère comme la base la plus essentielle du calcul, je vais, sans sortir de la simplicité des développemens, lui donner tout le degré d'intérêt dont il est susceptible. Je me répéterai souvent, mais je préfère ce moyen à celui des renvois, où le sens, quoique le même, n'est jamais assez développé, pour être appliqué aux cas qui nécessitent des développemens particuliers ou plus étendus.

Partons donc d'un principe constant ; c'est que la multiplication, qui multiplie réellement les entiers, divise réellement dans le fait, les fractions dont elle multiplie les dénominateurs. Mais observons bien qu'il n'est question que des dénominateurs, qui ne sont que des qualités ; car quand il est question des numérateurs qui seuls sont quantités, la multiplication les multiplie, et la division les divise.

Ainsi que dans le calcul des parties décimales, les fractions, proprement dites, ont la même analogie avec l'unité. Cette unité est un point central : tout ce qui multiplie vers la gauche augmente, et tout ce qui multiplie vers la droite diminue.

Si, vers la gauche, les entiers s'élèvent avec majesté ; vers la droite, les fractions se perdent dans les infiniment petits ; quoique, dans les deux cas, les produits présentent les mêmes chiffres numériques.

$7 \times 7 = 49$ Entiers ; et le $\frac{1}{7} \times$ le $\frac{1}{7} = \frac{1}{49}$. Et tandis qu'à gauche le produit me présente 49 unités ; à droite il ne me représente que la 49e partie d'une unité. Et pourquoi cela ? Parce que je multiplie en disant $7 \times 7 = 49$; et que je divise, en disant $\frac{1}{7} \times \frac{1}{7} = \frac{1}{49}$, parce qu'ici, quoique je multiplie mécaniquement, je dis, dans le fait, le $\frac{1}{7}$ de $\frac{1}{7}$ est $\frac{1}{49}$; c'est-à-dire, à la lettre, que je divise $\frac{1}{7}$ par l'autre : c'est bien multiplier les nombres, mais c'est diviser les choses, car si je coupe $\frac{1}{7}$ en 7 parties, chaque partie sera $\frac{1}{7}$ de $\frac{1}{7}$, c'est-à-dire $\frac{1}{49}$; et si je morcelle ainsi $\frac{7}{7}$, j'aurai réellement $\frac{49}{49}$.

A cette certitude acquise, ajoutons celle aussi précieuse encore, que les dénominateurs ne sont que des *qualifications*, et nous aurons sur les fractions des données parfaitement sûres.

Et en effet, que je dise $\frac{1}{2}$ ou que j'écrive 1 demie ;
$\frac{1}{100}$ ou 1 centime, je dis toujours 1, c'est-à-dire une
quantité dont je désigne l'espèce ; et je ne l'exprime,
cette espèce, avec des chiffres, que parce qu'il seroit
trop embarrassant de l'exprimer avec des mots, puisque
cette espèce est susceptible de mutations plus faciles à
opérer avec des chiffres qu'avec des mots.

Mais il en résulte aussi la conviction que les dénominateurs, qui ne représentent absolument que des
qualifications, ne figurent jamais comme nombres dans
aucune opération quelconque : il n'y a que les numérateurs, et seulement les numérateurs qui soient susceptibles d'être additionnés, soustraits, multipliés ou
divisés.

Les fractions décimales viennent à l'appui de ce
raisonnement : elles ne présentent que des numérateurs ;
et les dénominateurs, constamment désignés par la
quantité de chiffres fractionnaires, n'y sont que sous-
entendus : ce sont les mêmes fractions présentées sous
des formes différentes. Or, que l'on écrive 0.02 centièmes, ou 2 centièmes, $\frac{2}{100}$, c'est toujours annoncer
que le numérateur 2 est seul une quantité ; et que le
dénominateur 100 ou centième, n'est ici placé que
pour avertir quelle est l'espèce ou la qualité du chiffre
numérateur.

Les chiffres, n'étant que numériques, ne diroient
rien à l'esprit, s'ils n'étoient pas acccompagnés des
mots désignant les choses qu'ils représentent. Le
chiffre 6, par exemple, peut représenter mille choses ;

si ce sont des lieues, des aunes, des toises, on écrit 6 lieues, 6 aunes, 6 toises : conséquemment, si ce sont des quarts, des douzièmes, des centièmes, on écrit $\frac{6}{4}$, $\frac{6}{12}$, $\frac{6}{100}$. Donc, tout ce qui désigne l'espèce est un dénominateur ; et qu'il soit écrit avec des chiffres ou des mots, il n'est, et ne sauroit jamais être autre chose qu'une dénomination de l'espèce de choses.

Avec ces données, fruits du plus simple raisonnement, on connoîtra à fonds ce qu'est une fraction ; et travaillant désormais avec cette intelligence qui peut éclairer tous leurs mouvemens, remontons à la source, et que notre marche graduelle ne soit plus interrompue.

L'unité est la souche de toutes les fractions ; et cette unité, susceptible de toutes sortes de divisions, au gré du caprice ou du besoin, nous pouvons nous la représenter sous toutes les formes possibles.

$\frac{1}{1}$ Est l'unité divisible par 1. Or, 1 : 1 donne 1 au quotient.

$\frac{5}{1}$ Sont 5 unités divis. par 1. Or, 5 : 1 donne 5 au quotient.

$\frac{9}{1}$ Sont 9 unités divis. par 1. Or, 9 : 1 donne 9 au quotient.

Par la même cause :

$\frac{1}{2}$ Est l'unité divisible par 2. Or, 1 : 2 donne 0 $\frac{1}{2}$ au quotient.

$\frac{4}{8}$ Sont 4 unités divis. par 8. Or, 4 : 8 donne 0 $\frac{1}{2}$ au quotient.

$\frac{2}{6}$ Sont 2 unités divis. par 6. Or, 2 : 6 donne 0 $\frac{1}{3}$ ou $\frac{1}{3}$ au quot.

Donc, il est sensible que l'unité se divise au gré des dénominateurs ; c'est-à-dire, que si le dénominateur

est   1, il annonce que l'unité est entière.

est   2,   *idem*   est divisée en   2 parties.

est   3,   *idem*   est divisée en   3 parties.

est 100,   *idem*   est divisée en 100 parties.

D'où suit la conséquence bien naturelle, qu'il faut

la réunion absolue de toutes ces parties pour recons-
truire le tout, ou l'entier, ou l'unité. Donc $\frac{99}{100}$ ne
completteroient pas un entier, puisqu'il faut $\frac{100}{100}$ pour
qu'il soit complet.

Delà la conséquence bien évidente encore, que
$\frac{1}{1}$, $\frac{2}{2}$, $\frac{8}{8}$, $\frac{100}{100}$ sont des entiers; puisqu'en $\frac{1}{1}$ se trouve
1 fois 1, et qu'en $\frac{100}{100}$ se trouvent également 100
fois 100.

De cette évidence, il résulte encore celle, que toutes
les fois que les deux termes d'une fraction sont égaux,
ils représentent l'unité 1.

De ce principe constant il en découle nécessairement
celui, que toutes les fois que le numérateur d'une fraction sera plus grand que le dénominateur, cette fraction
contiendra plus que l'unité.

$\frac{8}{4}$, Par exemple, contiennent 2 unités, puisque dans
le numérateur 8, le dénominateur 4, se trouve contenu 2 fois.

$$\frac{4}{4} \times \frac{4}{4} = \frac{8}{4}. \quad \text{Et } \frac{8 \;:\; 4}{4 \;:\; 4} = \frac{2}{1} \text{ ou } 2 \text{ unités.}$$

$\frac{5}{3}$ contiennent une fois $\frac{3}{3}$, plus $\frac{2}{3}$. Donc $\frac{5}{3} = 1\frac{2}{3}$.

$$\frac{3}{3} + \frac{2}{3} = \frac{5}{3}. \quad \text{Et } \frac{5 \;:\; 3}{3 \;:\; 3} = \frac{1}{1} + \frac{2}{3} = 1\frac{2}{3}.$$

On remarquera que, dans ces opérations, les dénominateurs divisent, mais ne s'additionnent pas.

$$\frac{4}{4} + \frac{4}{4} = \frac{8}{4}. \quad \text{Et que } \frac{3}{3} + \frac{2}{3} = \frac{5}{3}.$$

De tout ce qui précède on peut en conclure que,

Le franc, qui se compose de 100 centimes, peut être $\frac{1}{1}$ ou $\frac{100}{100}$.

La livre, qui se compose de 20 sous, peut être $\frac{1}{1}$ ou $\frac{20}{20}$.

La toise, qui se compose de 6 pieds, peut être $\frac{1}{1}$ ou $\frac{6}{6}$.

Cette nomenclature seroit aussi longue que fasti-
dieuse ; il suffit d'appliquer ces principes à tous les
entiers, qui se subdivisent en d'autres entiers, comme
il est applicable aux entiers de la plus petite espèce,
qui n'ont point de subdivisions : tels sont la centime,
le denier, le grain, le point, etc.

D'où suit : que 50 centimes sont $\frac{50}{100}$ ou la moitié du franc.

que 10 sous   sont $\frac{10}{20}$ ou la moitié de la livre.

que 3 pieds   sont $\frac{1}{2}$ ou la moit. de la toise, etc.

Et d'où résulte enfin le principe, *que les parties
sont proportionnelles au tout.*

On désigne communément comme *aliquotes*, les
entiers dérivant d'autres entiers, comme les centimes
dérivant du franc ; les sous dérivant des livres ; les deniers dérivans des sous ; les pouces dérivant des pieds,
etc., etc. ; mais rejetant toutes ces distinctions, et gé-
néralisant le mot, je ne vois que des fractions dans
tous les nombres possibles, du moment qu'ils sont
divisibles ; car le quotient d'une division, n'est qu'une
fraction du dividende.

Désormais, nous connoissons ce qu'est une fraction,
ce qui la produit, et comme il faut la voir, travail-
lons maintenant à la mettre en mouvement.

Ramener les fractions à la même dénomination.

Nous avons vu aux fractions décimales que pour
les ramenener toutes à la même dénomination, il

suffisoit d'égaliser la quantité des chiffres fractionnaires ; et que l'adjonction ou le retranchement des
zéros étoit la seule chose à faire : pour les fractions
proprement dites, il faut d'autres préparations.

Pour parvenir à connoître l'analogie existante entre
deux fractions, il faut nécessairement qu'elles aient la
même qualification ; c'est ce que l'on appelle les ramener
à la même dénomination.

$\frac{2}{3}$ Et $\frac{5}{8}$ sont deux fractions dont le rapport ne nous
est inconnu que parce que leurs dénominateurs sont
différens. Mais si elles étoient $\frac{16}{24}$ et $\frac{15}{24}$, il nous seroit
facile de dire que leur rapport est comme 16 est à 15 ;
parce que les dénominateurs étant semblables, *les numérateurs seuls doivent être comparés.*

Pour opérer cette conviction, il suffit de les faire
sortir de la même souche ; c'est-à-dire, de leur donner le même diviseur ; et c'est ce que l'on qualifie de
dénominateur commun.

Pour trouver ce *dénominateur commun*, il faut
chercher un nombre tel, qu'il puisse être divisé par
les dénominateurs particuliers des deux fractions ; et
le moyen le plus prompt pour trouver ce dénominateur commun, consiste à multiplier les deux déno-
minateurs particuliers. Or, $\frac{2}{3}$ et $\frac{5}{8}$ ont pour dénominateurs particuliers 3 et 8 ; et 3 × 8 produisent 24 qui
est leur dénominateur commun.

Si le $\frac{1}{3}$ de 24 est $\frac{8}{24}$, les $\frac{2}{3}$ seront $\frac{8}{24} + \frac{8}{24} = \frac{16}{24}$.

Si le $\frac{1}{8}$ de 24 est $\frac{3}{24}$, les $\frac{5}{8}$ seront 5 fois $\frac{3}{24} = \frac{15}{24}$.

Telle est la base de ces conversions ; cherchons

maintenant à connoître des procédés plus expéditifs : ils consistent *à multiplier les deux termes d'une fraction par le dénominateur de l'autre*, et réciproquement.

$$\frac{2}{3} \qquad \frac{5}{8}$$

À multiplier par   8   3

Donneront $\frac{16}{24}$ $\frac{15}{24}$

Cette conversion n'a rien de difficile ; mais ne nous en tenons pas là ; et voyons l'effet et la cause : prenons, pour les connoître, l'unité pour numérateur.

$\frac{1}{3}$ Et $\frac{1}{4}$ ne peuvent être convertis qu'en 12.º parce que 3 × 4 = 12. Donc, Le $\frac{1}{3}$ de 12 est 4; et comme 4 est le $\frac{1}{3}$ de 12, la fraction $\frac{1}{3}$ devient $\frac{4}{12}$. Le $\frac{1}{4}$ de 12 est 3; et comme 3 est le $\frac{1}{4}$ de 12, la fraction $\frac{1}{4}$ devient $\frac{3}{12}$.

Remarquons maintenant deux choses essentielles dans cette conversion.

1º. Que le dénominateur de l'une devient le numérateur de l'unité de l'autre.

Le numérateur 1 de $\frac{1}{3}$ devient $\frac{4}{}$. Le numérateur 1 de $\frac{1}{4}$ devient $\frac{3}{}$.

2º. Que le produit des deux dénominateurs particuliers devient le dénominateur commun des deux fractions qui sont converties en 12.ᵉ, parce que 3 × 4 = 12.

Donc $\frac{1}{3}$ devient $\frac{4}{12}$;   et $\frac{1}{4}$ devient $\frac{3}{12}$.

Si les fractions $\frac{1}{3}$ et $\frac{1}{4}$ ont l'unité pour numérateur ; et si le dénominateur de l'une devient le numérateur de l'unité du numérateur de l'autre ; il tombe sous les sens qu'une fraction qui auroit plusieurs unités au numérateur, multiplieroit le dénominateur de l'autre par la quantité de ces unités.

Donc, si $\frac{1}{3}$ est $\frac{4}{12}$, il est sensible que $\frac{2}{3}$ sont 2 fois $\frac{4}{12} = \frac{8}{12}$.

si $\frac{1}{4}$ est $\frac{3}{12}$, il est sensible que $\frac{3}{4}$ sont 3 fois $\frac{3}{12} = \frac{9}{12}$.

Donc tout justifie que l'on opère bien en multipliant les deux termes d'une fraction par le dénominateur de l'autre, et réciproquement. Voici l'opération dans tous ses détails.

$\frac{1}{3} \times 4$ nous aurons $\dfrac{1 \times 4}{3 \times 4} = \dfrac{4}{12}$, et $\frac{1}{3}$ ou $\frac{4}{12}$ sont même chose.

$\frac{1}{4} \times 3$ nous aurons $\dfrac{1 \times 3}{4 \times 3} = \dfrac{3}{12}$, et $\frac{1}{4}$ ou $\frac{3}{12}$ sont même chose.

Par la même raison,

$\frac{2}{3} \times 4$ nous aurons $\dfrac{2 \times 4}{3 \times 4} = \dfrac{8}{12}$, et $\frac{2}{3}$ ou $\frac{8}{12}$ sont même chose.

$\frac{3}{4} \times 3$ nous aurons $\dfrac{3 \times 3}{4 \times 3} = \dfrac{9}{12}$, et $\frac{3}{4}$ ou $\frac{9}{12}$ sont même chose.

Cette opération, très-essentielle, est extrêmement simple ; et quoique je l'aie déjà donnée dans toute sa simplicité, je la répète encore.

	$\dfrac{2}{3}$	$\dfrac{3}{4}$
Multiplié par	4	par 3
Produisent	$\frac{8}{12}$	et $\frac{9}{12}$

Cette conversion est indispensable pour opérer sur les fractions, et connoître les rapports d'égalité qui existent entr'elles. Mais, je le répète, du moment qu'elles ont été ramenées à la même dénomination, on ne doit en voir que les numérateurs, qui, *seuls*, étant quantités, sont susceptibles d'être additionnés, soustraits, multipliés et divisés.

Car, je le répéterai jusqu'à satiété, que je dise 4 deniers, $\frac{4}{12}$ ou 4 douzièmes, je n'exprime jamais que la quantité 4 ; et si je me rappelle que ce 4 est fraction de 12.ᵉ, ce n'est que pour savoir qu'il faut $\frac{12}{12}$ pour completter un entier.

Si l'on n'avoit point la faculté de pouvoir ramener les fractions a la même dénomination, il seroit impossible, le plus souvent, d'opérer avec elles ; donc que l'on y fasse bien attention.

Supposons, par exemple, que nous ayons à opérer avec les deux fractions $\frac{37}{87}$ et $\frac{26}{93}$. Assurément on seroit très-embarrassé ; mais ramenées à la même dénomination, le rapport en devient aussi facile qu'il est exact;

$\frac{37}{87}$ deviennent $\dfrac{37 \times 93}{87 \times 93} = \frac{3441}{8091}$, c'est-à-dire 3441.

$\frac{26}{93}$ deviennent $\dfrac{26 \times 87}{93 \times 87} = \frac{2262}{8091}$, c'est-à-dire 2262.

C'est-à-dire, que le rapport de $\frac{37}{87}$ à $\frac{26}{93}$ est comme 3441 est à 2262.

D'où il résulte, qu'il est très-facile

d'additionner 3441 $+$ 2262
de soustraire 3441 $-$ 2262
de multiplier 3441 $\times$ 2262
de diviser 3441 : 2262

Opérations qui seroient impraticables, en quelque sorte, avec les fractions d'où ces numérateurs sont prévenus.

Comme en matière de calcul tout est de principe, il est constant que, puisque le produit des dénominateurs de deux fractions leur donne un *dénominateur commun*, on doit également trouver le dénominateur commun d'une plus grande quantité de fractions dans le produit de leurs dénominateurs particuliers.

Soient les fractions $\frac{2}{3}$, $\frac{3}{4}$, $\frac{5}{6}$, $\frac{7}{8}$, $\frac{5}{12}$ à ramener à la même dénomination. Nous dirons $3 \times 4 \times 6 \times 8 \times 12$ $= 6912$. Donc 6912 sera le dénominateur commun; et toutes ces fractions seront converties en 6912es.

Néanmoins, si l'on remarque que les dénominateurs 8 et 12 sont les plus élevés. Si l'on remarque encore que les dénominateurs 3 et 6 se trouvent en 12, comme le dénominateur 4 se trouve en 8, on s'assurera que le produit de $8 \times 12 = 96$ pourroit remplacer l'énorme dénominateur 6912.

Si l'on remarque encore que les dénominateurs 8 et 12 peuvent diviser également 24, puisque 8 y est contenu 3 fois, et 12 deux fois; il s'en suivra que le dénominateur 24 nous tiendra lieu de tous les autres; et c'est ainsi, qu'en raisonnant son travail, on parvient à le rendre aussi simple que facile.

Donc les fractions $\frac{2}{3}$, $\frac{3}{4}$, $\frac{5}{6}$, $\frac{7}{8}$, $\frac{5}{12}$ seront aisément converties en 24es.; et chaque unité de leurs numérateurs sera proportionnelle avec le dénominateur 24.

Posons donc ce dénominateur commun en tête   24 et disons:

Pour $\frac{2}{3}$. En 24 combien de fois le dénominateur 3 ? 8 fois.

        Donc $8 \times$ le numérateur 2 $= 16$ ou $\frac{16}{24}$.

Pour $\frac{3}{4}$ En 24 combien de fois le dénominateur 4 ? 6 fois.

        Donc $6 \times$ le numérateur 3 $= 18$ ou $\frac{18}{24}$.

Pour $\frac{5}{6}$. En 24 combien de fois le dénominateur 6 ? 4 fois.

        Donc $4 \times$ le numérateur 5 $= 20$ ou $\frac{20}{24}$.

Pour $\frac{7}{8}$. En 24 combien de fois le dénominateur 8 ? 3 fois.

        Donc $3 \times$ le numérateur 7 $= 21$ ou $\frac{21}{24}$.

Pour $\frac{5}{12}$. En 24 combien de fois le dénominateur 12 ? 2 fois.

        Donc $2 \times$ le numérateur 5 $= 10$ ou $\frac{10}{24}$.

Total des numérateurs. $\frac{85}{24}$.

Par ce travail simple et facile, nous avons converti les 5 fractions en 24.es; et par l'arrangement que nous lui avons donné, nous avons eu tous les nouveaux numérateurs sous leur dénominateur commun ; et il nous a suffi d'additionner ces numérateurs pour savoir que la valeur totale de ces fractions s'éleveroit à $\frac{85}{24}$. C'est-à-dire, à 3 entiers, plus $\frac{13}{24}$, parce qu'il y a 3 fois $\frac{24}{24}$, plus $\frac{13}{24}$.

Et comme c'est ainsi que l'on parvient à additionner les fractions, cet exemple nous a donné deux degrés d'instruction à la fois.

Quand les fractions, à convertir à la même dénomination, ont des dénominateurs disparates, c'est-à-dire sans analogie entr'eux, il faut forcément se soumettre à leur donner, pour dénominateur commun, le produit de leurs dénominateurs particuliers. $\frac{1}{2}$, $\frac{2}{3}$, $\frac{3}{5}$, $\frac{4}{7}$, $\frac{6}{9}$, $\frac{6}{10}$, $\frac{8}{14}$, $\frac{6}{8}$, $\frac{5}{11}$, $\frac{17}{34}$, $\frac{9}{11}$, $\frac{16}{24}$, $\frac{34}{51}$, etc. auroient l'énorme dénominateur commun 1,710,303,552,000.

Néanmoins, si l'on étoit forcé de l'employer, on n'auroit qu'une plus grande quantité de chiffres à mouvoir ; et avec un peu d'habitude du calcul, on feroit cette conversion avec la même aisance que la précédente ; parce que, d'après le principe composant et décomposant, le dénominateur 1,710,303,552,100 est divisible par les mêmes nombres 2 . 3 . 5 . 7 . 9 . 10 . 14 . 8 . 11 . 34 . 15 . 24 et 51 qui ont concouru à le composer. Et quoique cette observation ne paroisse être ici que d'un foible intérêt, elle est très-précieuse, parce qu'il est très-essentiel de connoître les pièces qui

qui composent une machine pour savoir la dé‑
composer.

Examinons cependant ces fractions, et voyons si
nous en trouverons de semblables. S'il en existe, on
peut se passer d'en multiplier les dénominateurs ; et le
dénominateur commun décroîtroit en raison, attendu
que cet examen doit toujours précéder la multiplication
des dénominateurs particuliers.

1°. $\frac{1}{2}$, $\frac{17}{34}$ . . Sont des $\frac{1}{2}$, ainsi que toutes les frac‑
tions dont le dénominateur est double
du numérateur ; ou divisible par 2.

2°. $\frac{2}{3}$, $\frac{6}{9}$, $\frac{16}{24}$, $\frac{34}{51}$. Sont des $\frac{2}{3}$, ainsi que toutes celles dont
le dénominateur est triple du nu‑
mérateur ; ou divisible par 3.

3°. $\frac{3}{5}$, $\frac{6}{10}$, $\frac{9}{15}$. Sont des $\frac{3}{5}$, ainsi que toutes celles dont
le dénominateur est quintuple du
numérateur ; ou divisible par 5.

4°. $\frac{4}{7}$, $\frac{8}{14}$. . Sont des $\frac{4}{7}$, ainsi que toutes celles
dont le dénominateur est 7 fois le
numérateur ; ou divisible par 7.

5°. $\frac{6}{8}$. . . . Egale $\frac{3}{4}$ dont le dénominateur est
divisible   par 4.

6°. $\frac{1}{11}$. . . . Est $\frac{1}{11}$, et *idem*   par 11.

D'après ces observations, il résulte que l'on peut,
et même que l'on doit réduire toutes les fractions, à
—mouvoir, à leur plus simple expression, avant d'opérer ;
puisqu'il en résulte ou moins de travail ou plus de fa‑
cilité. Et en effet, n'ayant plus que les dénominateurs
3 . 5 . 4 . 7 . 11 pour former le dénominateur commun,

on le réduit ainsi à 4620, nombre extrêmement peti
eu égard au précédent. Je ne parle pas du dénominateur 2, attendu que celui 4 s'y trouve, et que tou
nombre qui divise par 4 est également divisible par 2.

Un dénominateur commun est un entier dont chaque
fraction devient une partie ; et attendu que c'est le
produit de tous les dénominateurs particuliers, et qu'il
est conséquemment divisible par eux, il doit, par la
même raison, être considéré comme le centre où vont
aboutir, et d'où partent tous les rayons. S'il est 24,
on doit le voir comme $\frac{24}{24}$. Dès-lors, pour $\frac{1}{3}$ on peut
dire $\frac{24 : 3}{24 : 1} = \frac{8}{24}$. Pour $\frac{1}{8}$ on peut dire $\frac{24 : 8}{24 : 1} = \frac{3}{24}$ en
observant qu'il faut renverser la fraction à convertir,
puisque c'est le dénominateur qui divise le numérateur.

On pourroit ici pousser très-loin les réflexions sur
la composition et la décomposition des dénominateurs
communs ; mais nous ne sommes pas assez avancés pour
les apprécier ; et je les renvoie, en raison, à la seconde
partie de cet ouvrage : il suffit, pour le moment, que
nous sachions simplifier notre travail.

Si l'opération, pour ramener les fractions à la même
dénomination, est et simple et facile, ses résultats sont
extrêmement précieux, puisqu'ils établissent les rapports d'égalité entr'elles. La suite fera sentir tout le
prix que l'on doit y attacher ; en attendant, j'en recommande l'exercice ; attendu que l'esprit, dégagé du
travail mécanique, aperçoit dans les résultats, les
ressources que la fatigue lui dérobe.

Connoissant désormais ce que sont les fractions ; la manière de les ramener à la même dénomination, l'utilité de cette mesure, comment on forme les dénominateurs communs, et ce qu'il faut observer pour les rendre aussi petits que possible, voyons quels sont les moyens à employer pour augmenter ou pour réduire la valeur des fractions.

Augmenter ou diminuer la valeur des Fractions.

Les fractions ayant deux termes pour indiquer leur valeur, c'est dans le rôle que chacun de ces termes joue que nous devons chercher les causes motrices.

Le premier de ces termes est le numérateur. Il est seul quantité ; donc il est seul susceptible d'être multiplié ou divisé, puisqu'il augmente quand il est multiplié, et qu'il diminue quand il est divisé.

Le second de ces termes est le dénominateur. Ses fonctions se bornent à indiquer de quelles espèces sont les valeurs du numérateur. Nous savons que plus le dénominateur est grand et plus les espèces sont petites ; et que plus il est petit, plus les espèces sont grandes. Donc, quand on multiplie le dénominateur, on divise les valeurs du numérateur ; et quand on le divise, on multiplie ces mêmes valeurs.

D'où il résulte le principe que, multiplier le numérateur ou diviser le dénominateur, c'est multiplier les valeurs.

10

Et que diviser le numérateur ou multiplier le dénominateur, c'est diviser ces mêmes valeurs.

Enfin, que l'on a deux moyens à disposition pour
multiplier ou pour diviser les fractions.

$\frac{1}{1}$ Est l'unité divisible par 1; $\frac{2}{1}$ sont deux unités divisibles par 1. Donc 2 unités sont le double de 1
unité. Donc, quand on multiplie le numérateur, on
augmente la valeur de la fraction $\frac{1 \times 2}{1 : 0} = \frac{2}{1}$. On observera que, dans ces opérations, on fait la même con-
version en multipliant l'un des termes, ou en divisant
l'autre.

$\frac{1}{1}$ Est l'unité divisible par 1; $\frac{1}{2}$ est l'unité divisible
par 2. Donc l'unité divisée par 2 n'est que la moitié
de l'unité. Donc, quand on multiplie le dénominateur,
on diminue la valeur de la fraction $\frac{1 : 0}{1 \times 2} = \frac{1}{2}$.

On a donc le choix, quand on veut augmenter la
valeur d'une fraction, ou de multiplier le numérateur,
ou de diviser le dénominateur.

Comme on a celui, quand on veut en diminuer la
valeur, de diviser le numérateur, ou de multiplier le
dénominateur.

Et ce choix est d'autant plus nécessaire que, quand
un des termes n'est pas divisible, on a la faculté de
multiplier l'autre : sans cette faculté, il seroit le plus
souvent impossible d'opérer ces mutations.

Ayons, par exemple, la fraction $\frac{1}{3}$ à multiplier par 2.
Le dénominateur 3 n'étant pas divisible par 2, on est
forcé de multiplier le numérateur $\frac{1 \times 2}{3 : 0} = \frac{2}{3}$.

Ayant à diviser 3 par la fraction $\frac{1}{2}$. Le numérateur 3 n'étant pas divisible par 3, nous force à multiplier le dénominateur. Or, $\dfrac{5 : 0}{8 \times 3} = \dfrac{5}{24}$.

En opérant ces mutations, on doit toujours réduire les fractions, autant qu'il est possible, à leurs plus petites expressions. On lit plus facilement $\frac{1}{2}$ en $\frac{1}{2}$, qu'en $\frac{6}{12}$. D'ailleurs, et attendu que dans les multiplications par nombres entiers et fractionnaires, les fractions, dérivant les unes des autres, deviennent quelquefois tellement considérables, qu'on ne sauroit veiller avec trop de soin à ne pas les augmenter sans nécessité. Donc et de préférence,

On divisera le dénominateur quand il s'agira de multiplier la fraction.

On divisera le numérateur quand il s'agira de diviser la fraction.

$\frac{5}{9}$ Sont à multiplier par 3. Disons donc $\dfrac{5 \times 0}{9 : 3} = \dfrac{5}{3}$; ce qui est plus simple que $\dfrac{5 \times 3}{9 : 0} = \dfrac{15}{9}$, puisque $\dfrac{5}{3}$ ou $\dfrac{15}{9}$, sont la même valeur.

$\frac{6}{8}$ Sont à diviser par 3. Disons donc $\dfrac{6 : 3}{8 \times 0} = \dfrac{2}{8}$; ce qui est plus simple que $\dfrac{6 : 0}{8 \times 3} = \dfrac{6}{24}$, puisque $\dfrac{2}{8}$ ou $\dfrac{6}{24}$ sont même val.

Il résulte donc, de tous ces développemens, qu'il faut multiplier l'un des termes d'une fraction ou diviser l'autre, quand on veut en augmenter ou en diminuer la valeur.

D'où il résulte encore la conséquence bien naturelle, que les fractions ne doivent pas changer de valeur, quand leurs deux termes sont également multipliés ou divisés par le même agent.

$\frac{3}{4}$ Multipliés par 8 sont $\frac{3 \times 8}{4 \times 8} = \frac{24}{32}$, et $\frac{24}{32}$ divisés par 8 sont $\frac{24 : 8}{32 : 8} = \frac{3}{4}$.

Donc toutes les fois que l'on voudra réduire une fraction quelconque à sa plus petite expression, il faut diviser les deux termes par le même agent.

Mais si ces deux termes ne sont pas également divisibles, il faut, ou laisser exister la fraction telle qu'elle est, ou l'estimer par approximation.

$\frac{41}{217}$ Est une fraction irréductible. On ne peut l'estimer approximativement qu'à $\frac{4}{21}$ un peu foible, ou à $\frac{2}{5}$ un peu plus foible encore.

Mais si on vouloit en avoir la valeur juste à un millième près, on la réduiroit en fraction décimale, en nous rappelant que le dénominateur est le diviseur du numérateur.

Alors il faut considérer les fractions comme des entiers ; c'est-à-dire, que la fraction $\frac{41}{217}$ seroit considérée comme 41 unités à diviser par 217 ; ou pour lui donner un caractère d'utilité, que ce sont 41 mètres d'étoffe à distribuer entre 217 personnes.

Dès-lors nous réduirons les 41 mètres en millièmes, par la seule adjonction de trois zéros, et nous aurons 41,000 millièmes de mètres à diviser par 217 ; et puisque le quotient est toujours de même espèce que le dividende, nous aurons des millièmes de mètres au quotient.

Par 217 personnes diviser 41,000 millièmes de mètres.

$$
\begin{array}{l}
1930 \\
1940
\end{array} \Big(0,188 \text{ millièmes.}
$$

Reste. . . . . . . $\frac{204}{217}$

La fraction $\frac{41}{217}$ équivaut donc à 188 millièmes qui, en raison du restant 204 qui approche beaucoup de 217, peuvent être élevés à 189 millièmes.

On n'a donc qu'une simple division à faire, et toute la difficulté de cette conversion consiste à savoir ce que l'on veut obtenir. Si l'on n'avoit voulu obtenir que des dixièmes de mètres, on n'auroit eu qu'un zéro à ajouter à 41, et l'on auroit eu 41,0 dixièmes à diviser.

Si l'on avoit voulu obtenir des centièmes de mètre, on auroit ajouté deux zéros à 41, et l'on auroit eu 41,00 centièmes à diviser.

Enfin nous avons obtenu des millièmes, parce qu'à 41, ajoutant trois zéros, nous avons eu 41,000 millièmes à diviser.

Il suffit d'observer que le dividende se composant de parties d'unité, ne peut donner que les mêmes parties de l'unité au quotient; conséquemment on posera constamment un zéro, en avant de la virgule, ainsi que je l'ai recommandé, et que je l'ai fait dans l'opération, afin que l'on ne doute jamais quelle est l'espèce de valeurs que le quotient présente.

On indique d'autres manières de réduire les fractions à leur plus petite expression, mais les ayant.

toujours trouvées plus scientifiques que satisfaisantes, je m'abstiendrai d'en parler ; néanmoins, et d'après ce que j'ai déjà indiqué à la division pour réduire les diviseur et dividende, on peut opérer de même sur les fractions, qui sont également des divisions à faire : voici la méthode simple que j'ai toujours suivie, et comme elle n'a rien de méthodique, je la conseille de préférence.

$$\frac{288 : 12}{576 : 12} = \frac{24 : 12}{48 : 12} = \frac{2 : 2}{4 : 2} = \frac{1}{2}. \text{ Donc } \frac{288}{576} = \frac{1}{2} \text{ parce}$$

que 288 sont contenus 2 fois en 576.

$$\frac{480 : 10}{1080 : 10} = \frac{48 : 12}{108 : 12} = \frac{4}{9}. \text{ Donc } \frac{480}{1080} = \frac{4}{9} ; \text{ et } \frac{4}{9} \text{ n'é-}$$

tant plus divisibles par le même agent, sont la plus petite expression de $\frac{480}{1080}$.

C'est donc par l'examen des deux termes d'une fraction que l'on voit comment elle peut être réduite ; et la moindre habitude du calcul en rend les moyens extrêmement faciles ; attendu qu'il est aisé de s'assurer si les deux termes en sont également divisibles, et d'encore en encore, on parvient à la plus petite expression possible. Quand ils sont, ou qu'ils cessent d'être réductibles, on a recours ou à l'approximation, ou à la conversion en fractions décimales.

Tels sont tous les changemens que les fractions peuvent subir Nous les connoissons ; il ne nous reste donc plus qu'à les employer au besoin ; et quelques exemples vont justifier de ces procédés.

Les fractions, étant des portions d'entiers font

souvent partie des nombres, des sommes ou des produits, qui sont alors composés d'entiers et de fractions. Dans l'Addition on cumule ces fractions, pour
chercher les entiers qu'elles peuvent donner. Dans
la multiplication, elles agissent sur les entiers au gré
de leur puissance. Dans la soustraction et dans la division, il faut très-fréquemment réduire les entiers en
fractions pour pouvoir opérer.

Ce sont ces travaux qui vont développer les appli-
cations de l'étude que nous venons d'en faire ; et ce
n'est qu'alors que nous en sentirons l'utilité.

DE L'ADDITION DES ENTIERS AVEC DES FRACTIONS.

Pour additionner des fractions, il faut les ramener
à la même dénomination On ne les additionne que
pour connoître quelle est la quantité d'entiers qu'elles
contiennent ; et parmi les mille et un cas qui nécessitent leur addition, en voici un que l'on peut généraliser, attendu que les procédés sont constamment
les mêmes.

Un négociant reçoit une balle contenant 6 pièces
de drap La facture qui l'accompagne ou qu'il a reçue;
lui dit qu'elles contiennent ensemble 181 aunes $\frac{1}{4}$ Il
veut s'assurer de l'exactitude de cet énoncé, et il
voit que

La pièce de drap N°. 1 est de 28 aunes $\frac{1}{4}$ ou $\frac{12}{48}$.

$$\begin{array}{ccc}
2 & 33 & \frac{5}{6} \text{ ou } \frac{40}{48}. \\
3 & 29 & \frac{2}{3} \text{ ou } \frac{32}{48}. \\
4 & 31 & \frac{5}{8} \text{ ou } \frac{30}{48}. \\
5 & 43 & \frac{7}{12} \text{ ou } \frac{28}{48}. \\
6 & 14 & \frac{5}{16} \text{ ou } \frac{15}{48}.
\end{array}$$

Il convertit toutes ces fractions à la même déno-mination, en considérant que

$\frac{1}{4}$, $\frac{1}{8}$, $\frac{1}{16}$ sont divisibles par 16.
$\frac{1}{3}$, $\frac{1}{6}$, $\frac{1}{12}$ sont divisibles par 12. } Il lui est donc démon-tré que le nombre qui sera divisible par 12 et par 16 sera le dénominateur commun de toutes ces fractions : 48 est donc ce nombre; parce que 12 s'y trouve 4 fois, et que 16 s'y trouve 3 fois.

S'il avoit multiplié 12 par 16, le produit 192 eût été également son dénominateur commun; mais 48 produisant le même effet doit être préféré.

Posons donc ce dénominateur commun en tête 48 et disons :

N°. 1. 28 aunes $\frac{1}{4}$. En 48 combien de fois 4? 12 fois.

Donc $12 \times 1 = 12$. Donnant 28 aun. $\frac{12}{48}$.

N°. 2. 33 aun. $\frac{5}{6}$. En 48 combien de fois 6? 8 fois.

Donc $8 \times 5 = 40$. Donnant 28 aun. $\frac{40}{48}$.

N°. 3. 29 aun. $\frac{2}{3}$. En 48 combien de fois 3? 16 fois.

Donc $16 \times 2 = 32$ Donnant 29 aun. $\frac{32}{48}$.

N°. 4. 31 aun. $\frac{5}{8}$. En 48 combian de fois 8? 6 fois.

Donc $6 \times 5 = 30$. Donnant 31 aun. $\frac{30}{48}$.

N°. 5. 43 aun. $\frac{7}{12}$. En 48 combien de fois 12? 4 fois.

Donc $4 \times 7 = 28$. Donnant 43 aun. $\frac{28}{48}$.

N°. 6. 14 aun. $\frac{5}{16}$. En 48 combien de fois 16? 3 fois.

Donc $3 \times 5 = 15$. Donnant 14 aun. $\frac{15}{48}$.

Total $\frac{157}{48}$, faisant 3 aunes $\frac{13}{48}$ $\frac{157}{48}$. Donn. 181 aun. $\frac{13}{48}$.

Toutes ces fractions donnent ensemble, par la seule addition de leurs nouveaux numérateurs 157, et comme

elles ont 48 pour dénominateur commun, cette somme
est $\frac{157}{48}$. Or, divisant 157 par 48, nous y trouverons
3 fois $\frac{48}{48}$ qui sont 3 fois 1 aune, et il restera la fraction
$\frac{13}{48}$. Portant donc les 3 entiers aux entiers, l'addition
totale nous présentera 181 aunes $\frac{13}{48}$.

$\frac{13}{48}$ Sont un peu plus de $\frac{1}{4}$, mais dans le commerce
ces petites fractions ne se comptent pas; attendu que
trop de rigueur éloigne la confiance.

Cet exemple suffit pour donner une intelligence
complette de la manière dont il faut s'y prendre pour
additionner des fractions; et de cette intelligence même,
on doit se faire une manière de travailler qui soit plus
simple; attendu qu'il est extrêmement facile d'opérer
ces conversions de suite, sans recourir au tableau du
développement.

Il est extrêmement facile de dire, quand on a le
dénominateur commun fixé,

Le $\frac{1}{4}$ de 48 est 12. Donc $\frac{12}{48} = \frac{1}{4}$, et $\frac{3}{4}$ ou 3 fois $\frac{12}{48} = \frac{36}{48}$.

Le $\frac{1}{6}$ de 48 est 8. Donc $\frac{8}{48} = \frac{1}{6}$, et $\frac{5}{6}$ ou 5 fois $\frac{8}{48} = \frac{40}{48}$.

Le $\frac{1}{3}$ de 48 est 16. Donc $\frac{16}{48} = \frac{1}{3}$, et $\frac{2}{3}$ ou 2 fois $\frac{16}{48} = \frac{32}{48}$.

Le $\frac{1}{8}$ de 48 est 6. Donc $\frac{6}{48} = \frac{1}{8}$, et $\frac{5}{8}$ ou 5 fois $\frac{6}{48} = \frac{30}{48}$.

Le $\frac{1}{12}$ de 48 est 4. Donc $\frac{4}{48} = \frac{1}{12}$, et $\frac{7}{12}$ ou 7 fois $\frac{4}{48} = \frac{28}{48}$.

Le $\frac{1}{16}$ de 48 est 3. Donc $\frac{3}{48} = \frac{1}{16}$, et $\frac{5}{16}$ ou 5 fois $\frac{3}{48} = \frac{15}{48}$.

Donc sans le secours des procédés, sans avoir besoin
de la plume, l'esprit peut convertir la grande majorité
des fractions à la même dénomination. Et comme,
dans le commerce de la vie, on n'a guères que de petites fractions à mouvoir, leur addition ne sauroit jamais être embarrassante.

Pour additionner les petites unités comme les centimes, les deniers, les sous; les grains, les gros, les onces, les livres, les lignes, les pouces, les pieds, nous ne devons pas éprouver plus de difficultés, puisqu'il suffit de savoir combien il faut de deniers pour former un sou ; de lignes, pour former un pouce, etc., etc.

La livre se compose de 20 sous; donc les $\frac{20}{20}$ de sous composent la livre.

Le sou se compose de 12 deniers ; donc les $\frac{12}{12}$ de deniers composent le sou.

En raisonnant ainsi des poids, des mesures et des monnoies, on saura réunir les parties et en composer des entiers.

Le réal d'Espagne se divise en 34 maravédis ; mais malgré la singularité de cette division, nous sera-t-il plus difficile de dire que 34 maravédis composent 1 réal, que de dire que 12 deniers composent un sou ? non. Usons donc de toute notre raison, et le calcul ne sera qu'un jeu pour nous.

DE LA SOUSTRACTION DES ENTIERS AVEC DES FRACTIONS.

L'addition est la plus longue et la plus difficile des opérations avec des fractions ; attendu qu'il faut en ramener un grand nombre à la même dénomination; et qu'après avoir additionné leurs nouveaux numérateurs, il faut chercher combien de fois leur total contient d'entiers.

Désormais, soit que nous ayons à soustraire, à multiplier ou à diviser, nous n'aurons affaire qu'à deux fractions ; donc il nous sera plus facile de les mouvoir.

Il suffit, pour soustraire une fraction d'une autre fraction, de se convaincre du principe constant, que si les deniers empruntent 1 sou, ce sou vaut 12 deniers ; et que si les sous empruntent une livre, cette livre vaut 20 sous.

Donc si des huitièmes empruntent un entier, cet entier vaut $\frac{8}{8}$; que si des cinquièmes empruntent un entier, cet entier vaut $\frac{5}{5}$, et ainsi de suite.

En conséquence, si de $\frac{3}{7}$ j'avois $\frac{1}{7}$ à soustraire, j'emprunterois un entier qui me vaudroit $\frac{7}{7}$ Or, je dirois, $\frac{7}{7} + \frac{3}{7} = \frac{10}{7}$; et $\frac{10}{7} - \frac{1}{7} = \frac{9}{7}$. Donc je satisferois à la soustraction, et il me resteroit $\frac{9}{7}$ que je poserois au-dessous.

Et comme l'emprunt est la seule difficulté de la soustraction, ce développement l'ayant anéantie, nous opérerons avec aisance.

De $\frac{5}{8}$ en soustraire $\frac{3}{8}$. Nous n'avons qu'à dire $\frac{5}{8} - \frac{3}{8} = \frac{2}{8}$ ou $\frac{1}{4}$.

Telle est la simplicité de cette opération, qu'il suffit de dire : *tant* moins *tant* égale *tant*, ou reste *tant*.

Ce reste est la différence d'un nombre à un autre. Par exemple, que l'on demande quelle est la différence de 7 à 43 ? Disons $43 - 7 = 36$; et en effet, elle est de 36, puisque $36 + 7 = 43$. Donc la soustraction d'un nombre sur un autre, donne la différence entr'eux ; car ils seroient égaux s'ils étoient sans différence : cette dernière observation peut paroître puérile ; néanmoins, elle est profonde, puisqu'elle aide à donner la solution d'une question, qui feroit tâtonner les gens qui ne réfléchissent pas. Nous en parlerons dans la seconde partie.

Pour rendre la soustraction d'un intérêt plus sensible, donnons un exemple d'un intérêt usuel ; car c'est l'utilité qui grave les leçons dans la mémoire.

De 25 aunes $\frac{1}{3}$, soustraire 14 aun. $\frac{5}{8}$	Les fractions différentes se convertissent en celles-ci. . . .	De 25 aunes $\frac{8}{24}$ soust. 14 aunes $\frac{15}{24}$.

Donc de	25 aunes	$\frac{8}{24}$
Soustraire	14	$\frac{15}{24}$
Il reste	10	$\frac{17}{24}$

De $\frac{8}{24}$ soustraire $\frac{15}{24}$; on ne le peut pas. Donc il faut emprunter une unité qui vaut $\frac{24}{24}$. Or, $\frac{24}{24} + \frac{8}{24}$ $= \frac{32}{24} - \frac{15}{24} = \frac{17}{24}$. Ou plus simplement, $24 + 8 = 32$, et $32 - 15 = \frac{17}{24}$. Car, je le répéterai sans cesse, les numérateurs seuls sont des quantités. Donc les dénominateurs ne jouent que des rôles passifs dans tous les calculs possibles, du moment que les fractions sont élevées à la même dénomination.

Quand on n'a que de petites valeurs à faire mouvoir, on peut réduire les entiers en fractions, et les opérations en sont plus promptes.

De 2 aunes $\frac{7}{9}$, soustraire 1 aune $\frac{15}{16}$.

On fait aussi bien de dire :

De $\frac{25}{9}$; car 2 aunes $\frac{7}{9}$ sont 2 fois $9 = 18 + 7 = \frac{25}{9}$, ôter $\frac{31}{16}$; car 1 aune $\frac{15}{16}$ sont 1 fois $16 + 15 = \frac{31}{16}$.

'Or, $\frac{25}{9} - \frac{31}{16}$ } à convertir à la même dénomination,
× 16 — 9 }
deviennent $\frac{400}{144} - \frac{279}{144} = \frac{111}{144}$. Ou plus simplement, 400 —
279 $= \frac{111}{144}$.

Ces opérations sont très-simples, et comme elles
sont toutes semblables, nous allons passer outre.

De la Multiplication des Entiers avec des Fractions.

Multiplier une fraction par une fraction, c'est diviser. Le mécanisme de cette opération est bien celui
de la multiplication des nombres; mais du moment
que nous savons que plus le dénominateur est grand,
et plus la fraction est petite, nous devons sentir que
la multiplication du dénominateur divise; c'est-à-
dire, qu'au lieu *d'un produit*, cette multiplication ne
donne *qu'un quotient*.

$\frac{1}{2} \times \frac{1}{2} = \frac{1}{4}$. Ou bien $\frac{1 \times 1}{2 \times 2} = \frac{1}{4}$. On multiplie les deux
numérateurs l'un par l'autre. $1 \times 1 = 1$. On multiplie éga-
lement les deux dénominateurs l'un par l'autre, $2 \times 2 = 4$.

Et le produit de ces multiplications est { Numérateur 1.
Dénominateur 4.

Je le répète, par le mécanisme on multiplie, et
par le fait on divise; parce que l'on ne fait autre chose
que diviser une fraction par une autre fraction. Or,
multiplier $\frac{1}{2}$ par $\frac{1}{2} = \frac{1}{4}$.; c'est dire la $\frac{1}{2}$ d'une $\frac{1}{2} = \frac{1}{4}$.

Une moitié ou $\frac{1}{2}$ se compose de $\frac{2}{4}$; or, la moitié
de $\frac{2}{4}$ est $\frac{1}{4}$. Et ce résultat d'une multiplication ne paroît inconcevable que parce qu'on ne réfléchit pas;

car nous faisons journellement , et à chaque instant , de ces opérations, sans nous douter que nous résolvons, même sans génie, des opérations simples , qui, avec la plume , nous paroissent incohérentes.

$\frac{1}{2}$ Livre pesant de savon , à 10 sous la livre , ne coûte que 5 sous Si la $\frac{1}{2}$ livre pesant est la moitié d'une livre pesant; si 10 sous sont la moitié d'une livre monnoie , 5 sous sont le $\frac{1}{4}$ de la livre monnoie. Donc ce tableau confirme le principe que $\frac{1 \times 1}{2 \times 2}$ $\frac{1}{4}$, et que ce produit n'est que le quotient d'une $\frac{1}{2}$ divisant $\frac{1}{2} = \frac{1}{4}$.

Il est bien étonnant , à la vérité , que l'on divise lors même que l'on multiplie. J'ai développé les causes de cette bizarrerie , en traitant de la multiplication des parties décimales , et j'y renvoie. Cependant je dois développer ici une chose qui facilitera la conception des résultats, dans les opérations dont nous allons traiter ; et décidément j'aime mieux me répéter , afin d'être mieux entendu.

Des entiers multipliés par des entiers multiplient réellement ; c'est le seul cas où la multiplication multiplie réellement les nombres et les choses.

12 Aunes de ruban , à 2 livres l'aune , coûteront 24 livres , c'est-à-dire 12 fois 2 livres = 24 livres.

Des entiers multipliés par des fractions , sont divisés au gré de ces fractions.

12 Aunes de ruban, à 10 sous , ne coûteront que 6 livres , parce que 10 sous sont le $\frac{1}{4}$ de 2 livres , et qu'ill.

qu'il faut 4 aunes de ruban pour 2 livres; et que le $\frac{1}{4}$ de 24 est 6. Donc $\dfrac{24 \times 1}{1 \times 4} = \dfrac{24}{4} = 6.$

Conséquemment, 12 aunes de ruban à 10 sous ne coûteront que 6 livres, parce que 10 sous sont la moitié d'une livre, et qu'il faudroit 2 aunes de ruban à 10 sous pour égaler une livre. Donc $\dfrac{12 \times 1}{1 \times 2} = \dfrac{12}{2} = 6.$

Bien que 10 sous soient le $\frac{1}{4}$ de 2 livres ou la $\frac{1}{2}$ de 1 livre, toujours est-il constant que 12 aunes de ruban, à 10 sous l'aune, ne coûtent que 6 livres, parce que dans tous les cas c'est la fraction qui divise l'entier. $\dfrac{12}{2} = 6.$

Observons, néanmoins, que cette division n'est qu'une manière d'opérer abréviativement; parce qu'elle donne d'emblée un produit que l'on n'obtiendroit qu'avec plus de travail. Car, si l'on vouloit multiplier réellement 12 aunes de ruban à 10 sous l'aune, en considérant les sous comme des entiers, on auroit, pour produit, 120 sous. Alors on auroit ces 120 sous à diviser par 20, pour les réduire en livres, en disant $\dfrac{120}{20} = 6$ livres. Donc on a plutôt fait en disant; $\dfrac{12}{2} = 6$; que de dire $12 \times 10 = 120$, et $\dfrac{120}{20} = 6.$

Une fraction multipliée par une fraction, est le quotient d'une division encore divisé; c'est à-dire une subdivision: le produit n'est donc qu'une portion d'une portion de l'unité.

Nous avons vu que 12 aunes de ruban, à 10 sous

11

l'aune, étoient 12 entiers divisés par $\frac{1}{2}$ ou portion de
la livre; qu'il a fallu deux de ces portions pour completter l'unité, c'est-à-dire 2 aunes de ruban pour 1
livre; et que delà résultoit la nécessité de dire $\frac{12}{2} = 6$.
Il est constant que si l'on n'avoit que $\frac{1}{4}$ d'aune de ce
ruban à multiplier par cette demie ou 10 sous, ce $\frac{1}{4}$
d'aune de ruban ne coûteroit que 2 sous 6 deniers;
et que 2 sous 6 deniers ne sont que la huitième partie
de la livre. Donc si notre opération produit $\frac{1}{8}$, elle
sera aussi juste que conséquente.

10 Sous sont la $\frac{1}{2}$ de la livre; et $\frac{1}{2}$ est le quotient de
l'unité divisée par 2. Si nous multiplions ce quotient
$\frac{1}{2}$ par $\frac{1}{4}$, nous le diviserons encore, puisque nous pren-
drons la $\frac{1}{2}$ de ce $\frac{1}{4}$, ou le $\frac{1}{4}$ de la $\frac{1}{2}$, ce qui est la même
chose : ce sera donc une portion d'une portion que le
produit nous présentera. Or, $\frac{1 \times 1}{2 \times 4} = \frac{1}{8}$ comme $\frac{1 \times 1}{4 \times 2} = \frac{1}{8}$.

De quelque manière que l'on voulût s'y prendre,
on ne pourroit multiplier $\frac{1}{4}$ par $\frac{1}{2}$; il faut absolument
diviser. Et partons d'un principe constant, que là où
il n'y a pas d'entiers, il ne sauroit y avoir de multiplication.

On multiplie bien mécaniquement, puisque $\frac{1 \times 1}{2 \times 4}$
$= \frac{1}{8}$. Mais si l'on se rappelle que les dénominateurs ne
sont divisés que par la multiplication; et que plus on
les multiplie et plus on divise l'unité, dont ils carac-
térisent l'espèce ou la qualité, on admirera les ressources que le calcul offre au génie, puisque les mêmes

nombres, en multipliant, produisent ou de très grandes ou de très-petites quantités.

$8 \times 12 = 96$ entiers. Et $\dfrac{1 \times 1}{8 \times 12} = \dfrac{1}{96}$ d'unité.

Ce sont bien les mêmes résultats numériques; mais quelle énorme différence ! l'un est 9216 fois plus grand que l'autre. $96 \times 96 = 9216$.

Si la multiplication des fractions est simple, elle ne donne pas toujours la plus petite expression au résultat ; mais avec un peu d'intelligence, on joue avec les chiffres. Par exemple, quand la question le permet, $\dfrac{7 \times 3}{9 \times 7} = \dfrac{21}{63}$, expression que l'on doit réduire $\dfrac{21 \ : \ 7}{63 \ : \ 7}$ $\dfrac{3}{9}$ ou $\dfrac{1}{3}$.

Remarquons bien que $\dfrac{7}{9}$ a pour numérateur 7, et que $\dfrac{3}{7}$ a pour dénominateur le même chiffre 7. En les supprimant, on aura $\dfrac{7 \times 3}{9 \times 7} = \dfrac{3}{7}$ $\dfrac{7 \times \overset{1}{3}}{9 \times 7} = \dfrac{1}{3}$. Car après avoir supprimé les numérateur et dénominateur 7, on peut prendre le $\dfrac{1}{3}$ du numérateur 3 et lui substituer 1, le $\dfrac{1}{3}$ également du dénominateur 9 et lui substituer 3. De sorte que l'opération se fait sans travail, et qu'elle abrège celui-ci $\dfrac{7 \times 3}{9 \times 7} = \dfrac{21 \ : \ 7}{63 \ : \ 7} = \dfrac{3 \ : \ 3}{9 \ : \ 3} = \dfrac{1}{3}$.

Combien n'est-il pas agréable de savoir jouer avec les chiffres ? et l'on jouera toujours avec eux, quand on se persuadera de cette vérité, que les rapports proportionnels qui existent entre deux nombres, ne sont jamais altérés lorsqu'ils sont également multipliés

11 *

ou divisés par le même agent. Ici je les ai divisés par
7 et par 3 ; c'est-à-dire par 21, puisque 3 fois 7 = 21.
Donc si nous multiplions $\frac{1}{3}$ par 21, nous aurons
$\frac{1 \times 21}{3 \times 21} = \frac{21}{63}$, rétablissant le premier produit de
$\frac{7 \times 3}{9 \times 7} = \frac{21}{63}$.

Si nous nous bornions, néanmoins, à savoir multiplier deux fractions, nous ne saurions pas grand'chose ;
car on n'en verroit ni le but ni l'utilité. Préparons
donc, par quelques exemples d'un intérêt senti, les
mouvemens qu'elles impriment aux nombres qu'elles
multiplient, afin que le mérite de leur action soit
apprécié, et que nos travaux en deviennent faciles.

Supposons avoir acheté 57 aunes $\frac{3}{8}$ d'étoffe, à
35^{tt} 17^{s} 9^{d} l'aune, et que nous veuillons connoître
ce que nous avons à payer.

Cette opération est une des plus compliquées de la
multiplication. Mais si nous la raisonnons avec cette
simplicité qui doit présider à toutes celles du calcul,
nous ne lui trouverons rien de difficile.

Ne nous occupons d'abord que des 57 aunes entières, et laissons les $\frac{3}{8}$ d'aune à part.

Maintenant qu'avons-nous donc à faire ? à multiplier
57 fois le prix. C'est-à-dire, que nous devons chercher un produit qui soit 57 fois 35^{tt} 17^{s} 9^{d}, puisque
chaque aune d'étoffe est une fois 35^{tt} 17^{s} 9^{d}.

Disons donc, puisque nous ne pouvons multiplier
qu'un seul chiffre à la fois, que nous devons trouver
autant de produits partiels que nous avons de chiffres

dans le multiplicande. Donc nous aurons à chercher
57 fois 30 liv., 57 fois 5 liv., 57 fois 10 sous, 57
fois 7 sous et 57 fois 9 deniers. Et réduisant les produits des sous et des deniers en livres, l'addition
de tous ces produits partiels nous donnera 57 fois.
35^{tt} 17^{J} 9^{Ω}.

Partant de ce principe ; disons donc ,

1°. 57 Aunes à 30^{tt} l'aune, coûteroient   1710^{tt} $_{\prime\prime}$J $_{\prime\prime}$Ω

2°. 57 Aunes à 5 l'aune , *idem*   285 $_{\prime\prime}$ $_{\prime\prime}$

3°. 57 Aunes à 10^{J} l'aune, *idem.* 570^{J} ou   28 10 $_{\prime\prime}$

4°. 57 Aunes à 7 l'aune ; *idem* 399 ou 19 19 $_{\prime\prime}$

5°. 57 Aunes à 9^{Ω} l'au. 513^{Ω} ou 42^{J}9^{Ω} ou   2   2   9

Et l'addition de ces 5 produits nous donnera celui total , pour 57 aunes d'étoffe , à
35^{tt}17^{J} 9^{Ω} l'aune, de   2045^{tt} 11^{J} 9^{Ω}

À ce produit , nous avons à ajouter celui
des $\frac{1}{8}$ d'aune, à raison de 35^{tt} 17^{J} 9^{Ω} l'aune.

$\frac{2}{8}$ Sont $\frac{1}{4}$. Or , si l'aune entière coûte
35^{tt} 17^{J} 9^{Ω}, le $\frac{1}{4}$ d'aune ne devra coûter
que le $\frac{1}{4}$ de ce prix. Donc $\dfrac{35 . 17 . 9}{4}$ =   8 19 5 $\frac{1}{4}$

$\frac{1}{8}$ Sont la moitié de $\frac{2}{8}$. Donc si $\frac{2}{8}$ ont coûté.
8^{tt} 19^{J} 5^{Ω} $\frac{1}{4}$, $\frac{1}{8}$ ne devra coûter que la
moitié de ce produit. Donc $\dfrac{8 . 19 . 5\frac{1}{4}}{2}$ =   4   9 8 $\frac{5}{8}$

Et nous aurons, pour produit total des 57
aunes $\frac{1}{8}$ d'étoffe, à raison de 35^{tt} 17^{J} 9^{Ω}
l'aune. . . . . 2059^{tt} $_{\prime\prime}$J 10 $\frac{7}{8}$.

Voilà comme les paysans calculent, et ils calculent
avec autant d'aisance que de solidité. C'est le calcul
du bon sens. Donc les principes sont innés, et les

procédés imaginés pour abréger ces opérations reposent sur ces bases.

Avant de développer ce mécanisme, entrons dans des détails préparatoires, et habituons-nous aux divisions qui résultent de la multiplication des fractions. 17 Sous 9 deniers sont des fractions de la livre. Or, si la livre se compose de 20 sous, et le sou de 12 deniers, la livre sera $\frac{20}{20}$, et le sou $\frac{12}{12}$.

Si nous multiplions $\frac{20 \times 12}{20 \times 12} = \frac{240}{240}$, nous nous assurerons que la livre se compose de 240 deniers; et si nous réduisons les 17 sous 9 deniers, nous y trouverons $\frac{17 \times 12}{20 \times 12} = \frac{204}{240}$ pour les 17 sous ; plus $\frac{9}{240}$ pour les 9 deniers, et $\frac{204}{240} + \frac{9}{240} = \frac{213}{240}$ pour les 17 sous 9 deniers.

D'où il résulte, que si l'on multiplioit le numérateur 213 par les 57 aunes, et que l'on divisât ce produit par le dénominateur 240, on auroit d'emblée, dans le quotient, les 50^{tt} 11^{s} 9^{d} que les trois produits par 10 sous, par 7 sous et par 9 deniers ont donné, attendu que les $\frac{213}{240}$ étant fraction de la livre, le produit du numérateur 213 par 57 doit être considéré comme 12141 livres à diviser par le dénominateur 240.

$$\frac{213 \times 57}{240 \times 1} = \frac{12141}{240} = 50^{tt} \ 11^{s} \ 9^{d}.$$

Si cette opération étoit familière, elle seroit très-simple. Mais attendu qu'elle épouvanteroit les commençans, rendons-la leur, si non plus facile, mais plus sensible, en raison de leur foible intelligence; car

les calculs que nous allons faire sont plus longs , et ne
sont pas plus aisés.

A $35^{tt}17^{s}9^{d}$ l'au.

Combien   57 aunes $\frac{3}{8}$?

Produit de 57 aunes , à 35 liv. l'aune , $\left\{\begin{array}{l}245\\175.\end{array}\right.$

10 Sous étant la moitié de la livre ,
nous prendrons la moitié des 57 aunes,
puisque 2 aunes à 10 sous, coûtent 1 liv.

Donc $\dfrac{57}{2} = 28^{tt}10^{s}$, ci   28   10 n

5 Sous sont ou le $\frac{1}{4}$ de la livre ou la
$\frac{1}{2}$ de 10 sous. Donc nous avons la faculté
de prendre le $\frac{1}{4}$ des 57 aunes, qui sont

$\dfrac{57}{4} = 14^{tt}15^{s}$, ou la moitié de $\dfrac{28^{tt}10^{s}}{2}$

$= 14^{tt}5^{s}$, ci   14   5 v

2 Sous sont ou le $\frac{1}{10}$ de la li. ou le $\frac{1}{5}$ de 10 s.
Donc nous avons la faculté de prendre

le $\frac{1}{10}$ de $\dfrac{57}{10} = 5^{tt}14^{s}$, ou le $\frac{1}{5}$ de 28^{tt}

10^{s}, qui sont $\dfrac{28 \cdot 10}{5} = 5^{tt}14^{s}$, ci.   5   14 n

6 Deniers sont le $\frac{1}{40}$ de la livre ou le
$\frac{1}{4}$ de 2 sous. Nous avons donc la faculté
de prendre ou le $\frac{1}{40}$ des 57 qui sont

$\dfrac{57}{40} = 1^{tt}8^{s}$, ou le $\frac{1}{4}$ de $\dfrac{5^{tt}14^{s}}{4} = 1^{tt}$

$8^{tt}6^{d}$ ci   1   8   6

3 Deniers sont la $\frac{1}{2}$ de 6 deniers.

Donc $\dfrac{1 \cdot 8 \cdot 6}{2} = $ n 14   3

Et le produit de 57 aunes, à $35^{tt}17^{s}9^{d}$ sera $2045^{tt}11^{s}9^{d}$

Cette manière d'opérer est la plus familière. C'est celle qui est généralement usitée, quoiqu'elle soit la plus longue, et je dirai plus, la plus difficile de toutes, attendu que les combinaisons y sont continues.

Remarquons bien que nous avons fait 5 opérations pour obtenir, par les mêmes procédés, ce que j'ai obtenu dans une seule ; car enfin nous y avons également employé les $\dfrac{213}{240}$ de la livre.

10 Sous $= \dfrac{120}{240}$; 5 sous $= \dfrac{60}{240}$; 2 sous $= \dfrac{24}{240}$; 6 deniers $= \dfrac{6}{240}$; 3 deniers $= \dfrac{3}{240}$. Donc $120 + 60 + 24 + 6 + 3 = \frac{213}{240}$.

Donc nous avons fait la même chose, mais plus longuement ; et cependant par les mêmes procédés.

Nous n'avons, néanmoins encore, que le produit de 57 aunes d'étoffe, à raison de 35^{tt} 17^{s} 9^{d} l'aune, qui est . . . . 2045^{tt} 11^{s} 9^{d}.

Il nous reste à joindre celui des $\frac{3}{8}$ d'aune qui s'établit en deux fois, par $\frac{2}{8} + \frac{1}{8} = \frac{3}{8}$; et que nous pourrions établir en une seule fois ; car

$$\dfrac{3 \times 35 \cdot 17 \cdot 9}{8 \times \quad \cdot 1} = \dfrac{107 \cdot 13 \cdot 3}{8} = 13^{tt} 9^{s} 1 d\frac{7}{8}. \quad 13 \quad 9 \quad 1\frac{7}{8}$$

$$\text{Produit pareil} \quad 2{,}059^{tt} \, 1^{s} \, 10 d\frac{7}{8}$$

Convenons que nous avons beaucoup travaillé pour faire peu de chose ; et qu'il est fort inutile d'étudier le jeu des fractions, pour résoudre péniblement, ce qu'un paysan, sans étude, résout avec infiniment plus d'aisance.

Sachons jouir de nos acquisitions, et nous élever au-dessus de ces routines, qui ressemblent plus à des sentiers non battus, hérissés de ronces et d'épines, qu'à des routes directes et commodes. Voyons donc avec le secours des fractions, si nous ne pourrions pas résoudre la même question avec plus de promptitude et moins d'embarras.

Nous avons 57 aunes $\frac{3}{8}$ d'étoffe à multiplier par $35^{\text{ll}} 17^{\text{s}} 9^{\text{d}}$, prix d'une aune.

Réduisons les 57 aunes $\frac{3}{8}$ en huitièmes, et nous aurons $\frac{459}{8}$ aunes.

Réduisons de même les $35^{\text{ll}} 17^{\text{s}} 9^{\text{d}}$ en deniers, et nous aurons $\frac{8613}{240}$ livres.

Ces réductions sont faciles, et nos facteurs sont devenus 459 aunes à 8613 livres, opération dans laquelle nous n'aurons que des entiers à multiplier ; mais dont le produit sera $240 \times 8 = 1920$ fois trop considérable, et qui, divisé par 1920, nous donnera le même résultat, sans contention d'esprit.

$$\frac{459 \times 8613}{8 \times 240} = \frac{3,953,367}{1920}.$$ Voilà notre opération décidée. Le produit est de 3,953,367 livres à diviser par 1920.

Donc   1920 $\dfrac{3,953,367}{}$ ⟮205 lt ou 10 s ⅞.

$$11336$$
$$17367$$

Restant en livres 87

$$20$$

Sous 1740

$$12$$

Deniers 20880
$$1680$$

Reste en deniers $\dfrac{1680}{1920}$

ou $\dfrac{7}{8}$

Rapprochons maintenant ces trois manières d'opérer, et voyons quelle est la plus facile. Assurément,
on donnera la préférence à la dernière.

Si, dans les deux premières, il faut constamment
observer et diviser, si elles sont susceptibles de beaucoup de combinaisons et d'oublis; dans la dernière, on
n'a rien à combiner, et les oublis n'y sont pas possibles, puisque tout s'y coordonne, sitôt que tout a
été confondu.

Indépendamment de ce que cette manière d'opérer
est simple, elle est encore très-savante; car elle apprend à transformer les fractions en entiers, et les
entiers en fractions; enfin à jouer avec les chiffres.

On lui reprochera peut-être du travail; mais je
répondrai que l'on ne fait rien sans travailler; et que
l'essentiel consiste à travailler avec aisance.

Faisons l'opération entière, afin que le travail préparatoire n'ait rien de douteux.

L'un de nos facteurs est 35^{tt} 17^s 9^{d}, qu'il faut réduire en deniers. Or, puisqu'une livre se compose de 240 deniers, disons   35^{tt} 17^s 9^{d}

$$
\begin{array}{ll}
\text{A multiplier par} & 240 \\
\hline
& 1200 \\
& 720. \\
\text{17 Sous} \times \text{12 deniers} = & 204 \\
\text{9 deniers} & 9 \\
\hline
\text{Total} & 8613 \text{ deniers,}
\end{array}
$$

ou 8613 livres à diviser par 240. Donc ce facteur est devenu $\dfrac{8613}{240}$.

Le second facteur est 57 aunes $\frac{3}{8}$. Ses fractions étant des huitièmes, il faut le réduire en $\frac{1}{8}$.

$$
\begin{array}{ll}
\text{Donc} & 57\frac{3}{8} \\
& 8 \\
\hline
& 456 \\
\text{Plus les} & 3 \\
\hline
\text{Total} & 459 \quad \text{huitièmes,}
\end{array}
$$

ou 459 aunes à diviser par 8. Donc ce second facteur est devenu $\dfrac{459}{8}$.

Voilà le travail préparatoire qui ne paroît long que parce que je le démontre, et qui n'exige que quelques traits de plume.

Maintenant multiplions 8613^{tt}.
par   459 aunes.

$$77517$$
$$43065.$$
$$34452..$$

Produit   3953367 livres ,

à diviser par les dénominateurs $240 \times 8 = 1920$,
que l'on figure mieux en disant $\dfrac{8613 \times 459}{240 \times 8} = \dfrac{3,953,367}{1920}$.
Le quotient de cette division est 2059^{tt} ou $10^{\mathfrak{L}} \frac{7}{8}$,
ainsi que je l'ai justifié plus haut.

Ici tout est simple, rien n'y est compliqué, et tout
y est savant ; tandis que par les autres procédés, tout
est compliqué, tout est calcul, et tout est en quelque
sorte routinier. Ici on n'a besoin que d'un peu de
génie pour réduire ses facteurs ; là on en a besoin
pour obtenir chaque produit partiel.

Ici je n'ai réduit les $35^{tt} 17^{s} 9^{\mathfrak{L}}$ en deniers que
parce que j'ai voulu généraliser le mode de l'opération.
Mais les 9 deniers étant 3 liards ou le $\frac{1}{80}$ de la livre, je
pouvois réduire les $35^{tt} 17^{s} 9^{\mathfrak{L}}$ en liards ; et au lieu de
$\dfrac{8613}{240}$ je n'aurois eu que $\dfrac{2871}{80}$; de sorte que l'opération
eût été $\dfrac{2871 \times 459}{80 \times 8} = \dfrac{1,317,789}{640} =$ de même 2059^{tt}
ou $10^{\mathfrak{L}} \frac{7}{8}$.

On peut rendre cette opération moins longue ,
lorsque les fractions des facteurs le permettent.

Par exemple, 6 aunes $\frac{3}{7}$ à 21# 15ʃ l'aune, se pré-
senteroient par $\dfrac{435 \times 45}{20 \times 7} = \dfrac{19575}{140} = 139$# 16ʃ 5 $\frac{1}{7}$.

Si l'on se rappelle le principe que deux nombres en
rapport peuvent être multipliés ou divisés, par le même
agent, sans que ce rapport soit altéré, nous pourrons
rendre cette opération avec plus de simplicité, puisque
nous pouvons réduire un des numérateurs et un
des dénominateurs au cinquième ; donc au lieu de
$\dfrac{435}{20}$ nous aurons $\dfrac{87 \times 45}{4 \times 7} = \dfrac{3915}{28} =$ de même 139#
16ʃ 5 $\frac{1}{7}$.

Si, par exemple, nous avions 6 aunes $\frac{6}{7}$ à 21# 7ʃ
l'aune, notre opération pourroit beaucoup se simplifier
encore. Elle seroit
$\dfrac{427 \times 48}{20 \times 7} = \dfrac{20496}{140} = 146$# 8ʃ. Mais si nous observons que le numérateur 427 et le dénominateur 7
peuvent être réduits au septième, ils deviendront 61
et 1. Si nous observons encore que le numérateur 48
et le dénominateur 20 peuvent être réduits au quart,
ils deviendront 12 et 5.

En conséquence, l'opération se réduit à dire :
$\dfrac{61 \times 12}{5 \times 1} = \dfrac{732}{5} =$ de même 146# 8ʃ.

Quels avantages, avec un peu d'exercice du calcul,
ne retireroit-on pas de ces procédés, qui, au bout du
compte, ne présentent que des entiers à multiplier et
à diviser ; puisqu'on a la faculté, quand l'occasion se
présente, de réduire les termes, faculté qu'aucun autre
procédé ne sauroit permettre.

Néanmoins, et attenda qu'il est avantageux de connoître tous les procédés, j'engage mes lecteurs à se familiariser avec les trois que j'ai donnés, en attendant que je leur en développe d'autres.

Mais pour se les rendre familiers, il faut connoître les divisions des fractions, quand on multiplie, et c'est ce dont je vais m'occuper.

Quand, en multipliant, on dit que pour 10 sous il faut *prendre* la moitié; que pour 5 sous il faut *prendre* le quart; que pour 2 sous il faut *prendre* le dixième, etc., etc. Par le terme *prendre*, il faut entendre *diviser* par 2, par 4, par 10, etc., etc.; c'est-à-dire, que prendre le $\frac{1}{4}$ de 36, c'est diviser $\frac{6}{4} = 9$. Or la quantité prise est le quotient de la division; or prendre le $\frac{1}{4}$ de 36, c'est obtenir 9; et 9 est le quotient de $\frac{36}{4} = 9$. Prendre la portion d'une somme, c'est la diviser; donc il faut toujours l'attaquer par la gauche.

En général, on compose par la droite, parce que les entiers et les dixaines qui se forment, remontent vers la gauche; et l'on décompose par la gauche, parce que les dixaines et les entiers indivisibles descendent vers la droite.

Supposons la somme de   4 ... 17 ...

Qu'on voulût en prendre le quart   ... ...

Le $\frac{1}{4}$ de 4 est 1; on pose 1 dessous le 4, et il ne reste rien. Le $\frac{1}{4}$ de 2 est zéro; on pose 0 sous le 2, et il reste 2 indivisibles. Ces 2 restans sont des livres

qui valent 40 sous. A ces 40 sous ajoutons les 17 qui
sont à la somme , et nous aurons $40 + 17 = 57$ sous ,
dont le $\frac{1}{4}$ sera 14 pour 56. Il reste 1 sou qui vaut 12
deniers , plus les 3 qui sont à la somme $= 15$ deniers ,
dont le $\frac{1}{4}$ est 3 pour 12. Enfin il reste 3 deniers indivisibles , dont le $\frac{1}{4}$ est $\frac{3}{4}$, c'est-à dire 3 unités à diviser
par 4 ; ou 3 fois $\frac{4}{4}$, puisque $\frac{4}{4}$ égalent l'unité. Donc 3
fois $\frac{4}{4} = \frac{12}{4}$; et le $\frac{1}{4}$ de $\frac{12}{4}$ est $\frac{3}{4}$.

Enfin, d'après le développement, le $\frac{1}{4}$ de $42^{\text{ℓℓ}}17^{\text{ʃ}}3^{\mathcal{N}}$
est $10^{\text{ℓℓ}} 14^{\text{ʃ}} 3^{\mathcal{N}} \frac{3}{4}$.

De la somme de	$10^{\text{ℓℓ}} 14^{\text{ʃ}} 3^{\mathcal{N}} \frac{3}{4}$.
Prenons le $\frac{1}{5}$	$2 \quad 2 \quad 10 \frac{7}{20}$.

Je ne répéterai plus le détail des divisions, et je
me bornerai à expliquer le mouvement des fractions.

Après avoir pris le $\frac{1}{5}$ de $10^{\text{ℓℓ}} 14^{\text{ʃ}} 3^{\mathcal{N}}$ qui a donné
$2^{\text{ℓℓ}} 2^{\text{ʃ}} 10^{\mathcal{N}}$, et il m'est resté $1^{d}\frac{3}{4}$ indivisible ; dont
il faut également prendre le $\frac{1}{5}$.

Ainsi que je l'ai démontré à l'article de la soustraction des fractions , relativement aux emprunts, par
les fractions , il faut que les unités indivisibles soient
réduites en fractions de la même espèce que celle qui
suit l'unité , et qu'elles y soient ajoutées.

Ici nous avons 1 denier , plus $\frac{3}{4}$ de denier. Disons
donc, puisque la fraction est en quarts, que l'unité se
compose de $\frac{4}{4}$ à ajouter aux $\frac{3}{4}$ restans. Or, $\frac{4}{4} + \frac{3}{4} = \frac{7}{4}$,
ou plus simplement $4 + 3 = \frac{7}{4}$.

Ce n'est donc plus de $1 \frac{3}{4}$, mais bien de $\frac{7}{4}$ dont nous
avons à prendre le $\frac{1}{5}$. Et si l'on se rappelle que l'on

divise une fraction en multipliant son dénominateur ;
nous dirons le $\frac{1}{5}$ de $\frac{7}{4}$ est $\frac{7}{20}$, parce que $\frac{7 \times 1}{4 \times 5} = \frac{7}{20}$.

Ou bien si l'on veut appliquer le principe qu'il faut ou
diviser le numérateur ou multiplier le dénominateur pour
diviser une fraction, nous dirons, $\frac{7 : 0}{4 \times 5} = \frac{7}{20}$. Et nous
nous assurerons que diverses routes peuvent conduire où
l'on voudra se rendre, quand on saura se diriger vers le but.

Cette conversion se fait avec vivacité quand on sait
jouer avec les chiffres, et voici comment.

Nous avons à prendre le $\frac{1}{5}$ de $1 \frac{3}{4}$.

Disons, en multipliant les unités indivisibles par le
dénominateur de la fraction qui suit, 1 fois 4 est 4 ;
plus le numérateur 3 = $\frac{7}{\bullet}$.

Ce $\frac{7}{\bullet}$ qui représente $\frac{7}{4}$ est le numérateur de la fraction qui doit produire le $\frac{1}{5}$ de $\frac{7}{4}$. Ensuite multipliant le
même dénominateur 4, par le diviseur 5 = 20 ; on
écrit ce nouveau dénominateur 20 sous le $\frac{7}{\bullet}$ que l'on
avoit laissé en suspens, et l'on a également $\frac{7}{20}$.

C'est faire la même opération, mais avec célérité.

De la somme $\qquad$ $2^{tt} 2\mathcal{J} 10 \mathcal{D} \frac{7}{20}$.

Prenons le $\frac{1}{11}$ $\qquad$ $// \quad 3 \quad 6 \quad \frac{207}{240}$.

Il nous reste 10 deniers indivisibles. En conséquence,
$10 \times 20 = 200 + 7 =$ le numérateur ^{207}. Ensuite 20
$\times 12 =$ le dénominateur 240. Donc $\frac{207 : 0}{20 \times 12} = \frac{207}{240}$.

Si l'on examine bien les développemens successifs
et variés, que nous avons donnés au jeu des fractions
et à leur utilité, on se convaincra qu'il n'est point de
méthode

méthodes pour le génie, et que la cause est toujours en harmonie avec les effets produits par les procédés.

Les opérations que je viens d'analyser sont très-fréquentes, lorsqu'on multiplie des nombres entiers et fractionnaires; donc, elles exigent qu'on se les rende familières, et incessamment elles recevront leur application.

J'ai connu beaucoup de personnes proposer comme très - embarrassante une question simple, dont elles connoissoient le mécanisme, sans en concevoir le jeu : il est question de plusieurs multiplications successives des fractions par des fractions. Nous savons que les fractions se divisent alors même qu'on les multiplie ; dès lors leur résultat nous étonnera d'autant moins, qu'il sera prévu d'avance.

Quelle est la $\frac{1}{2}$ de la $\frac{1}{2}$ d'une $\frac{1}{2}$? Réponse $\frac{1 \times 1 \times 1}{2 \times 2 \times 2} = \frac{1}{8}$

Et en effet la $\frac{1}{2}$ de $\frac{1}{2}$ est $\frac{1}{4}$; et la $\frac{1}{2}$ de $\frac{1}{4}$ est $\frac{1}{8}$. Voilà le résultat de la division d'accord avec celui mécanique de la multiplication.

Il suffit donc de multiplier tous les numérateurs et successivement, pour en obtenir un unique. Même opération pour les dénominateurs ; et la fraction que ces deux termes produisent, est le quotient demandé.

Donnons à ceci un exemple sensible.

Supposons que d'une somme de 8 fr. Pierre en ait la $\frac{1}{2}$ 4

que sur cette $\frac{1}{2}$ 4   il en donne $\frac{1}{2}$ à Jean,   2

que sur cette $\frac{1}{2}$ de $\frac{1}{2}$ 2   Jean en donne $\frac{1}{2}$ à Louis,   1

Donc, 1 franc est le $\frac{1}{8}$ de 8 francs, et il est le

12

résultat de la $\frac{1}{2}$ de la $\frac{1}{3}$ d'une $\frac{1}{4}$: on peut pousser ces questions à l'infini.

Quel est le $\frac{1}{3}$ des $\frac{3}{4}$ des $\frac{5}{6}$ des $\frac{7}{8}$ de $\frac{9}{12}$?

Réponse :

Numérateurs $1 \times 3 = 3 \times 5 = 15 \times 7 = 105 \times 9$ 945

Dénominateurs $3 \times 4 = 12 \times 6 = 72 \times 8 = 576 \times 12$ 6912

La fraction $\frac{945}{6912}$ est la réponse à cette question ; et l'on remarquera que c'est la somme 6912, qui est ainsi partagée, et qu'il en revient 945 pour le tiers des autres parties successivement réduites. Et en effet :

Supposons que la somme à partager soit de	6912 francs.
Si nous en retranchons $\frac{3}{12}$	1728
Il restera pour les $\frac{9}{12}$	5184
Si nous en retranchons $\frac{1}{8}$	648
Il restera pour les $\frac{7}{8}$ des $\frac{9}{12}$	4536
Si nous en retranchons $\frac{1}{6}$	756
Il restera pour les $\frac{5}{6}$ des $\frac{7}{8}$ de $\frac{9}{12}$	3786
Si nous en retranchons le $\frac{1}{4}$	945
Il restera pour les $\frac{3}{4}$ des $\frac{5}{6}$ des $\frac{7}{8}$ de $\frac{9}{12}$	2835
Enfin si nous retranchons $\frac{1}{3}$	1890

Il restera définitivement pour le $\frac{1}{3}$ des $\frac{3}{4}$ des $\frac{5}{6}$ des $\frac{7}{8}$ de $\frac{9}{12}$ 945 ou $\frac{945}{6912}$.

Ces questions sont moins oiseuses qu'elles paroissent l'être ; car elles peuvent servir, soit à régler des successions, soit à régler des intérêts commerciaux.

Si le dénominateur divise le numérateur d'une fraction, on sent sans doute que le renversement de tous les termes de l'opération que nous venons de résoudre, produiroit un résultat diamètralement oppo-sé ; car si nous somme-là, descendus des causes aux effets, ici nous remonterons des effets aux causes.

Quels sont les $\frac{3}{1}$ des $\frac{4}{3}$ des $\frac{6}{5}$ des $\frac{8}{7}$ des $\frac{12}{9}$? Rép. $\frac{6912}{945}$

Dans la première opération nous n'avons divisé que parce que le dénominateur des fractions étoit plus grand que le numérateur. Dans celle-ci, nous n'avons dû multiplier, que parce que les numérateurs sont plus grands que les dénominateurs. Consé-quemment, c'est de la supériorité de l'un des deux termes, que dépend le résultat. Et en effet.

$\frac{1}{4}$ Est une fraction ; c'est une division. $\frac{4}{1}$ Sont 4 en-tiers ; c'est une multiplcation. $\frac{1}{1}$, $\frac{2}{2}$ Sont des fractions neutres qui ne multiplient ni ne divisent, puisque les résultats sont ceux de l'égalité des rapports et des nombres.

Le $\frac{1}{1}$ de $\frac{1}{1}$ $=$ $\frac{1}{1}$; c'est l'unité transmise de main en main, et en son entier : elle n'a pu ni croître ni décroître.

Faisons-nous donc sur les fractions des idées justes. Elles énoncent leurs valeurs avec une telle énergie ; qu'il est impossible de les méconnoître. Jouons donc avec elles comme avec les nombres simples, et elles nous offriront les ressources que les nombres simples nous demandent.

Avant d'aller plus avant sur les multiplications, nous

12 *

avons besoin de connoissances plus étendues sur les
divisions que celles que nous possédons : quand nous les
aurons acquises , nos travanx en seront plus éclairés.

DE LA DIVISION DES ENTIERS AVEC DES FRACTIONS.

Nous connoissons ce qu'est une division. Nous en
possédons le mécanisme ; nous n'avons donc qu'à leur
appliquer le jeu des fractions.

Rappelons nous constamment que le numérateur
seul d'une fraction est *quantité*, et que le dénominateur est *qualité* ; conséquemment , que c'est la quantité seule qui est divisée, et non la qualité.

Rappelons-nous encore que , quand deux fractions
sont ramenées à la même denomination , c'est dans le
numérateur de la fraction dividende , qu'il faut chercher combien de fois le numérateur de la fraction diviseur est contenu.

Rappelons-nous enfin que , quand deux nombres
sont en rapport , leur multiplication ou leur division ,
par le même agent , n'altère nullement ce rapport.
$1 \frac{1}{2}$ Divisant $4 \frac{1}{2}$, donnent 3 au quotient ; c'est-à-dire
que $1 \frac{1}{2}$ est contenu 3 fois en $4 \frac{1}{2}$. Si nous multiplions
ces deux facteurs par 2 , nous aurons 3 divisant 9 qui
donneront de même 3 au quotient.

Par $\frac{3}{2}$ diviser $\frac{11}{2}$ n'est guères praticable, attendu que
les deux facteurs sont d'espèces différentes ; mais si
nous les convertissons à la même dénomination , nous

verrons facilement l'analogie qui règne entr'eux ; et
combien de fois le numérateur de l'un est contenu
dans le numérateur de l'autre.

$$A \times \quad \overset{\frac{3}{8}}{12} \quad \text{à} \times \quad \overset{\frac{11}{12}}{8}$$

$$\frac{36}{96} \qquad \frac{88}{96}.$$

Ces deux facteurs $\frac{36}{96}$ et $\frac{88}{96}$ sont dans le même rapport que $\frac{3}{8}$ et $\frac{11}{12}$, parce que les effets des numérateurs
et des dénominateurs sont balancés par la conversion
au même dénominateur. Etant désormais de même espèce, c'est-à-dire des $\frac{1}{96}$, on ne doit en voir que les
numérateurs, qui seuls sont quantités, et qu'on les manœuvre comme nombres entiers.

$$\text{Donc} \quad 36 : 88 \quad$$
$$\text{Reste} \quad \overline{\qquad \frac{16}{36}.} \left(2 \, \frac{16}{36} \text{ ou } \frac{4}{9}.\right.$$

C'est-à-dire, qu'en $\frac{11}{12}$ se trouvent 2 fois $\frac{3}{8}$, plus $\frac{16}{36}$
ou $\frac{4}{9}$, puisque $\dfrac{16 : 4}{36 : 4} = \dfrac{4}{9}$.

Diviser $\frac{11}{12}$ par $\frac{3}{8}$ n'est point une opération futile ;
on en fait à chaque instant de pareilles dans la vie.

Un père, qui a plusieurs enfans et qui a un morceau d'étoffe de $\frac{11}{12}$ d'aune, veut savoir combien de
gilets on pourroit y trouver : il sait qu'il faut $\frac{3}{8}$ d'aune
de cette étoffe pour un gilet. La division que nous
venons de faire lui dit que l'on y trouvera 2 gilets,
et qu'il lui restera un morceau de $\frac{16}{36}$ d'un gilet.

Mais $\frac{16}{36}$, dira-t-on, qui sont plus que $\frac{3}{8}$ devroient
fournir un troisième gilet. Cette observation est un

écart de l'imagination ; et je n'ai donné cet exemple
que pour en garantir les esprits ardens, qui décident
avant de réfléchir.

36 Ou $\frac{36}{96}$ représentent $\frac{3}{8}$ d'aune, c'est à-dire l'étoffe
qu'il faut pour un gilet. Conséquemment, si l'on
considère 36 comme un entier, il sera $\frac{36}{36}$. Donc les
$\frac{16}{36}$ ou $\frac{4}{9}$ qui nous restent, ne sont pas $\frac{4}{9}$ d'aune, mais
seulement les $\frac{4}{9}$ de l'étoffe qu'il faut pour un gilet,
c'est-à-dire les $\frac{4}{9}$ de $\frac{3}{8}$ d'aune.

Enfin, si nous nous rappelons que $\frac{36}{96} = \frac{3}{8}$, nous verrons dans les 16 restans, $\frac{16}{96}$ de l'aune, puisqu'elle a été
divisée en 96. Donc $\frac{4 \times 3}{9 \times 8} = \frac{12}{72}$, et $\frac{12}{72} = \frac{16}{96}$, et $\frac{16}{96}$
$= \frac{1}{6}$ d'aune.

Réfléchissons toujours avant de décider, et nous
agirons conséquemment ; et soumettant nos idées au
calcul, les écarts de l'imagination seront toujours rec-
tifiés par les résultats.

Par $\frac{1}{8}$ diviser 32 aunes d'étoffe.

Si une aune d'étoffe contient $\frac{8}{8}$, nécessairement dans
chaque aune d'étoffe le diviseur $\frac{1}{8}$ sera contenu 1 fois,
plus $\frac{1}{8}$ en excédant. Or, 32 fois $\frac{3}{8} = \frac{96}{8}$, et $\frac{96}{8} = 19$
fois $\frac{1}{8}$, plus $\frac{1}{8}$. Donc $32 + 19 = 51$ fois $\frac{1}{8}$, plus $\frac{1}{8}$. Tel
est le raisonnement que nous devons nous faire, pour
bien voir la question, d'où découle nécessairement le
principe énoncé, qu'il faut réduire les facteurs à la
même dénomination, si l'on veut opérer avec intelligence et solidité. En conséquence, si notre diviseur

est $\frac{1}{8}$, il faut, de toute nécessité, que notre dividende, qui est 32 entiers, soit également réduit en huitièmes. Or, $\frac{32 \times 8}{1 \times 8} = \frac{256}{8}$. Dès-lors nos deux facteurs étant des huitièmes, nous aurons par $\frac{1}{8}$ à diviser $\frac{256}{8}$, ou plus simplement, par 5 nous diviserons 256 ; mais n'oublions jamais que ce sont des huitièmes ; et que les restans seront des huitièmes.

$$5 \quad : \quad 256$$
$$\overline{\qquad 06 \qquad} \left(\begin{array}{l} \text{51 fois } \frac{1}{5}, \text{ et comme le } \frac{1}{5} \text{ de } \frac{5}{8}, \text{ est } \frac{1}{8}, \text{ nous} \\ \text{ne verrons que } \frac{1}{8} \text{ dans le restant } \frac{1}{5}. \end{array} \right.$$
$$\frac{1}{5}$$

En réduisant les 32 aunes en $\frac{1}{8}$, j'ai dû multiplier les $\frac{32}{1}$ par $\frac{8}{8}$, attendu que chaque aune d'étoffe contient $\frac{8}{8}$. Voulant multiplier, j'ai dû balancer le numérateur et le dénominateur multiplicateur, afin que le résultat me présentât les $\frac{256}{8}$ en m'annonçant des huitièmes ; et c'est ce qu'ont produit $\frac{32 \times 8}{1 \times 8} = \frac{256}{8}$.

Si j'avois dit $32 \times 8 = 256$, j'aurois vu 256 entiers, et rien ne m'eût dit que c'étoient des huitièmes.

Et si, sans réflexion, j'avois dit, $\frac{32 \times 1}{1 \times 8} = \frac{32}{8}$, j'aurois fait une division et non une multiplication.

Que l'on me pardonne ces observations : elles ne tendent qu'à montrer la facilité des écarts ; et les désigner, c'est en garantir.

Si l'on se rappelle que, traitant des fractions décimales, et ayant à diviser des entiers par des millièmes, j'ajoutai 3 zéros aux entiers pour les réduire en millièmes, c'est-à-dire à la même espèce présentée par le diviseur; on trouvera le même principe dirigeant dans la réduction des 32 entiers en huitièmes.

Là, le diviseur, mille fois trop grand, je dus multiplier le dividende par 1000 pour établir l'égalité des rapports. Ici, par la même raison, mon diviseur étant 8 fois trop grand, j'ai dû multiplier mon dividende par 8. Car si, en $\frac{5}{8}$ on voyoit 5, on verroit 5 unités, tandis que $\frac{5}{8}$ ne sont que 5 des 8 parties qui composent l'unité. Donc 5 sont 8 fois plus grands que $\frac{5}{8}$.

Il résulte de ces observations, que les principes du calcul sont *uns*, et que les espèces de nombres que l'on fait mouvoir par des procédés différens ont toujours leurs moteurs dans l'égalité des principes : c'est toujours tendre au même but, quoique l'on s'y rende par des routes différentes.

Enfin, il en résulte encore le principe que le diviseur doit constamment être en *nombres entiers*, et que lorsqu'il se trouve fractionnaire, il faut réduire le dividende en la même espèce de fractions que lui.

Par 3 diviser $\frac{3}{7}$, le quotient sera $\frac{1}{7}$; c'est prendre le $\frac{1}{3}$ de $\frac{3}{7}$. Mais par 8 diviser $\frac{3}{7}$, c'est rendre la fraction dividende 8 fois plus petite. Conséquemment, ne pouvant diviser le numérateur 3 par 8, on multiplie le dénominateur.

Or, $8 \times 7 = 56$, donc le quotient sera $\dfrac{3 : 0}{7 \times 8} = \dfrac{3}{56}$, et $\frac{3}{7}$ se trouvent 8 fois en $\frac{3}{7}$, puisque $\dfrac{3 \times 0}{56 : 8} = \dfrac{3}{7}$.

Tous les auteurs ont adopté un procédé très-ingé-
nieux et très-expéditif pour la division des fractions.
Mais attendu qu'il exige de la mémoire, et que si l'on
confond le diviseur avec le dividende, on court les ris-
ques de ne savoir ce que l'on fait ; je ne le donne que
pour éviter le reproche de l'avoir mis à l'écart ; mais
je recommande aux personnes qui voudroient en faire
usage, la scrupuleuse attention de placer constamment
le diviseur à la gauche du dividende.

Ce procédé consiste à renverser les termes de la fraction diviseur. De sorte qu'au lieu de dire par $\frac{3}{8}$ diviser
$\frac{11}{12}$, on doit dire par $\frac{8}{3}$ diviser $\frac{11}{12}$ ou $\frac{8 \times 11}{3 \times 12} = \frac{88}{36}$ ou 2
fois $\frac{16}{36} + \frac{16}{36}$. Ce renversement des termes de la frac-
tion diviseur, est fondé sur le principe constant, que
c'est le dénominateur qui divise. Conséquemment,
qu'en $\frac{3}{8}$ le diviseur est 8, et que le quotient doit
être multiplié par 3, puisque le nomérateur est 3. Et
en effet, si par $\frac{1}{8}$ on divise $\frac{11}{12}$, on diroit $\frac{8 \times 11}{1 \times 12} = \frac{88}{12}$
quotient de $\frac{1}{8}$. Donc si le diviseur est $\frac{3}{8}$, ce quotient
seroit 3 fois trop grand. Or, pour le rendre 3 fois
plus petit, il faut tripler le diviseur, $12 + 3 = 36$:
plus le diviseur est grand et plus le quotient est petit.

Ce même procédé indique les moyens de renverser
les termes sans néanmoins en changer l'ordre. Ce renversement s'opère au moyen d'un sautoir $\times$ qui conduit les termes d'un bout de ses lignes à l'autre, pour
être multipliés ensemble ; c'est-à-dire un numérateur
par un dénominateur.

$\frac{3}{8} \times \frac{11}{12} = \frac{88}{36}$. Ce qui convertit les deux fractions en une seule, qui, sans recourir à la conversion des fractions à la même dénomination, donne d'emblée 88 à diviser par 36.

Ce procédé est aussi joli qu'il est expéditif. Mais j'ai tant vu de personnes ne savoir, avec lui, ce qu'elles faisoient, que je préfère ceux que le raisonnement conseille. Car si, ayant par $\frac{3}{8}$ à diviser $\frac{11}{12}$, on placoit par inattention, le dividende à la gauche du diviseur, $\frac{11}{12} \times \frac{3}{8} = \frac{36}{88}$ ne produiroit qu'un résultat diamétralement opposé à celui que l'on cherche. Or, puisque l'on court ce danger, il est sage de s'en abstenir : au reste, voilà la méthode ; la suivra qui voudra.

Désormais, nous connoissons tous les jeux des fractions ; il ne nous reste plus qu'à les mettre en pratique ; et c'est ce que quelques divisions et quelques multiplications vont exercer.

PREMIER EXEMPLE.

Par 42 diviser la somme de 736^{tt} 15^{s}.

Connoissant le mécanisme de la division des entiers par des entiers, celle-ci ne présente rien de différent, si ce n'est les 15 sous qui sont au dividende. Mais les fractions du dividende ne sont jamais embarrassantes ; et pourvu que le diviseur soit entier, peu importe que le dividende le soit ou ne le soit pas, puisque les restans sont réductibles en fractions ; 15 sous sont les $\frac{11}{20}$ de la livre, qui se compose de 20 sous ou de $\frac{20}{20}$. Donc ce qui restera des livres sera réduit en sous. A ces sous, on ajoutera les 15 qui sont au dividende, et ce total divisé donnera des sous au quotient. S'il reste des sous, on les réduira en deniers. A ces deniers, on ajouteroit les deniers qui seroient au dividende ; et ce total de deniers divisé, donneroit des deniers au quotient : nous ne faisons pas autre chose dans la vie. Si nous avions 6. livres à distribuer à 40 personnes, nous les convertirions en 120 sous ; ce qui nous faciliteroit les moyens de donner à chacune d'elles les 3 sous qui lui reviennent : n'éprouvons donc pas plus de difficulté à opérer avec la plume qu'avec l'esprit.

$$42 \quad : \quad 736^{\text{\#}} \ 15^{\text{ʃ}} \ (\ 17^{\text{\#}} \ 10^{\text{ʃ}} \ 10^{\text{ᴅ}}.$$
$$\overline{316}$$

Restant en livres	22
à multiplier par 20 sous	20
Sous	440
à joindre les 15 sous du dividende	15
Sous	455
	35
Reste en sous	35
à multiplier par 12 deniers	12
Deniers	420
Si le dividende avoit des deniers, on les ajouteroit ici	00
Reste indivisible	0

Si 42 personnes avoient à se partager une somme

de 736^{tt} 15^s, il reviendroit à chacune d'elles 17^{tt} 10^s 10^{∂}.

On voit, par les détails de l'opération, que les sous qui sont au dividende ne sont pas embarrassans ; il en eût été de même s'il avoit eu des deniers.

Par exemple, en réduisant les 22 livres en sous, il faut considérer ceux du dividende, comme s'ils étoient retenus ; ce qui donne 15 retenus. Or, 2 fois 20 = 40 + 15 = 55, pose 5 et retiens 5 ; ensuite 2 fois 20 = 40 + 5 = 45 que l'on pose ; et ainsi par une seule opération on a le dividende en sous.

On observera que le dividende donne son espèce au quotient. Or, le dividende en livres lui donne des livres, le dividende en sous lui donne des sous, le dividende en deniers lui donne des deniers. D'où il résulte que la division ci-dessus se compose de trois divisions particulières; qu'elle a eu trois dividendes, conséquemment trois quotients; l'un en livres, le second en sous et le troisième en deniers, qui, écrits les uns à la suite des autres, ont formé le quotient général 17^{tt} 10^s 10^d.

Si 42 aunes d'étoffe à 17^{tt} 10^s 10^d, ont coûté 736^{tt} 15^s, la division nous l'a confirmé, puisqu'en divisant le produit par le facteur 42, l'autre facteur 17^{tt} 10^s 10^d s'est montré au quotient. Il est donc tout simple que si l'on divisoit le produit par le facteur 17^{tt} 10^s 10^d, l'autre facteur 42 se montreroit de même au quotient.

Dónc en $736^{tt} 15 s$ combien de fois se trouveroit $17^{tt} 10 s 10^{d}$?

D'après le principe constant que le diviseur doit être en nombres entiers, on sent la nécessité de réduire les deux termes en deniers, puisque le diviseur a des deniers.

Or, $17^{tt} 10^{s} 10^{\partial}$ $736^{tt} 15^{s} {}_{\prime\prime}\partial$
multiplié par   240   240

          680   29440
          34..   1472..
$10^{\partial} 10^{\partial} =$ 130 $15^{\partial} =$ 180

         4210   176820 $\left(42 \text{ fois.} \right.$
                        .8420

Reste   o

Ayant réduit les deux termes de la division en deniers, nous avons eu pour diviseur 4210, pour dividende 176820, et enfin 42 au quotient ; ce qui justifie que $17^{tt} 10 s 10^{d}$ étoient contenus 42 fois en $736^{tt} 15 s$; et que la division d'un produit par l'un des facteurs sort l'autre au quotient.

La division étant censée décomposer ce que la multiplication avoit composé, il est sensible que le quotient multiplié par le diviseur doit rétablir le produit : s'il le rétablit, il justifie que la division est bien faite. En conséquence,

A　　　　　　17 . 10 . 10¾

combien　　　42 ?
_____

34

68.

10 Sous la ½ de $\frac{42}{2}$　　　　　=　　　　21

10 deniers étant le $\frac{1}{12}$ de 10 sous , on

prend le $\frac{1}{12}$ de $\frac{21}{12}$　　　　=　　　1　15

Produit pareil　　　736　15
_____

Si l'on a bien saisi ce que j'ai dit de la multiplication , on s'assurera que si le multiplicateur qui est 42 ,
est répété par chaque unité du multiplicande , 10 sous ,
qui sont la moitié de l'unité de ce multiplicande , ne
doivent le produire que demi-fois ou $\frac{1}{2}$. Donc $\frac{42}{2}$ = 21.

Si 10 sous = 120 deniers , 10 deniers en sont le 12.ᵉ
puisque $\frac{120}{10}$ = 12. Or, puisque 10 deniers sont le $\frac{1}{12}$
de 10 sous , ils ne doivent produire que le $\frac{1}{12}$ de ce que
10 sous ont produit. Donc le $\frac{1}{12}$ de 21 , produit de 10
sous = $\frac{21}{12}$ = 1ˡˡ 15ˢ , parce que le $\frac{1}{12}$ de 21 est 1 pour
12 , et qu'il reste 9ˡˡ = 180 sous , dont le $\frac{1}{12}$ est 15.

J'ai déjà dit que , dans toutes les multiplications ,
il y avoit autant de produits qu'il y avoit d'espèces différentes à multiplier : c'est une idée que l'on ne sauroit
trop répéter , puisqu'elle est de principe.

Nous avons 17ˡˡ 10ˢ 10ᵈ à multiplier par 42 ,
c'est-à-dire 42 fois. Donc

42 fois 10 livres égalent	420ª	ᴜ ᵈ
42 fois 7 livres égalent	294	ᴜ
42 fois 10 sous égalent 420 sous	ou 21	ᴜ
42 fois 10 deniers = 420 deniers ou 35 sous, ou	1	15

$$\text{Produit pareil} \qquad 736 \quad 15$$

Avec cette simplicité, on résoudroit toutes les multiplications, même les plus compliquées, sans étude ; et je la conseille aux personnes à qui les combinaisons coûtent quelque contention d'esprit.

Un moyen aussi ingénieux et plus simple encore est à leur disposition. Le multiplicateur 42 est un multiple de 6 par 7, puisque $6 \times 7 = 42$. Faisons la même opération sur le multiplicande, en le multipliant par 6, et le produit de 6 par 7.

Donc	17ª	10ˢ	10ᵈ
multiplié par 6, ci.			6
Premier produit	105	5	ᴜ
multiplié par 7, ci.			7
Produit pareil	736	15	ᴜ

Il est donc une infinité de moyens simples de résoudre les multiplications ; et je les donnerai tous successivement : poursuivons les divisions.

Par 59 parts $\frac{1}{4}$, diviser 1249ª 13ˢ 6ᵈ.

Le diviseur devant toujours être un nombre entier, il faut, de toute nécessité, que celui-ci le devienne, en lui appliquant le principe que deux nombres en rapport ne cessent pas de l'être, quand ils sont tous les deux multipliés ou divisés par le même agent.

Donc, en multipliant le diviseur et le dividende par $\frac{1}{4}$, la fraction du diviseur sera incorporée avec lui, et le même rapport existera entr'eux.

$$59 \cdot \tfrac{1}{4} \qquad\qquad 1249 \cdot 13 \cdot 6$$
$$4 \qquad\qquad\qquad\qquad 4$$
$$\overline{237} \qquad\quad \overline{4998 \cdot 14 \cdot \prime\prime}$$

Donc 237 sont à 4998^{tt} 14$\int$, ce que 59 $\frac{1}{4}$ étoient à 1249^{tt} 13$\int$ 6∂ ; donc le quotient sera le même.

$$237 \quad \frac{4998 \cdot 14}{258} \left(21^{tt} \ 1\int 9 \partial. \right.$$

Reste en livres	21
qui, multipliées par	20
Sous	434
Reste en sous	197
qui, multipliés par	12
Deniers	2364
Reste indivisible	$\frac{111}{237}$.

Il revient donc à chaque part 21^{tt} 1$\int$ 9∂ ; de sorte que ceux des partageans qui n'auroient que $\frac{1}{2}$ part, n'auroient que 10^{tt} 10$\int$ 10∂ $\frac{1}{2}$; $\frac{1}{4}$ de part 5^{tt} 5$\int$ 5∂ $\frac{1}{4}$; et que ceux qui auroient $\frac{1}{3}$, $\frac{1}{6}$ de part, auroient en proportion le $\frac{1}{3}$ ou le $\frac{1}{6}$ de ce qui revient à la part.

Justifions, en multipliant le produit d'une part par les 59 parts $\frac{1}{4}$, que le rapport de 237 à 4998 . 14, n'a point altéré celui de 59 . $\frac{1}{4}$ à 1249^{tt} 13$\int$ 6∂.

Multiplions

Multiplions   21# 1√ 9ᘯ

par   59 ¼

     189

     105.

Pour 1 sou, le $\frac{1}{20}$ de 59,   2 19

Pour 6 den. la moitié du produit d'un sou,   1 9 6

Pour 3 den. la moitié du produit de 6 den.   ″ 14 9

Pour ¼ de part, le ¼ de 21# 1√ 9ᘯ ,   5 5 5 ¼

A joindre ,

231 deniers indivisibles. Mais attendu qu'ils proviennent d'un dividende quadruplé et que nous multiplions par le diviseur primitif, il faut les réduire au ¼. Or, le ¼ de 231 est 57ᘯ ¼, ou   ″ 4 9 ¾

Produit rétabli   1249 13 6 ′

Par le résultat de la division que nous venons de faire, il nous est resté 231 deniers indivisibles, et j'ai dû les qualifier de $\frac{231}{237}$, pour indiquer qu'ils appartenoient aux 237 parts qui étoient diviseur.

Ces 231 deniers indivisibles = 19 sous 3 deniers. Si j'avois multiplié le quotient 21# 1√ 9ᘯ par 237 parts, j'aurois eu les 19√ 3ᘯ à ajouter au produit pour completter le dividende 4998# 14√, parce qu'ils en provenoient.

Mais ayant multiplié le quotient 21# 1√ 9ᘯ par 59 parts ¼, et ce multiplicateur n'ayant dû me produire que le dividende primitif 1249# 13√ 6ᘯ, j'ai dû réduire les 231 deniers indivisibles au quart seulement, parce qu'ils devoient être divisés par 237 et non par 59 ¼. Donc, provenant d'un dividende quadruplé, et

étant inférieurs au diviseur quadruplé, ils doivent également être inférieurs au diviseur simple. Donc, ils
ont dû être réduits au $\frac{1}{4}$, c'est-à-dire 57$^\mathcal{N}$ $\frac{3}{4}$, faisant
4$^\mathcal{J}$ 9$^\mathcal{N}$ $\frac{3}{4}$ qui a completté le dividende primitif 1249^{lt}
13$^\mathcal{J}$ 6$^\mathcal{N}$.

Je me suis appesanti sur ce développement, parce
qu'avant de sentir ces effets d'une cause qui m'étoit
inconnue, je cherchois inutilement des erreurs qui
n'existoient pas, parce que je ne réfléchissois pas que
je devois réduire ces restans au gré de la réduction du
diviseur.

Le dernier exemple de la division renfermant toutes
les difficultés que cette règle peut présenter, et ayant
développé tout ce qu'il faut observer pour les surmonter,
je n'en donnerai pas d'autre.

Mais la multiplication, qui compose, ayant besoin
de plus de développement, je vais essayer de rendre
cette composition aussi facile que possible ; car le plus
souvent l'absence d'une idée nous jette dans des travaux
bien fatigans.

Attachons-nous donc à connoître les entiers, leurs
divisions, leurs subdivisions, et faisant un corps du
tout, essayons d'en détacher des parties composées.

La livre monnoie se compose de 20 sous ou $\frac{20}{20}$, le
sou de 12 deniers ou $\frac{12}{12}$, et $\frac{20 \times 12}{20 \times 12} = \frac{240}{240}$. Or, si
la livre égale 240 deniers, tout ce qui divisera 240,
peut et doit être pris en une seule fois.

$\frac{10}{240}$ sont 10 deniers ou le $\frac{1}{24}$ de la livre. Donc pour 10 den.
on prendra le $\frac{1}{24}$.

$\frac{15}{240}$ sont 15 deniers ou le $\frac{1}{16}$ de la livre. Donc pour 1 sou
3 deniers, on prendra le $\frac{1}{16}$.

$\frac{16}{240}$ sont 16 deniers ou le $\frac{1}{15}$ de la livre. Donc pour 1 sou
4 deniers, on prendra le $\frac{1}{15}$.

$\frac{20}{240}$ sont un sou 8 den. ou le $\frac{1}{12}$ de la livre. Donc pour 1 sou
8 deniers, on prendra le $\frac{1}{12}$.

$\frac{24}{240}$ sont 2 sous ou le $\frac{1}{10}$ de la livre. Donc pour 2 sous,
on prendra le $\frac{1}{10}$.

$\frac{30}{240}$ sont 2 sous 6 den. ou le $\frac{1}{8}$ de la livre. Donc pour 2 sous
6 deniers, on prendra le $\frac{1}{8}$.

$\frac{40}{240}$ sont 3 sous 4 den. ou le $\frac{1}{6}$ de la livre. Donc pour 3 sous
4 deniers, on prendra le $\frac{1}{6}$.

$\frac{80}{240}$ sont 6 sous 8 den. ou le $\frac{1}{3}$ de la livre. Donc pour 6 sous
8 deniers, on prendra le $\frac{1}{3}$.

$\frac{120}{240}$ sont 10 sous ou la $\frac{1}{2}$ de la livre. Donc pour 10 sous,
on prendra la $\frac{1}{2}$.

Avec ce développement, on peut singulièrement abréger le travail ; et si sur le pied qui vaut 144 lignes, si sur la livre pesant qui vaut 128 gros, on se faisoit de pareils tableaux, on y trouveroit une multitude de manières d'abréviations qu'un usage routinier n'indiquera jamais.

Essayons divers procédés pour la multiplication, et justifions que l'esprit qui dirige, est le meilleur des guides à suivre dans toutes les opérations possibles : en mettant en regard ces divers procédés, leur comparaison sera déterminante.

13 *

Premier Exemple.

A 6^{tt} 6^s 6^d l'aune, combien 647 aunes d'étoffe.

A	$6^{tt}6^s6d$ l'aune,	A	$6^{tt}6^s6d$
combien	647 aunes ?	combien	647 aunes ?

	3882	Produit à 6^{tt}	3882
Pour 4 sous le $\frac{1}{5}$	129 8 "	Pour 6 sous le $\frac{1}{10}$	
Pour 2 sous la $\frac{1}{2}$ du $\frac{1}{5}$	64 14 "	de ce produit	194 2 "
Pour 6 den. le $\frac{1}{4}$ de		Pour 6 den. le $\frac{1}{11}$	
2 sous	16 3 6	de celui de 6 s.	16 3 6
Produit	4,092 5 6	Prod. pareil	4,092 5 6

Le multiplicateur est la représentation des choses à raison de 1 livre la chose. Donc, on considère 647 aunes comme 647 livres, puisqu'à 6 liv. la chose, le produit 3882 liv. est celui de 647 fois 6 liv.

Il est constamment considéré comme le prix des choses à 1 liv. la chose ; et la preuve en est que

pour 10 sous on en prend la moitié,

pour 5 sous on en prend le quart, etc., etc.

Ainsi, d'après cette base, nous pouvons étendre nos idées, et nous en servir pour les abréviations que j'indiquerai : en attendant, c'est sur elle que je m'appuyerai pour les opérations à gauche ; réservant celles à droite pour les procédés particuliers que je leur comparerai.

A droite, le prix est à 6^{tt} 6^s 6^d.

Or , le produit , à 6 livres , est 647 fois 6 livres
égalant $\qquad$ 3882^{tt} 0^{s} 0^{d}

Si 1 sou est le $\frac{1}{20}$ d'une livre, 6 sous sont
le $\frac{1}{20}$ de 6 liv. Donc en prenant le $\frac{1}{20}$ du
produit de 6 liv. on prend , pour 6 sous,
en une seule fois , $\qquad$ 194 2 0

Si 1 denier est le $\frac{1}{12}$ d'un sou , 6 deniers
sont le $\frac{1}{12}$ de 6 sous. Donc en prenant
le $\frac{1}{12}$ du produit de 6 sous, on opère bien $\quad$ 16 3 6

Avec ces observations , aussi simples que naturelles,
et appliquées à propos , on opérera solidement et avec
célérité.

II.e EXEMPLE.

A 39^{tt} 18^{s} la toise, combien 52 toises de mur ?

				9^{s}
A	39^{tt} 18^{s} la toise.	A	39^{tt} 18	
Combien	52 toises.	Combien	52 toises.	
	78		78	
	1 95.		1 95.	
Pour 10 sous la $\frac{1}{2}$	26	Pour 18 sous	46 16	
Pour 4 sous le $\frac{1}{5}$	10 8			
Pour 4 sous le $\frac{1}{5}$	10 8			
Produit	2,074 16	Produit pareil	2,074 16	

Le procédé que j'ai employé à droite, est d'autant
plus célère, qu'il permet de prendre pour 6 . 8 .
12 . 14 . 16 et 18 sous à la fois, tandis que par
le procédé à gauche, il faut deux et trois opérations.

Ce procédé a pour base la livre composée de 20.

sous ; que l'on réduit à l'unité par deux opérations successives.

Par la 1.re on retranche le zéro, ce qui divise 20 par 10, ci 2,0

Par la 2.de on prend la moitié de 2, ce qui le réduit à 1

Opérant ces deux réductions sur les deux facteurs de la multiplication, on réduit également le produit des sous à l'unité de livre. Donc, en séparant le dernier chiffre du multiplicateur, on le réduit au $\frac{1}{10}$, et 5,2 ainsi séparés, sont vus comme 5^{lt} 4^{s} puisque le $\frac{1}{10}$ de 52^{lt} est 5^{lt} 4^{s}.

Prenant ensuite la moitié des sous du multiplicande, on l'écrit au-dessus ; désormais on considère ces sous, ainsi réduits, comme des livres. Conséquemment j'ai 18 sous, j'écris 9 au-dessus, et je multiplie ces 9^{lt} par 5^{lt} qui = 45^{lt}.

Auparavant, voyant en 5,2, du multiplicateur 5^{lt} 4^{s}, je dis, 4 fois 9 égalent 36 sous. En 36 sous j'ai 1^{lt} 16. Je pose les 16 sous, et je retiens 1. Ensuite 9 fois 5 = 45 + 1 retenu = 46 que je pose, et j'ai ainsi, en une seule opération, 46^{lt} 16^{s}, pour le produit de 52 fois 18 sous. Si l'on préfère voir les chiffres tels qu'ils sont, on dira de même 2 fois 18 sous égalent 36 sous. Mais j'aime mieux voir 4 fois 9 sous = 36 sous.

Observons bien que pour prendre le $\frac{1}{10}$ des livres, il suffit d'en séparer idéalement le dernier chiffre. Si ce dernier chiffre est numérique, on le double pour les sous, parce que chaque livre vaut 2 fois 10 sous = 20. Donc,

Le $\frac{1}{10}$ de 647^{tt} 14^s sera 64^{tt} 14^s

de 379 sera 37 18, etc.

Et le $\frac{1}{10}$ étant le produit de 2 *sous*, la facilité acquise de prendre le $\frac{1}{10}$ pour 2 sous, sans qu'il soit besoin de calcul, va puissamment nous aider dans ce qui me reste à dire.

Si, pour prendre le $\frac{1}{10}$ d'une somme, il suffit de retrancher le dernier chiffre et le doubler; pour prendre le $\frac{1}{20}$, il faut également séparer le dernier chiffre, prendre la moitié des autres, et porter le restant comme sous; parce que le $\frac{1}{20}$ d'une livre est 1 sou, comme le $\frac{1}{20}$ de 17^{tt} est 17 sous. Donc,

Le 20.e de 647^{tt} est 32^{tt} 7^s

de 379 est 18 19, etc. etc.

IIIe. EXEMPLE.

A 27^{tt} 19^s l'aune, combien 59 aunes d'étoffe?

			9^s
A. 27^{tt} 19^s l'aun.	A	2 7	19 l'aune.
Combien 59 aunes.	Combien	$5,9$	aunes.

243		24 3	
$135.$		135 .	
Pour 10 s. la $\frac{1}{2}$	29 10	Pour 18 s.	5 3 2
Pour 5 s. le $\frac{1}{4}$	14 15	Pour 1 s. le $\frac{1}{20}$	2 19
Pour 4 s. le $\frac{1}{5}$	11 16		
Produit 1649 1		Produit pareil 1649 1	

Si cette manière d'opérer à ~~gauche~~ *droite* ne se recommandoit pas par sa briéveté, je la recommanderois.

comme servant à prouver ses opérations. D'ailleurs, tout ce qui tend à nous garantir des routines, doit être adopté.

IV.e EXEMPLE.

A 56ℓℓ oˢ 8ᵈ l'aune, combien 247 aunes?

A. 56ℓℓ oˢ 8 d l'aune, combien 247 aunes?	A. 56ℓℓ oˢ 8ᵈ combien 24,7
1 482	148 2
12 35.	1235 .
Pour 1 sou le $\frac{1}{10}$ ~~12~~ 7	Pour 8 ᵈ le $\frac{1}{3}$ 8 4 8
Pour 4 deniers le $\frac{1}{3}$	
du sou 4 2 4	
Pour 4 deniers id. 4 2 4	
Produit 13,840 4 8	Prod. pareil 13,840 4 8

Par l'opération à gauche, j'ai toujours vu quand le multiplicande avoit des deniers, et n'avoit pas de sous, que l'on étoit nécessité de prendre le produit fictif de 1 sou, & de le bâtonner après que l'on avoit opéré par les deniers.

A droite un procédé simple, non-seulement dispense de prendre un produit fictif, mais il me permet de prendre pour les 8 deniers en une fois.

Si, dans le second exemple, j'ai insisté sur la facilité à acquérir pour prendre facilement le $\frac{1}{10}$ d'une somme, c'est ici que commence l'application de cet avantage.

La livre est composée de 24,0 deniers, dont le $\frac{1}{10}$ est 24 deniers ou 2 sous, si j'opère le $\frac{1}{10}$ sur le multiplicateur, ce $\frac{1}{10}$ est le produit de 2 sous ou 24 deniers. Donc, si 8 deniers sont le $\frac{1}{3}$ de 24 ; en prenant le $\frac{1}{3}$ du produit de 2 sous, j'obtiens celui des 8 deniers.

Ici, mon multiplicateur est 24,7, donc le $\frac{1}{10}$ est 24.14. Or, si 24 deniers produisent 24^{tt} 14^s le $\frac{1}{3}$ de ce produit 8^{tt} 4^s $8\mathcal{X}$, est bien celui de 8 deniers.

Ce moyen simple et facile doit être adopté encore comme aidant puissamment à abréger, et à éviter les produits fictifs.

Ve EXEMPLE.

A 8^{tt} 11^s 4 deniers l'aune, combien 15 aunes?

	A	8^{tt} 11^s $4\mathcal{X}$ l'aune,	A	8^{tt} 11^s $4\mathcal{X}$
combien	15	aunes?	combien	15 aunes?

		120	
Pour 10 sous la $\frac{1}{2}$	7	10	
Pour 1 s. 4 den.			
le $\frac{1}{15}$	1		
Produit	128	10	Prod. pareil 128 10 *m*

A droite, quand le multiplicateur est petit, il faut savoir opérer par une seule ligne : avec un peu d'habitude on multiplie par 2 chiffres à la fois ; et l'on va très vite.

VIe. EXEMPLE.

A 13^{tt} 19^s 9$^{\wedge}$ l'aune, combien 49 aunes $\frac{1}{2}$?

A   13^{tt} 19^s 9d l'aune,

combien   49 aunes $\frac{1}{2}$?   La $\frac{1}{2}$ du prix est 6^{tt} 19^s 10$d\frac{1}{2}$.

Mais je la porte à   7^{tt}

117   Doublant le mul-

52.   tiplicateur   9,9

Pour 10 sous la $\frac{1}{2}$	24	10
Pour 5 sous le $\frac{1}{4}$	12	5
Pour 4 sous le $\frac{1}{5}$	9	16

693

Pour 6 d. le $\frac{1}{10}$ du $\frac{1}{4}$	1	4	6
Pour 3 d. le $\frac{1}{2}$ des 6	//	12	3
Pour $\frac{1}{2}$ au. $\frac{1}{2}$ du prix	6	19	10$\frac{1}{2}$

D'où déduisant

pour 1 den. $\frac{1}{2}$

de trop, le $\frac{1}{10}$

de 9 18

//   12   4$\frac{1}{2}$

Produit	692	7	7$\frac{1}{2}$

Prod. pareil 692   7   7$\frac{1}{2}$

A droite, doubler l'un des facteurs et prendre la moitié de l'autre, c'est balancer le produit : on y trouve très-fréquemment des moyens d'avoir moins de fractions. Mais ici après avoir fait disparoître celle du multiplicateur, j'ai vu qu'en élevant le multiplicande de 6^{tt} 19^s 10$^{\wedge}$ $\frac{1}{2}$ à 7^{tt}, je m'évitois beaucoup de travail et je n'ai pas hésité.

Sur ce produit j'avois celui de 1$^{\wedge}$ $\frac{1}{2}$ employé de trop à en déduire ; et c'est ce que j'ai fait avec aisance en prenant le $\frac{1}{16}$ de 9^{tt} 18^s du multiplicateur réduit au $\frac{1}{10}$, et ainsi sans peine et vivement, j'ai évité tout le travail de l'opération à gauche.

VII.ᵉ EXEMPLE.

A 49^{tt} 17^s 8 l'aune, combien 81 aunes.

A	49^{tt} 17^s 8d l'au.	A	49^{tt} 17^s 8d
combien	49 aunes ?	combien	9
	49		448 19 $''$
	3 92 .	Combien	9
Pour 10 sous la $\frac{1}{2}$	40 10 $''$		
Pour 6s. 8d. le $\frac{1}{3}$	27 $''$ $''$		
Pour 1 sou le $\frac{1}{10}$	4 1 $''$		
Produit	4,040 11 $''$	Prod. pareil	4,040 11^s $''$

A droite, le calcul est aussi simple qu'expéditif, quand le multiplicateur est un multiple, c'est-à-dire, produit de 2 ou 3 facteurs ou plus, comme celui-ci qui l'est de 9 × 9 = 81. Je montrerai plus loin que ce procédé n'est pas borné.

VIII.ᵉ EXEMPLE.

A 36 sous la livre, combien 2753 £ de sucre.

A	36 sous la livre,		2753 £ de sucre
combien	2753 £ de sucre ?	à 2^{tt}	5506^{tt} $''$
	16518	2^{tt} = 40 sous ; J'ai	
	8259 .	donc employé 4 sous	
		de trop, et 4 sous	
	99108 sous	sont le $\frac{1}{10}$ de 40.	
		Retranchant donc	
		le $\frac{1}{10}$ du produit à 2^{tt}	550 12
Dont le $\frac{1}{20}$ est 4955^{tt} 8 sous.		Il restera pour 36 s.	4955 8

A gauche, le produit est en sous, puisqu'on a multiplié des sous, qu'on réduit en livres, en en prenant le $\frac{1}{20}$. C'est pour la facilité de cette réduction que j'ai insisté plus haut, sur la manière simple de l'opérer.

A droite, on voit une manière bien expéditive d'opérer les questions d'un intérêt usuel, quand les prix s'y prêtent.

A 5 *lt* 8 *s* multipliez par 6 et retranchez le $\frac{1}{10}$ qui est. 12 sous. 120 — 12 = 108
A 4 10 *idem* par 5 et *idem* le $\frac{1}{10}$ qui est 10 *id*. 100 — 10 = 90
A 3 12 *idem* par 4 et *idem* le $\frac{1}{10}$ qui est. 8 *id*. 80 — 8 = 72.
A 2 14 *idem* par 3 et *idem* le $\frac{1}{10}$ qui est 6 *id*. 60 — 6 = 54
A 1 16 *idem* par 2 et *idem* le $\frac{1}{10}$ qui est 4 *id*. 40 — 4 = 36
A 0 18 *idem* par 1 et *idem* le $\frac{1}{10}$ qui est 2 *id*. 20 — 2 = 18

En s'exerçant à ces facilités que l'on peut étendre à volonté, on opérera avec promptitude et sûreté.

Mais en opérant ces soustractions, il faut bien sentir ce que l'on fait; et s'assurer par les propositions simples, si les bases que l'on adopte sont à l'épreuve des erreurs.

Par exemple, si la livre est composée de $\frac{20}{20}$ ou 20 sous.

Le $\frac{1}{10}$ que l'on en retranche est $\frac{2}{20}$ ou 2

Il restera $\frac{18}{20}$ ou 18

Mais si l'on vouloit rétablir les $\frac{20}{20}$ ou les 20 sous, ce ne seroit plus le $\frac{1}{10}$ qu'il faudroit ajouter, attendu que le $\frac{1}{10}$ de 18 n'est pas 2, mais bien le $\frac{1}{9}$ de $\frac{18}{20}$ ou de 18 s. $\frac{2}{20}$ ou 2

Et c'est ainsi que l'on rétablira les $\frac{20}{20}$ ou les 20 sous.

Songeons bien, et ces observations sont du plus grand intérêt, que les dénominateurs ne sont que passifs, et que le numérateur seul est actif, quand on retranche ou que l'on ajoute des numérateurs de même espèce.

L'unité $\frac{3}{3} - \frac{1}{3} = \frac{2}{3}$. Disons plus simplement 3 — 1 $= \frac{2}{3}$; mais pour élever $\frac{2}{3}$ à $\frac{3}{3}$, il faut dire la $\frac{1}{2}$ de 2 $=$ 1, et 2 $+$ 1 $= \frac{3}{3}$. Il est donc constant que, si je déduis le $\frac{1}{3}$, j'ajoute la moitié du restant pour rétablir l'entier.

$\frac{6}{6} - \frac{1}{6} = \frac{5}{6}$. Mais $\frac{5}{6}$ n'est plus que 5. Donc, le $\frac{1}{5}$ de $\frac{1}{6}$ est $\frac{1}{6}$ et 5 $+$ 1 $= \frac{6}{6}$, celui qui a $\frac{1}{6}$, voudroit ajouter le $\frac{1}{6}$, n'ajouteroit que $\frac{1}{36}$ et non $\frac{6}{36} = \frac{1}{6}$.

Supposons que de	60 francs.
On retranchât le $\frac{1}{6}$ qui est	10
Il restera	50
Si, pour rétablir les 60 fr., on ajoutoit le $\frac{1}{6}$ de 50	8 $\frac{2}{6}$
On n'auroit que	58 $\frac{2}{6}$

Donc, c'est le $\frac{1}{5}$ de 50 $=$ 10 qu'il faut ajouter, puisque 50 $+$ 10 $=$ 60. Je le répète, cette observation est du plus grand intérêt, et la suite nous en justifiera : On commettroit des erreurs bien graves, si on en ignoroit l'importance : elle est en quelque sorte le cachet du vrai calculateur.

Puisque nous en sommes sur la garantie des écarts de l'imagination, donnons quelques exemples des observations à faire en certains cas.

Un homme se présente au marché avec une ficelle de 1 *pied de longueur*, et convient du prix de la quantité d'asperges que cette ficelle peut embrasser ; ce qui s'appelle une *botte d'asperges*.

Il s'y présente le lendemain avec une ficelle de 2 *pieds de longueur*, et il offre de payer le double de ce que la ficelle d'un pied lui avoit coûté, les asperges qui seroient embrassées par celle de deux pieds.

Sa proposition étoit-elle juste ? non. Il devoit en quadrupler le prix ; attendu que si la ficelle d'un pied embrassoit une botte, celle de deux pieds en embrassoit quatre.

Pour supputer juste en pareil cas, il faut toujours multiplier les longueurs par elles-mêmes.

La ficelle de 1 pied de long. fait 1 × 1 = 1. Donc 1 botte.

Celle de 2 pieds *idem* fait 2 × 2 = 4. Donc 4 bottes.

Celle de 3 pieds *idem* fait 3 × 3 = 9. Donc 9 bottes, etc.

La ficelle à un pied de longueur n'a qu'un diamètre formant ce cercle. . . .

La ficelle à 2 pieds a deux diamètres du premier, et forme celui-ci. . . .

La seule inspection de la croix qui coupe le grand cercle en quatre parties, annonce suffisamment que chacune de ces quatre parties, contient autant que le petit cercle.

Si l'on vouloit que la ficelle de deux pieds ne contîn que le double de celle de 1 pied, il faudroit la croiser Alors elle formeroit deux petits cercles pareils au premier. Mais si elle ne forme qu'un seul cercle, nécessairement le grand cercle embrassera autant que quatre petits embrasseroient.

Un homme emprunte deux barriques de vin de son voisin ; il les lui rend dans une seule futaille faite avec les douvelles des deux barriques : il lui rendit donc deux fois autant de vin qu'il en avoit reçu : c'est le même calcul que celui des asperges $2 \times 2 = 4$.

4 Hommes travaillant 4 jours pendant 4 heures par jour, et 8 hommes *idem* 8 jours *idem* 8 heures par jour,

sont mis en comparaison. Combien de fois les derniers font-ils la besogne des premiers ? Les personnes qui diroient 2 fois commettroient une grande erreur, parce qu'il y a trois doublemens d'hommes, de jours et d'heures ; et ces trois doublemens sont comme $1 + 1 = 2$; $2 + 2 = 4$, et $4 + 4 = 8$. Donc les derniers font 8 fois la besogne des premiers. Et en effet,

4 hom. pendant 4 jours font 16 journées à 4 h. chaque, emploient 64 h.
8 hom. *idem* 8 jours font 64 journées à 8 heures *idem* 512 h.

et $\dfrac{512}{64} = 8$ fois 64 heures.

Puisque nous en sommes sur les jeux et leur subtilité, expliquons ici deux choses avec lesquelles on met souvent en défaut les gens qui s'étonnent de tout : ces exemples vont nous justifier combien le calcul des fractions est précieux.

19 Multipliés par 19 produisent 361.

Cependant 10 multipliés par 10 produisent 100.
9 *idem* par 9 *idem* 81.

Et 19 multipliés par 19 ne donnent que 181.

Cette subtilité, ainsi que ses semblables, disparoît

à la moindre réflexion ; c'est 19 qui doit être multiplié 19 fois. Morcellez un des facteurs tant qu'il vous plaira, mais ne morcellez jamais les deux.

$$19 \times 10 = 190 \atop 19 \times 9 = 171 \Big\} 361 \qquad \begin{matrix} 19 \times 4 = 76 \\ 19 \times 3 = 57 \\ 19 \times 2 = 95 \\ 19 \times 7 = 133 \end{matrix} \Bigg\} 361$$

$$\overline{19}$$

$$\overline{19}$$

Si l'on écrivoit 19 fois 19, l'addition donneroit la somme 361. Or, du moment que le facteur morcellé présentera le résultat 19, on aura opéré dans le véritable esprit de la multiplication, puisque l'un des facteurs ne sert qu'à répéter l'autre autant de fois qu'il contient d'unités : il n'y a plus de solidité dans le calcul, sitôt que l'on s'écarte des principes de la composition.

J'ai justifié qu'il ne falloit morceller que l'un des deux facteurs, voyons ce qui résulte de la réduction des deux.

Si   4 francs multipliés par   4 francs produisent   16 fr.

4 francs *idem*   par 400 c. doivent produire   16 fr. 00

et 400 cent. *idem*   par 400 c. doivent produire 1600 fr. 00

Telles sont les proportions que le mot *centimes* sert à valider ; mais que la réflexion corrige, et dont elle fait raison.

Si les facteurs sont 4 francs. $4 \times 4 = 16$ francs.

Si l'un est 4 et l'autre 400, on aura $4 \times \dfrac{400}{100} = \dfrac{1600}{100}$ $= 16$ francs.

Si les deux sont $\dfrac{400}{100} \times \dfrac{400}{100} = \dfrac{160000}{10000} = 16$ francs.

Si.

Si les parties multiplient les entiers., elles doivent les par la même raison, en diviser les résultats pour rétablir les entiers.

Si le franc se compose de 100 centimes, il est clair que je dois le diviser par les 100 centimes, puisque les 100 centimes égalent 1 franc.

Si ces centimes multiplient des centimes, le produit ne donnera que des dix millièmes, c'est-à-dire des centièmes de centimes. Donc,

le premier produit 4×4 est en fr. il égale 16 francs;

le second produit 4×400 est en cent. il égale 16,00 cent.

le troisième prod. 400×400 est en dix mil. $= 16,0000$ dix mi.

4 Livres, dit-on, égalent 80 sous, et $4^{tt} \times 80$ sous $= \dfrac{320}{20}$ sous $= 16^{tt}$.

Mais 80 sous $\times$ 80 sous $= 6400$ sous, puisqu'on multiplie des sous par des sous. Donc $4^{tt} \times 4^{tt}$ doivent produire 320^{tt}, puisque 6400 sous $=$ les 320^{tt}.

Ces subtilités disparoissent en se servant des fractions.

$$\frac{4}{1} \times \frac{4}{1} = \frac{16}{1}, \frac{4 \times 80}{1 \times 20} = \frac{320}{20} = \frac{16}{1}; \frac{80 \times 80}{20 \times 20} = \frac{6400}{400} = \frac{16}{1}.$$

Que l'on réfléchisse donc avant de décider, avant de croire, et l'on ne sera jamais la dupe d'une imagination trop ardente ou trop foible.

Cette utile digression m'a écarté de mon sujet ; revenons-y.

IX.ᵉ EXEMPLE.

A 10ℐ 10ℛ la livre, combien 53£ de savon?

| A | 10ℐ 10ℛ la livre, | 53 Livres de savon |
| combien | 53£ de savon? | à 1₶ = 53₶ 0ℐ 0ℛ |

	530 ″	Pour 10 sous la ½ 26 10 ″
Pour 10ℛ le 1/12		Pour 10 den. le 1/12
du prod. de 10ℐ 44 2		de 10 sous 2 4 2

| Produit | 574ℐ 2ℛ | |
| dont le 1/20 est 28₶ 14ℐ 2ℛ | | Produit pareil 28 14 2 |

On remarquera à gauche que les sous, dont les 20
forment la livre, sont seuls soumis à la réduction du
1/20, et non les deniers.

A droite, en considérant le multiplicateur comme
produit à une liv la chose, on obtient d'emblée des
livres, et l'on opère avec plus de vivacité, puisque l'on
est dispensé de la réduction des sous en livres.

X.ᵉ EXEMPLE.

A 8 deniers la livre, combien 548 livres de son?

| A | 8ℛ la livre, | 548 livres de son |
| combien 548£ de son? | | à 1₶ 548₶ 0ℐ 0ℛ |

Produit	4384ℛ	Le 1/2 du 1/10 pour
dont le 1/12 est	365ℐ 4ℛ	8 deniers 18 5 4
dont le 1/20 est	18₶ 5ℐ 4ℛ	

À gauche, ayant multiplié des deniers, le produit a été en deniers, qui, réduits en $\frac{1}{12}$ ont donné des sous, et les sous réduits au $\frac{1}{20}$ ont donné des livres.

À droite, quelle rapidité d'exécution! quelle économie de temps! En considérant les 548^{tt} réduites au $\frac{1}{10}$, comme 54^{tt} 16^{ſ}, produit de 2 sous ou 24 deniers, il m'a suffi de prendre le $\frac{1}{3}$ des 54^{tt} 16^{ſ} pour les 8 deniers; et sans peine et sans calcul, j'ai obtenu le même produit.

XI.e EXEMPLE.

À 8 deniers la douzaine, combien 426 douzaines 4 pommes?

À	8 deniers,	426 douzaines $\frac{1}{3}$	
combien 426 douz. $\frac{1}{3}$?		à 1^{tt}	426^{tt} 6^{ſ} 8^{𝔇}
	3408	Le $\frac{1}{3}$ du $\frac{1}{10}$	14 4 2$\frac{1}{3}$
Pour le $\frac{1}{3}$	2 $\frac{2}{3}$		
Produit	3410^{𝔇} $\frac{2}{3}$		
dont le $\frac{1}{12}$ est	284^{ſ} 2^{𝔇} $\frac{2}{3}$		
dont le $\frac{1}{20}$ est	14^{tt} 4^{ſ} 2^{𝔇} $\frac{2}{3}$		

À gauche, l'opération n'exige aucune observation.

À droite, 426 douzaines $\frac{1}{3}$ à 1 livre, ont produit 426^{tt} 6^{ſ} 8^{𝔇}, parce que le $\frac{1}{3}$ de 1 livre ou 20 sous, est 6^{ſ} 8^{𝔇}.

Ayant séparé le dernier chiffre de 426, j'ai vu en lui 42^{tt} 12^{ſ}, dont le $\frac{1}{3}$ est 14^{tt} 4^{ſ}. Les 6^{ſ} 8^{𝔇} restans

14 *

= 80 deniers dont le $\frac{1}{10}$ est 8 ; et le $\frac{1}{3}$ de 8 deniers m'a donné 2 ℛ $\frac{2}{3}$.

Le $\frac{1}{10}$ de 426₶ 6✓ 8ℛ est 42₶ 12✓ 8ℛ. Il faut se familiariser à faire ces réductions d'un coup - d'œil. Rien n'est plus facile , et les avantages en sont précieux.

XIIe. Exemple.

A 26✓ 8ℛ le pied , combien 457 pieds $\frac{1}{8}$ de madriers.

A	26✓8ℛ le pied ,	457 pieds $\frac{1}{8}$ à 1₶	
combien	457 pieds $\frac{1}{8}$?	le pied 457₶ 12✓ 6d	

2742	A ajouter :		
914.	Pour 6✓ 8ℛ le $\frac{1}{3}$ 152 10 10		
Pour 6 den. la $\frac{1}{4}$ 228 6			
Pour 2 d. le $\frac{1}{3}$ de la $\frac{1}{4}$ 76 2			
Pour $\frac{1}{8}$ de pied la			
$\frac{1}{2}$ du prix 13 4			
Pour $\frac{1}{8}$ le $\frac{1}{4}$ de la $\frac{1}{2}$ 3 4			

Produit 1220 3✓ 4ℛ

dont le $\frac{1}{2}$ est 610₶ 3✓ 4ℛ   Prod. pareil 610 3 4

Avec quelle rapidité n'opère-t-on pas à droite! Faire remarquer la beauté de ce procédé simple et facile , c'est en faire l'apologie.

À 20 sous la chose , les $\frac{1}{8}$ coûtent 12✓ 6. Voilà pour la fraction. Et 26✓ 8 sont 1 $\frac{1}{3}$, puisque le $\frac{1}{3}$ de 20 sous est 6 sous 8 deniers.

Je ne dis pas que toutes les opérations présentent la même facilité ; mais voilà le principe , et quand les occasions se présentent, il faut savoir les saisir.

XIII.e EXEMPLE.

A 4^{tt} 15^s l'aune, combien 135 aunes $\frac{1}{2}$ taffetas?

A	5^{tt} l'aune,	A	4^{tt} 15^s l'aune
combien 135 aunes $\frac{1}{2}$?		à $\times$ 12	

Produit	677 10 ″		57 ″ ″	
d'où déduisant		à	11 ″	
le $\frac{1}{10}$	33 17 6		627 ″ ″	

Plus 3 fois 4^l 15^s 14^l 05^s
Plus $\frac{1}{2}$ fois 4 15   2 7 6

$$16 \quad 12 \quad 6$$

Reste	643 12 6	Prod. pareil	643 12 6

A gauche, j'ai singulièrement réduit le travail en mettant le prix à 5^{tt} au lieu de 4^{tt} 15^s, et en prenant la $\frac{1}{2}$ aune en multipliant, manière d'abréger qui est très-aisée quand le prix des choses n'est pas très-élevé.

$\frac{100}{100} - \frac{5}{100} = \frac{95}{100}$ ou $\frac{19}{20}$. Donc de 100 — 5 = 95. Donc, du produit de 100 sous, si je diminue le $\frac{1}{10}$ qui est 5 sous, j'opère bien.

A droite, j'ai voulu justifier que le procédé y employé n'étoit pas borné.

Le multiplicateur 135 $\frac{1}{2}$ n'est multiple que de 11 $\times$ 12 = 132. Or, à ce multiple 132 ajoutons 3 $\frac{1}{2}$, nous aurons le produit de 135 $\frac{1}{2}$.

Si l'on avoit, par exemple, pour multiplicateur 4798 $\frac{1}{3}$, on devroit y voir 4800. Alors 6 $\times$ 8 = 48 $\times$ 100 = 4800 — 1 $\frac{2}{3}$ = 4798 $\frac{1}{3}$.

Donc tout est possible pour qui raisonne, et qui raisonne peut jouer avec les chiffres à volonté.

XIV.ᵉ EXEMPLE.

Multiplier 11ᵗᵗ 11ˢ 11ᵈ , par 11ᵗᵗ 11ˢ 11ᵈ.

Multiplier	11ᵗᵗ 11ˢ 11ᵈ			Multiplier	11 11 11		
par	11 11 11			par			11

	121		Produit par 11ᵗᵗ
Pour 10 la ½ de 11ˡ	5 10		seulement 127 11 1
Pour 1 sou le 1/10			11 Sous étant le 1/10
de 10 sous	// 11 //		de 11ᵗᵗ , il faut
Pour 6 den. la ½			prendre le 1/20 du
de 1 sou	// 5 6		produit de 11ᵗᵗ 6 7 6 11/..
Pour 3 den. la ½			11 Deniers étant
de 6 deniers	// 2 9		le 1/12 de 11 sous,
Pour 2 den. le ⅓			il faut prendre le
de 6 deniers	// 1 10		1/12 du produit de
			11 sous // 10 7 121/..

Pour 10 sous la ½	
de 11ᵗᵗ 11ˢ 11ᵈ	5 15 11 ½
Pour 1 sou le 1/10	// 11 7 1/10
Pour 6 den. la ½	
de 1 sou	// 5 9 21/40
Pour 3 den. la ½	
de 6 deniers	// 2 10 61/80
Pour 2 den. le ⅓	
de 6 deniers	// 1 11 21/120

Produit   134   9   3 49/..   Prod. pareil 134   9   3 49/..

Voilà deux manières d'opérer, cherchons-en d'autres.

1°. Réduisons un des facteurs en deniers, donnant 2782 deniers. Considérons ces deniers comme des choses à multiplier par 11ᵗᵗ 11ˢ 11ᵈ la chose, et le produit en livres sera divisé par 240, puisqu'il y a 240 deniers au livre.

2°. Réduisons les deux facteurs en deniers. Ils seront chacun de 2783 deniers, et le produit qui sera des 240.es de deniers, divisé par 57600, nous donnera le produit en livres.

A $11^l 11^s 11^d$ la chose,
combien   2783 choses ?

$$\underline{\quad 2783 \quad}$$
$$2783$$
$$2783.$$

Pour 10 s. la $\frac{1}{2}$ 1391 10 $\prime\prime$
Pour 1 sou le $\frac{1}{10}$
de la $\frac{1}{2}$ 139   3 $\prime\prime$
Pour 6 den. la
$\frac{1}{2}$ du sou   69·11   6
Pour 3^d la $\frac{1}{2}$ de 6   34 15   9
Pour 2^d le $\frac{1}{3}$ de 6   23   3 10

Prod. 240 fois
trop grand   32,271   4   1

240   $32271^{\text{\#}} 4\sqrt{} 1$ ♈

$$827 \left(134^l 9^s 3^d \frac{49}{240} \right.$$
$$1071$$

Reste en liv. 111
      20
Sous   2224
Reste en sous   64
      12
Deniers   769
Reste indivisib. $\frac{49}{240}$.

$11^{\text{\#}}$ à $20\sqrt{} = 220 + 11\sqrt{} = 231$
$\times 12^d = 2772 + 11^d = 2783^d$
ou $\dfrac{2783}{240}$, c'est-à-dire $2783^{\text{\#}}$
à diviser par 240. Donc
$$\frac{2783 \times 2783}{240 \times 240} = \frac{7745089}{57600}.$$

Voilà l'opérat. préparée. Justifions.
Multiplier 2783
par   2783
$$8349$$
$$22264.$$
$$19481..$$
$$5566...$$

Prod. 7745089 à div. par 57600

$$57600 \quad 7745089 \left(134^l 9^s 3^d \frac{49}{240} \right.$$
$$198508$$
$$257089$$

En liv. 26689
      20
Sous   533780
En sous   15380
      12
Deniers 184560
Reste ind. 11760 | 5;57600
Réduit aux $\frac{49}{240}$.

Voilà quatre manières de résoudre la même opération ; ce qui justifie que les chiffres se prêtent à tous les mouvemens que l'on veut leur donner.

On observera qu'une somme en livres, réduite en deniers, ne cesse pas d'être en livres, du moment que l'on indique que le produit est divisible par 240. Par exemple 1^{tt} est toujours 1^{tt}, dès qu'elle est désignée par $\frac{240}{240} = 1^{tt}$. Cette explication donnera l'intelligence des valeurs réduites ; conséquemment ce qu'il faut faire pour résoudre les questions.

XVe EXEMPLE.

A 12^{tt} 15$ʃ$ le quintal, combien 789£ de bled ?

A 15^{tt} 12$ʃ$ le cent de fagot, combien 647 fagots ?

Que l'on achète du bled au quintal qui vaut 100 £, ou des marchandises au compte, sur le prix d'un cent en nombre, c'est toujours établir le prix au cent ; et les parties du cent sont en proportion du prix du cent. Mais on opère communément sur la quantité comme si le prix étoit reglé pour une livre ou pour une pièce ; et l'on réduit le produit au centième : c'est l'opération la plus facile et la plus courte. Cependant je les donnerai des deux manières.

A	12# 15ˢ le quin.		A	12# 15ˢ le quin.
combien	7 quint. 89 li.		combien	789 livres ?

	84				9468	
Pour 10ˢ la ½	3	10		Pour 10ˢ la ½	394	10
Pour 5 sous le ¼	1	15		Pour 5ˢ le ¼	197	5
Pour 50 £ la moitié du prix	6	7	6	100│59	15	
				20		
Pour 20 £ le ⅕ du prix	2	11	//	11│95		
				12		
Pour 10 £ le 1/10 du prix	1	5	6	11│40		
Pour 5 £ la ½ du 10.ᵉ	//	12	9	100 ou ⅖		
Pour 4 £ le ⅕ des 20 £.	//	10	2 ⅖			

Produit 100 11 11 ⅖   Prod. pareil 100# 11ˢ 11 d ⅖

A gauche, il n'y a rien à observer.

A droite, après avoir multiplié les 789 £ par le prix fixé pour les 100 £, le produit 10059# 15ˢ qui est 100 fois trop grand, se réduit au ¹⁄₁₀₀ en tranchant les deux derniers chiffres des livres. Il reste 59# 15ˢ à réduire en sous, donnant 1195 sous. Tranchant les deux derniers chiffres des sous, il reste 95 sous, qui, réduits en deniers, donnent 1140 deniers ; tranchant enfin les deux derniers chiffres des deniers, il reste 40 deniers indivisibles qui égalent ⁴⁰⁄₁₀₀ ou ⅖ ; de sorte que les chiffres laissés au-dehors donnent pour produit 100# 11ˢ 11 d ⅖.

Ce retranchement au ¹⁄₁₀₀ n'est autre chose qu'une division par 100.

On l'abrège en prenant le $\frac{1}{5}$ des sous restans. Or ,
59 . 15 donnent un peu moins de 12 sous.

A 15# 12s le cent,	A 15# 12s le cent,
combien 6cents 47fagots?	combien 647 fagots ?

90			3235	
Pour 10' la $\frac{1}{2}$	3	"	647 .	
Pour 2' le $\frac{1}{10}$	"	12	Pour 10'la $\frac{1}{2}$ 323 10	
Pour 25 fagots			Pour 2'le $\frac{1}{10}$ 64 14	
le $\frac{1}{4}$ du prix	3	18	100|93 4	
Pour 20 fagots			|20	
le $\frac{1}{5}$	3	2 4 $\frac{4}{5}$	18|64	
Pour 2 fagots			|12	
le $\frac{1}{10}$ de $\frac{1}{5}$	"	6 2 $\frac{44}{50}$	7|68	
			|100 ou $\frac{16}{50}$	

Produit   100 18   7 $\frac{14}{10}$ Prod. pareil 100# 18s 7d $\frac{14}{10}$

Il n'y a aucune observation à faire ni à gauche ,
ni à droite.

XVIe. EXEMPLE.

A 22# 17s 6d le millier, combien 8732 £ de foin?

On achète et vend au millier *pesant* le foin, la
paille et divers autres objets pareils , comme on vend
au millier *en compte* une multitude d'objets de peu de
valeur.

On multiplie ces objets par la livre ou par la pièce,
au prix du millier ; et du produit, qui est mille fois
trop grand, on retranche les trois derniers chiffres ;
ce qui produit l'effet de la division par 1000.

A $\quad$ 22ˡ 17ˢ 6ᵈ le mille, $\qquad$ A $\qquad$ 22ˡ 17ˢ6ᵈ le m,
combien 8 mil. 732£ foin? $\qquad$ combien 8732 £ de foin?

	176				17464		
Pour 10ˢ la ½	4	//			17464.		
Pour 5ˢ le ¼	2	//		Pour 10ˡ ½	4366		
Pour 2ˢ 6 le ⅛	1	//		Pour 5ˢ ¼	2183		
Pour 500£				Pour 2 sous			
la ½ du prix	11	8	9	6 den. ⅛	1091	10	
Pour 200£							
le ⅖ du prix	4	11	6	199|744	10		
Pour 25£ le				20			
⅛ de 200	//	11	5 ¼	14|890			
Pour 5£ le				12			
⅕ de 25	//	2	3 9/20	10|680			
Pour 1£ le				1000			
⅕ de 5	//	//	5 42/100	ou 68/100			
Pour 1£ le							
⅕ de 5	//	//	5 42/100				

Produit 199 14 10 68/100 $\qquad$ Prod. pareil 199ᵗᵗ 14s 10d 68/100

XVIIᵉ. EXEMPLE.

Combien 8734ᵗᵗ 10ˢ 9 $\quad$ égalent ils de francs?
à raison de 81 liv. tournois pour 80 francs.

Pour faire ces opérations essentiellement utiles ,
puisque le cours des deux monnoies sera long-temps
usité , par la nécessité de réduire en francs d'anciennes
rentes, on a cherché des moyens simples et faciles
pour ces sortes de conventions. Mais je vais les indiquer tous.

Pour réduire les livres en fr., il faut multiplier par 80 et diviser par 81.

Pour convertir les francs en livres, il faut multiplier par 81 et diviser par 80.

Réduire en fr. $5782^{\text{℔}} 10^{\text{ſ}} 6$
à multiplier par 80

$$462560$$

La $\frac{1}{2}$ pour $10^{\text{ſ}}$ 40

Le $\frac{1}{10}$ de $10^{\text{ſ}}$
pour 6 den.   2

$81 \quad 462602$

$576 \left(5711^{\text{f}} 13^{\text{c}} \right.$
$9\ 0$

92

Restant en fr.   11
100

Centimes   1100
290

Restant $\frac{47}{81}$

Convertir en liv. $5711^{\text{f}} 13^{\text{c}} \frac{47}{81}$
à multiplier par 81

$$571113$$
$$45689040$$

Restant   47

$80 \quad 46260200$

$626 \left(5782^{\text{℔}} 10^{\text{ſ}} 6 \right.$
660

202

Restant en liv.   42
20

Sous   840
40

Restant en sous   40
12

Deniers   480

Restant   00

Ces opérations sont longues, et je ne les ai données que pour montrer comme il faut opérer dans le principe, avant de chercher des moyens abréviatifs.

Retrancher des livres le 81.e, c'est les réduire en francs.

Ajouter aux francs $1\frac{1}{4}$ pour 1 cent, c'est les convertir en livres tournois.

Réduire en fr.			5782ᵗᵗ 53c
Le $\frac{1}{9}$ est	642 61		
Le $\frac{1}{9}$ est	71 40	71	40
Produit en fr.			5711f 13c

Quand on a des sous et des deniers aux livres, il faut les convertir en centimes. 10ſ 6ᵭ = 53 centimes.

Le $\frac{1}{9}$ du $\frac{1}{9}$ retranché est $\frac{1}{81}$.

Convertir en liv.			5711f 13c
Ajouter 1 %	57 12		
$\frac{1}{4}$ %	14 28		
		71	40
Produit en livres		5782	53

Il faut convertir les centimes en livres. 53 c. = 10ſ 6ᵭ. Et le produit est 5782ᵗᵗ 10ſ 6ᵭ.

Le $\frac{1}{80}$ équivaut à 1 $\frac{1}{4}$ pour cent.

Ici finit la première partie de mon ouvrage. Elle est la plus essentielle puisqu'il y faut tout apprendre. Si j'ai promené mon lecteur dans un monde qu'il croyoit lui être inconnu, il aura souvent occasion de dire que je ne lui ai appris que ce qu'il savoit; car je le répéterai sans cesse, le calcul est en quelque sorte inné avec nous; et l'intérêt personnel, agissant sur les enfans à toutes les époques de la vie, ils apprennent à calculer, comme ils apprennent à parler, sans se douter de leurs acquisitions.

Ce n'est que dans l'âge mûr qu'il commence à devenir défiant sur la valeur de ses acquisitions. On lui dit si souvent, qu'il ne sait rien, qu'il faut qu'il étudie, que la présomption n'est que le fruit de la sottise, qu'il finit par se persuader à lui-même qu'il n'est qu'un ignorant.

Mais cette persuasion décourageante se dissipe, et cède la place à la confiance, du moment que les idées qu'on présente à l'imagination réchauffent celles que les reproches indiscrets avoient glacées.

Au lieu de taxer de prématurées les idées que les
enfans émettent sur des choses en quelque sorte au-
dessus de leur intelligence, il vaudroit beaucoup mieux
qu'on en saisît le fil, pour aider a leur développement
et pour en rectifier les écarts. Cette éducation, qui
seroit la meilleure, leur épargneroit beaucoup de peine,
puisqu'elle donneroit au génie l'aliment qu'on lui re-
fuse, et dont même on semble se faire un plaisir de
briser tous les ressorts.

Désormais, nous connoissons la partie mécanique du
calcul. La machine est montée, il ne nous reste plus
qu'à la mettre en mouvement; et c'est dans la seconde
partie que nous allons le lui imprimer. Puissé-je m'être
rendu assez intelligible pour que l'on n'éprouve aucune
incertitude. Dans tous les cas, je serai auprès de mon
lecteur, et ce que je lui développerai confirmera ce
que je viens de lui présenter.

SECONDE PARTIE.

Si, dans la première partie de cet Ouvrage, nous avons appris le mécanisme des quatre règles de l'Arithmétique, nous allons, dans celle-ci, apprendre l'usage que l'on peut en faire pour parvenir à la solution des questions.

DES PROGRESSIONS ET DES PROPORTIONS.

Les progressions et les proportions, que l'on qualifie improprement de règles, ne sont que des jeux de l'esprit; car il n'y a réellement de règles que l'addition, la soustraction, la multiplication et la division.

Ces jeux de l'esprit, forment la partie brillante du calcul; ils sont le domaine du génie: c'est là qu'il exerce son empire; c'est là qu'il fait jouer les ressorts de l'imagination.

Si les quatre règles de l'Arithmétique sont des machines mécaniques, c'est sur ces métiers que l'ouvrier intelligent déploie son adresse, pour faire de jolis tissus. Nous n'avons plus rien à apprendre, puisque nous n'avons plus qu'à appliquer à propos ce que nous savons, pour résoudre les questions qui nous seroient proposées.

Les progressions suivent les lois que le mouvement leur imprime, soit rapide, soit lent; mais une fois donné, il est uniforme; c'est-à-dire que pendant leur durée, elles croissent ou décroissent uniformément.

Il existe deux espèces de progressions : les unes sont qualifiées *arithmétiques*, et les autres sont qualifiées *géométriques*.

Les progressions arithmétiques vont à pas mesurés, et sont régies par l'addition et par la soustraction : la *somme* des extrêmes est égale à celle des moyens.

Les progressions géométriques vont à pas constamment redoublés. Elles sont régies par la multiplication et par la division ; et c'est par cette raison que le *produit* des extrêmes est égal au produit des moyens.

Par *extrêmes*, on entend les termes d'une progression qui sont également éloignés du centre ; et par *moyens*, on entend les termes de la progression qui sont également éloignés des extrémités.

Progression arithmétique croissante	1	2	3	4	5	6	7	8	9
décroissante	9	8	7	6	5	4	3	2	1
Sommes des extrêmes et des moyens	10	10	10	10	10	10	10	10	10

Progression géométrique croissante	2	4	8	16	32	64	128
décroissante	128	64	32	16	8	4	2
Produits des extrêmes et des moyens	256	256	256	256	256	256	256

Dans toute progression, soit arithmétique, soit géométrique, la différence d'un terme à l'autre, est ce que l'on nomme *la raison progressive*, et la moitié de deux termes correspondans donne la valeur d'un terme proportionnel : traitons séparément de ces deux espèces.

Dé

De la Progression arithmétique.

La progression arithmétique est une cumulation de nombres semblables, à la seule réserve du premier qui, *indépendant*, peut être tel nombre que ce soit. Mais dès que ce premier terme est donné, il est constamment augmenté par la raison qui est déterminée. De sorte que le second terme est égal au premier, plus la raison; le troisième est égal au premier, plus deux fois la raison ; le quatrième est égal au premier, plus trois fois la raison, et ainsi de suite.

D'où il résulte que si le premier terme est 7 et la raison 3, on aura

$7 + 3 = 10 + 3 = 13 + 3 = 16 + 3 = 19$. Donc dans ces 5 termes, le dernier, 19, se compose du premier qui est 7, et de 4 fois la raison $3 = 12$; donc $7 + 12 = 19$: pour écrire une semblable progression, on diroit tout simplement $7 \cdot 10 \cdot 13 \cdot 16 \cdot 19$.

Les progressions sont ou continues ou discontinues.

Elles sont continues, quand leur marche est uniforme, comme $3 \cdot 5 \cdot 7 \cdot 9$, etc. Mais attendu que, dans ce cas, les termes intermédiaires sont répétés, et que l'on dit 3 sont à 5 comme 5 sont à 7, comme 7 sont à 9; ou plus simplement, $3 \cdot 5 : 5 \cdot 7 : 7 \cdot 9$, on les fait précéder ordinairement d'un signe $\div$ qui avertit qu'il faut répéter les termes intermédiaires, quoiqu'on ne les écrive pas. Il est senti que la progression $\div 2 \cdot 4 \cdot 6 \cdot 8$ doit être lue $2 \cdot 4 : 4 \cdot 6 : 6 \cdot 8$.

Elles sont discontinues, quand elles ne sont pré

15

cédées d'aucun signe, et que leur marche est interrompue; comme 2 . 4 . 7 . 8 . 9 . 10 . 13 . 15. Malgré
cette irrégularité, la somme des extrêmes sera toujours
égale à celle des moyens, pourvu que du centre, les
distances soient également observées, à droite et à
gauche, par les deux termes qui se correspondent.
Car ici nous pouvons supposer l'absence des termes
soulignés 2 3 4 5 6 7 8 9 10 11 12 13 14 15;
3 et 14 = 17 . 5 et 12 = 17 . 6 et 11 = 17. comme
2 et 15 = 17 . comme 13 et 4 = 17.

Donc l'absence de quelques termes correspondans
ne détruit pas la progression, elle ne fait que la sus-
pendre. Néanmoins, quand elles sont ainsi discontinues, on doit plutôt voir en elles des proportions que
de vraies progressions ; parce que les proportions, se
déterminant par un objet de comparaison, cet objet
comparatif peut être très-éloigné de celui qu'il doit
régir. Conséquemment, dans la progression discontinue
2 . 4 . 7 . 8 . 9 . 10 . 13 . 15, on peut voir les
proportions arithmétiques

2 sont à 4 comme 13 sont à 15
4 . 7 : 10 . 13
7 . 8 : 9 . 10

Et comme je parlerai bientôt des proportions, je n'arrêterai pas ma marche, pour donner l'idée de celles-ci.

Les progressions arithmétiques sont très-précieuses
à connoître. Elles servent dans une multitude de cas.
Ainsi, pour en bien développer les jeux, rappelons-
nous bien que le second terme est le même que le

premier , plus la raison progressive ; que le troisième terme est le même que le premier , plus deux fois la raison progressive, etc. De sorte que le 100.ᵉ terme d'une progression , est le même que le premier , plus 99 fois la raison progressive. Je dis qu'entre le premier et le centième terme d'une progression , il n'y a que 99 fois la raison progressive ; parce que la raison , n'agissant que dans les intervalles , entre un terme à l'autre , il y a toujours un intervalle de moins que le nombre des termes.

2 . 4 . 6 . 8 Est une progression de 4 termes , ne présentant que 3 intervalles. Conséquemment , une progression quelconque aura toujours un intervalle de moins que le nombre de ses termes. Donc une progression de 100 termes , se compose du premier terme , plus 99 fois la raison progressive.

Supposons maintenant que le premier terme d'une progression soit 7 , la raison progressive 5 , et que l'on voulût connoître la valeur du 15.ᵉ terme , on diroit :

Du 1ᵉʳ au 15.ᵉ terme , il y a 14 intervalles. Donc la raison $\qquad 5 \times 14 = 70$

Et en y ajoutant le premier terme $\qquad 7$

l'on s'assureroit avec aisance que la valeur
du 15.ᵉ terme seroit de $\qquad 77$

Si , connoissant la valeur du 15.ᵉ terme de la même progression , et sa raison , on vouloit connoître la valeur du premier terme , on diroit :

Si du 15ᵉ terme   77

on retranche, pour les 14 intervalles, 14 fois
la raison 5   70

Il restera pour le premier terme   7

Si, connoissant le premier terme 7 et le quinzième terme 77 d'une progression, on vouloit en connoître la raison progressive, on diroit :

Si du quinzième terme   77

on retranche le premier terme   7

Il restera 70, somme des 14 intervalles.
Donc divisant 70 par 14, le quotient 5 donne
la raison progressive, puisque $14 \times 5 =$ 70

Enfin, si connoissant toutes ces choses, on vouloit savoir à combien s'éleveroit la somme de ces 15 termes, il suffiroit de faire la somme des extrêmes $7 + 77 = 84$. Donc 84 sont la valeur de deux termes ; conséquemment $\frac{84}{2} = 42$, valeur proportionnelle de chacun de ses termes. Or, multipliant les 15 termes par 42, le produit 630 seroit la somme totale de cette progression : et pour preuve

$$7 + 12 + 17 + 22 + 27 + 32 + 37 + 42 + 47 + 52 + 57$$
$$+ 62 + 67 + 72 + 77 = 630.$$

Les termes 15 étant en nombre impair, le huitième, qui est celui du milieu, a pour valeur 42, et je l'ai souligné, pour justifier que 42 est la valeur proportionnelle de chacun des termes de cette progression.

Avec ces connoissances, fondées sur le raisonnement

le plus simple et le plus convaincant, on pourra jouer avec les progressions à volonté.

Conséquemment, si, entre deux termes donnés, on demandoit d'insérer un certain nombre de moyens proportionnels, on n'éprouveroit aucun embarras.

Par exemple, si entre 2 et 14 on demandoit d'insérer 5 termes, on se feroit ce raisonnement simple : 2 termes donnés, plus 5 à insérer, élèveront la progression à 7 termes ; et entre 7 termes, il y a 6 intervalles. Donc le dernier terme 14 se compose du premier terme 2, plus 6 fois la raison progressive. Or, si ce premier terme est éventuel, il est sensible qu'il faut le retrancher du dernier, si l'on veut connoître la raison progressive d'un terme à l'autre, puisqu'alors le restant se composera de 6 fois la raison progressive : donc, si nous divisons ce restant par 6, le quotient nous donnera la raison progressive d'un terme à l'autre.

Disons donc $14 - 2 = 12$, et $\frac{12}{6} = 2$. Donc la raison progressive est 2 ; donc la progression demandée, et de 7 termes, sera 2 . 4 . 6 . 8 . 10 . 12 . 14.

Si, entre le premier terme 5, et le dernier terme 30 d'une autre progression, on demandoit d'insérer 42 termes moyens, on diroit de même, 2 termes donnés et 42 à y insérer, élèveront la progression à 44 termes ; et entre 44 termes, il y a 43 intervalles, c'est-à-dire 43 fois la raison progressive.

Donc, après avoir retranché le premier terme du dernier, le restant, divisé par 43, nous donnera la raison progressive d'un terme à l'autre.

Donc $30 - 5 = 25$, et $\frac{25}{43} = \frac{25}{43}$. Donc la rsison progressive est $\frac{25}{43}$; donc la progression sera $5 \cdot 5\frac{25}{43} \cdot$ $6\frac{7}{43} \cdot 6\frac{12}{43} \cdot 7\frac{34}{43} \cdot 7\frac{39}{43}$, etc., etc.

On fera d'autant mieux de s'exercer sur ces jeux d'intercallation, notamment, qu'ils aident puissamment pour l'intelligence des logarithmes , quoique je sois décidé à n'en pas parler. Il en existe des traités si lumineux et tellement profonds, que je serois plus que téméraire si j'osois en dire quelque chose : j'analyse l'Arithmétique, mais je respecte les autres sciences, et j'y renvoie mes lecteurs.

Avec l'aide des progressions , on résout sans peine des questions qui exigeroient des calculs à l'infini ; et ne fût-ce qu'à titre d'amusement, je vais donner ici quelques exemples de leur utilité.

QUESTION.

121 Pierres sont dans un panier. On propose de les y prendre *une à une* , et d'aller les poser à une toise de distance l'une de l'autre et en ligne droite ; c'est-à-dire que l'on en prendra une dans le panier, que l'on posera à ses pieds ; ensuite, muni d'une toise, on en prendra une autre dans le panier, que l'on ira poser à une toise de distance juste de la première. Revenir au panier , y prendre une troisième pierre et aller la poser à une toise de distance de la seconde ; et ainsi de suite, une à une , jusqu'à ce que les 121 pierres soient posées.

Revenir ensuite au panier, et delà aller de même relever ces 121 pierres *une à une*, et les reporter une à une dans le panier, avec l'expresse condition de les y poser, sans qu'il fût permis de les y jeter.

On demande quelle seroit la longueur du chemin que parcourroit celui qui, acceptant la proposition, en rempliroit les conditions; et combien d'heures il y emploieroit ?

SOLUTION.

Pour prendre les pierres, les porter une à une, et revenir au panier; pour aller les reprendre une à une, et les rapporter au panier, on feroit 4 fois le chemin pour chaque pierre.

La première pierre se posant sans bouger de place, 120 seroient portées. Donc la progression seroit de 120 distances, de 4 toises chaque; c'est-à-dire de 120 fois 4 toises, faisant 480 toises.

Conséquemment, le premier terme étant o et le dernier 480, $= \frac{480}{2} = 240$; donc la valeur de chaque terme proportionnel seroit de 240 toises.

Or, 120 fois 240 toises $= 28,800$ toises, qui, à raison de 2400 toises par lieue, feroient parcourir un espace de 12 lieues; et si l'individu faisoit une lieue par heure, il y emploieroit 12 heures de temps.

A ce chemin à parcourir, ajoutons les retards pour poser 120 fois la toise, afin de déterminer la distance précise d'une pierre à l'autre, et les poser en ligne droite. Plus, la nécessité de s'arrêter et de se baisser

480 fois, pour poser et ramasser les pierres. On ne
hasarderoit donc rien en disant, qu'un homme qui
marcheroit sans s'arrêter, parcourroit une distance de
13 lieues pendant le même temps.

On peut appliquer cette opération au transport des
arbres pour planter une avenue; et l'utilité ajouteroit
un degré d'intérêt de plus à la question.

Si l'on applique les progressions aux fractions, on y
trouvera une foule de ressources; attendu qu'elles
faciliteront la solution de questions souvent embarrassantes. Je donne cette idée avec d'autant plus de plaisir, que je la crois neuve, et qu'elle m'a souvent servi.

Si une fraction est considérée comme le rapport
existant entre ses deux termes, on verra dans $\frac{3}{4}$ le
rapport proportionnel entre 3 et 4. Donc tout rapport
peut être considéré comme une fraction.

Mais si, dans ces deux termes, nous voyons un
rapport, nous pouvons également y voir les deux
premiers termes de deux progressions, qui, augmentés
par une raison commune, nous montreront tous les
changemens que le rapport primitif subira, en nous
présentant des rapports nouveaux, d'un terme progressif à l'autre. Soit

$$\frac{1}{4} + 1 = \frac{2}{5} + 1 = \frac{3}{6} + 1 = \frac{4}{7} + 1 = \frac{5}{8} + 1 = \frac{6}{9} + 1 = \frac{7}{10},$$

etc. où l'on voit qu'à mesure que la progression s'élève
le rapport diminue, puisque $\frac{1}{4}$ devient $\frac{2}{5}$, $\frac{3}{6}$, $\frac{4}{7}$, $\frac{5}{8}$,
$\frac{6}{9}$, $\frac{7}{10}$; et qu'en la poursuivant, les deux termes fini-
ront par approcher de l'égalité.

Donc, si deux associés forment leur mise comme 1 et 4 ; c'est-à-dire que si leur mise est $1 + 4 = 5$ fois 6000 fr. je suppose, l'un n'y aura qu'une fois 6000 fr. et l'autre 4 fois 6000 fr. ; donc l'un n'aura que le $\frac{1}{5}$ d'intérêt, et l'autre les $\frac{4}{5}$; donc le premier n'aura que le $\frac{1}{4}$ de l'intérêt du second, et celui-ci aura $\frac{4}{1}$, c'est-à-dire 4 fois l'intérêt du premier.

Mais si , par de nouvelles dispositions, chacun d'eux vouloit ajouter 12000 fr. à sa mise, c'est-à-dire 2 fois 6000 fr., on diroit, $\frac{1}{4} + 2 = \frac{3}{6}$. Alors leur rapport seroit $3 + 6 = 9$; c'est-à-dire que leur mise totale seroit de 9 fois 6000 fr. Donc le premier y auroit versé 3 fois 6000 fr. , et le second 6 fois. Donc le premier n'aura que $\frac{3}{9}$ d'intérêt, et le second $\frac{6}{9}$; donc le premier n'aura que les $\frac{3}{6}$ de l'intérêt du second, et le second aura les $\frac{6}{3}$ ou 2 fois l'intérêt du premier.

On aperçoit déjà l'avantage de considérer les deux termes d'une fraction, et comme un rapport, et comme les premiers termes de deux progressions ; puisque, dans le cours de la vie, elles servent si puissamment à régler des intérêts : justifions que la progression sert puissamment à la solution de questions embarrassantes.

Quel rapport y a t-il entre mon âge et le vôtre, demande un fils à son père? Il y a 6 ans, répond le père, que votre âge étoit le $\frac{1}{4}$ du mien, aujourd'hui il n'en est que le $\frac{1}{3}$; quel étoit leur âge ?

Si nous établissons le $\frac{1}{4}$ par $\frac{2}{8}$, nous dirons que l'âge du fils étoit 2 fois 6 ans , pendant que celui du père l'étoit 8 fois ; et si nous ajoutons une fois 6 ans à cha-cun d'eux , l'un aura 3 fois et l'autre 9 fois 6 ans ;

donc $\dfrac{2 + 1 = 3}{8 + 1 = 9}$, est une opération aussi simple que célère , qui satisfait à la question.

Donc 2 fois 6 ans, plus 1 fois 6 ans $= 3$ fois 6 ans. Donc 12 $+$ 6 $= 18$ ans.

Donc 8 fois 6 ans, plus 1 fois 6 ans $= 9$ fois 6 ans. Donc 48 $+$ 6 $= 54$ ans.

Le génie saura appliquer cette idée à une multitude de cas ; d'ailleurs n'eût-elle d'autre avantage que celui de développer l'esprit des fractions, elle seroit précieuse.

Des Progresions géométriques.

La différence qui existe entre les progressions arithmé-tiques et les progressions géométriques , consiste tout simplement, en ce que les premières sont régies par l'addition et la soustraction ; et en ce que les dernières sont régies par la multiplication et par la division.

Si le résultat de l'addition est une *somme* , celui de la multiplication est un *produit* ; delà résulte la distinction nécessaire , que la *somme* des extrêmes égale celle des moyens, dans les progressions arithmé-tiques ; et que c'est le *produit* des extrêmes qui égale celui des moyens, dans les progressions géométriques.

Telles sont les bases distinctives des deux espèces d'opérations qui , d'ailleurs , ont leurs signes particu-liers ; car si les signes *simples* sont arithmétiques, les signes *doubles* sont géométriques.

Le signe de la progression continue $\left\{\begin{array}{l} \div \text{ est arithmétique.} \\ \vdots \text{ est géométrique.} \end{array}\right.$

Le signe de la ~~progression~~ *Proportion* $\left\{\begin{array}{l} 2 . 4 : 6 . 8 \text{ est arithmétique.} \\ 2 : 4 :: 8 : 16 \text{ est géométrique.} \end{array}\right.$

Conséquemment, les signes parlent aux yeux, lorsque les opérations parlent à l'esprit, attendu que si, dans les progressions

arithm. ou addit. $2+2=4, +2=6, +2=8, +2=10, +2=12.$
géom. ou mult. $2\times2=4, \times2=3, \times2=16, \times2=32, \times2=64.$

D'où il résulte, que les arithmétiques *qui additionnent*, ne vont qu'à pas mesurés ; et que les géométriques *qui multiplient*, vont à pas redoublés. Et cette différence, dans leur allure, est telle que les termes de la progression arithmétique ne servent qu'à désigner la quantité de fois que la progression géométrique multiplie, et c'est là la base des logarithmes ; par exemple :

Géométrique $\vdots$ $1 : 2 : 4 : 8 : 16 : 32 : 64 : 128 : 256.$
Arithmétique $\div$ $0 . 1 . 2 . 3 . 4 . 5 . 6 \quad 7 . 8.$

La progression arithmétique est le logarithme de la progression géométrique, c'est-à-dire *sa mesure* : et cette mesure est celle du mouvement géométrique.

Le premier terme de la progression géométrique 1, qui n'a pas encore pris d'essor, et qui, fût-il multiplié par lui-même, n'augmenteroit pas de valeur, a pour logarithme 0 ; c'est-à-dire qu'il n'a pas de logarithme. Mais $1\times2 = 2$, a pour logarithme 1, qui est placé *sous le premier produit* 2 ; $2\times2 = 4$, produit de la seconde multiplication, a pour logarithme 2, et ainsi

de suite ; puisque 256, produit de la huitième multiplication, a pour logarithme 8.

C'est cette observation judicieuse et profonde qui a
donné naissance aux logarithmes. Je la fais remarquer
en passant, afin que ceux qui voudront en faire leur
étude, sachent comment ils se composent.

Ne voulant pas parler des logarithmes, dont l'étude
est inutile à l'arithméticien, je ne devrois pas l'entre-
tenir des progressions géométriques qui ne lui sont pas
plus nécessaires. Néanmoins, et attendu qu'elles servent
aux jeux des puissances dont nous parlerons bientôt,
et qu'elles sont en quelque sorte l'ame des proportions,
donnons-en quelque intelligence.

Les progressions géométriques sont régies par la
multiplication et par la division ; en conséquence, *le*
produit des extrêmes est égal à celui des moyens.

Elles sont ascendantes, quand elles s'élèvent,
comme 2 . 4 . 8 . 16 . 32, etc.

Elles sont descendantes, quand elles dégradent,
comme 2 . 1 . $\frac{1}{2}$. $\frac{1}{4}$. $\frac{1}{8}$, etc.

On remarquera que la somme de tous les termes
d'une progression géométrique ascendante, ne doublera jamais le dernier terme, et qu'il y manquera toujours une valeur pareille à celle du premier terme,
quand la raison progressive est 2, comme dans celle ci-
dessus ; car 2 + 4 + 8 + 16 = 30. Or, 30 est inférieur de 2 au dernier terme qui est 32. De sorte qu'il
n'est pas nécessaire d'en faire l'addition pour en connoître la somme.

De même quand elle est descendante et divisée par
la raison 2 , la totalité des termes ne doublera jamais
le premier : il y manquera toujours la valeur du dernier ; car celle ci-dessus a 2 pour premier terme , et
tous les autres réunis $1 + \frac{1}{2} + \frac{1}{4} + \frac{1}{8}$ ne s'élèvent qu'à
$1 \frac{7}{8}$; donc il y manque la valeur de dernier terme ,
qui est $\frac{1}{8}$, pour égaler le premier Donc on peut encore
se dispenser d'en faire l'addition pour en connoître la
somme.

On s'épargne beaucoup de fatigue quand on sait ce
que l'on fait , et que l'on sait se rendre raison des causes
par leurs effets

Allons du simple au composé : les plus petites expressions sont celles qui éclairent mieux le jugement.

$\therefore 1 : 2 : 4 = 7$. Le dernier terme 4 n'est pas doublé ; il y manque la valeur du premier terme 1.

$\therefore 3 : 6 : 12 = 21$ Le dernier terme 12 n'est pas
doublé ; il y manque la valeur du premier terme 3.

$\therefore 2 : 1 : \frac{1}{2} = 3 \frac{1}{2}$ Le premier terme 2 n'est pas
doublé ; il y manque la valeur du dernier terme $\frac{1}{2}$.

$\therefore 3 : 1 \frac{1}{2} : \frac{3}{4} = 5 \frac{1}{4}$. Le premier terme 3 n'est pas
doublé ; il y manque la valeur du dernier terme. $\frac{3}{4}$.

Ces réflexions confirment ce que j'ai dit en traitant
des fractions. La même cause produit les mêmes effets,
tant en élevant les valeurs qu'en les dégradant ; car les
principes sont les mêmes , quel que soit le calcul dont
on s'occupe : il suffit de les appliquer avec intelligence.

Par exemple , la raison 2 n'exige que le doublement
du dernier terme d'une progression géométrique ascen-

dante pour avoir la somme de tous les termes, moins la valeur du premier terme.

La raison 3 exigera que le premier terme soit triplé et tous les autres doubles, pour être égaux à la valeur du dernier.

$\div$ 3 : 9 : 27 : 81. Le dernier terme 81 n'est pas doublé ; il y manque le triplement du premier et le doublement des autres. Les trois premiers sont 3 . 9 . 27 $=$ 39. Si nous y ajoutons 6 . 9 . 27 $=$ 42, nous aurons 39 $+$ 42 $=$ le 4e t.

La raison 4 exigera que le premier terme soit quadruplé et les autres triplés.

$\div$ 4 : 16 : 64 : 256. Le dernier terme 256 n'est pas doublé ; il manque 12 . 32 . 128 $=$ 172, qui, ajoutés aux trois premiers termes 4 $+$ 16 $+$ 64 $=$ 84, donneront 84 $+$ 172 $=$ 256, valeur du quatrième terme.

Donc en suivant cette gradation,

Si la raison est 5, le premier terme sera quintuplé et les autres quadruplés.

Si la raison est 6, le premier terme sera sextuplé et les autres quintuplés, et ainsi de suite.

Appliquons les mêmes développemens aux progressions décroissantes ; et les effets, toujours d'accord avec leurs causes, nous donneront la mesure des produits que nous devons obtenir, soit qu'ils s'élèvent, soit qu'ils dégradent.

C'est en scrutant ainsi les causes des produits que nous saurons toujours pourquoi les résultats sont tels et ne sont pas autres , et que le génie n'éprouvera ni doutes ni hésitations , puisqu'il se procurera ainsi des moyens faciles de vérifier ses opérations.

Les progressions géométriques ont , par la seule raison progressive 2 , une telle rapidité , que l'imagination a peine à en suivre les progrès : un seul trait , en la justifiant , nous donnera une manière abrégée de la calculer.

On raconte que l'inventeur du jeu des échecs, fit hommage à un roi de Perse de cette ingénieuse découverte , et que ce souverain très - magnifique , lui ayant offert tout ce qu'il pourroit désirer de sa munificence , fut indigné de ce que ce calculateur se bornât à lui demander *un grain de bled* pour la première case de l'échiquier, 2 pour la seconde, 4 pour la troisième, et ainsi de suite , *en doublant toujours* , jusqu'à la 100.e case ; et qu'il ordonna de le congédier après l'avoir satisfait.

On peut se figurer l'étonnement de ce souverain , lorsque ses ministres allèrent lui dire , que la totalité de son royaume , la valeur même du monde entier , ne sauroit suffire à remplir une demande si modique en apparence.

Curieux de faire cette progression, le total me produisit 1,254,849,781,650,614,758,275,505,717,247 grains de bled.

Pesant ensuite plusieurs sortes de bled , je trouvai qu'à beauté et qualité moyennes, il y avoit 11,520 grains de bled dans une livre poids de marc ; que les 10 livres exigeroient 115,200 grains, et qu'à raison

de deux sous la livre, les 115,200 grains auroient la
valeur d'une livre tournois. Divisant ensuite la quantité
de grains de bled par les 115 200, valeur d'une livre
tournois, le quotient me donna
10,892,793,483,909,850,334,856,820 livres 9 sous,
valeur que toutes les richesses du monde entier ne réa-
liseroient pas.

La rapidité progressive n'étonne que parce qu'on
ne réfléchit pas; car si l'on faisoit seulement celle de
10 termes 1 . 2 . 4 . 8 . 16 . 32 . 64 . 128 . 256 .
512 = 1023, on s'assureroit que 10 termes donnent
plus de 1000.

Donc si 10 termes donnent l'unité du second degré,
mille; 10 autres termes donneront l'unité du troisième
degré, *millions*; 10 autres termes donneront l'unité
du quatrième degré, *milliards*, etc., etc.

Conséquemment, de 10 en 10 termes, on auroit
des unités d'ordre plus élevé; et sans calcul on pourroit
supputer, *à peu près*, la valeur de tel terme que l'on
voudroit, sans plume ni contention d'esprit : je dis à
peu près, parce que je dis 1000 au lieu de 1023; mais
si l'on vouloit obtenir un calcul exact, on prendroit la
plume.

Néanmoins, on ne seroit pas obligé de faire les 99
multiplications; car si les 10 premiers termes produisent
1023, ce produit multiplié par lui-même donneroit,
pour le 20.e terme, celui de 1,046,529; ce qui est
confirmé par l'unité du troisième ordre ou degré,
million, ainsi que je l'ai observé plus haut.

Si

Si nous multiplions ensuite 1,046,529 , produit du 2.ᵉ terme, par 63, *produit de 5 progressions* , nous aurons 65,931,327 pour le produit du 25.ᵉ terme.

Dès-lors, si nous multiplions 65,931,327 , produit du 25.ᵉ terme, par lui-même , nous aurons, dans le produit de cette multiplication, celui du 50.ᵉ terme.

Enfin , si nous multiplions encore le produit du 50.ᵉ terme par lui-même , nous aurons définitivement le produit du 100.ᵉ terme ; et c'est ainsi qu'en raison-nant son travail , on sait se le rendre facile.

On remarquera ici, que pour obtenir le produit du 25.ᵉ terme par celui du 20.ᵉ , multiplié par 63 , j'ai multiplié le produit du 20.ᵉ terme , non *par la somme des 5 premiers termes qui sont 31* , mais *par celui des 5 premières progressions* = 63. Observons bien qu'il s'agissoit de multiplier *des produits par des pro-duits* , et non des termes par des termes.

Et en effet, *le premier terme d'une progression n'est pas un produit.* Or , si je n'avois multiplié le 20.ᵉ terme que par 31 , produit du 1.ᵉʳ terme multiplié 4 fois , je n'aurois ajouté, très-imparfaitement encore , que 4 progressions au 20.ᵉ terme ; il m'a donc fallu 5 pro-gressions , et c'est le produit du 6.ᵉ terme, 63 , qui m'a donné les 5 progressions, c'est-à-dire 5 fois le pro-duit de la raison progressive.

Cette observation est précieuse, et j'exhorte mes lecteurs à l'approfondir : on n'agit bien et solidement en tout, qu'autant que l'on agit avec une parfaite con-noissance de cause ; et comme les principes sont inva-

16

riables, leur application est, et doit toujours être, l'ame de toutes les opérations.

Les progressions géométriques sont les produits du premier terme *éventuel* par la raison progressive. Conséquemment, si, entre deux termes donnés, on vouloit en intercaler d'autres, on diviseroit le dernier par le premier, et le quotient de cette division donneroit, non la raison progressive, *mais le produit de cette raison multipliée autant de fois et progressivement, qu'il y auroit de termes à intercaler*. Donc, il faudroit que ce quotient fût divisé à son tour, autant de fois qu'il y avroit de distances *moins une*, pour donner la raison progressive. Je dis autant de fois qu'il y a de distances *moins une*, parce que la division pénultième donne au quotient la raison cherchée.

Le motif de cette réticence *moins une*, émane de la même cause qui m'a fait multiplier par la somme de six termes, lorsque j'avois besoin de cinq progressions, parce que six termes ne sont que le produit de cinq progressions; conséquemment, si 6 termes sont le résultat de 5 multiplications, ils ne doivent, par la même cause, être divisés que 5 fois, pour reproduire le premier terme, attendu que l'on ne peut décomposer que les élémens qui ont servi à la composition.

Par exemple, la progression 2 : 4 : 8 : 16 composée de 4 termes, n'est que le produit de trois multiplications $2 \times 2 = 4$, $\times 2 = 8$, $\times 2 = 16$. Donc, pour le décomposer, nous ne devons faire que trois divisions, attendu que $\frac{16}{2} = 8$, que $\frac{8}{2} = 4$, et que $\frac{4}{2} = 2$;

et c'est ainsi que l'on se rend compte des causes qui nous sont inconnues par les effets qui frappent nos sens.

Supposons, d'après ces développemens, qu'entre les deux termes 2 et 16, on nous proposât d'insérer deux moyens proportionnels.

Disons, 2 termes donnés et 2 demandés, égalent 4 termes ; et entre 4 termes il y a 3 distances : voilà notre guide.

Si nous divisons 16 par 2, le quotient 8 nous donnera le produit de la raison multipliée deux fois; c'est-à-dire par la quantité des distances *moins une*, puisque le 4.ᵉ terme 16 est lui-même le produit de la troisième multiplication que les 3 distances exigeroient. Donc, par la même cause, le quotient 8 ne doit être divisé que deux fois, puisque le premier terme 2 est lui-même la raison cherchée. Or, la raison donnée par le premier terme, plus les deux données par les deux divisions, forment bien les 3 quotients demandés par les trois distances.

Donc $\frac{8}{2} = 4$, et $\frac{4}{2} = 2$. Conséquemment, les 4 termes de la progression qui nous a été demandée, seront 2 : 4 : 8 : 16 ; et 4 et 8 en sont les deux moyennes proportionnelles.

Avec un peu d'exercice sur les jeux des progressions, on se familiariseroit bien vite aux facilités pour trouver des moyennes proportionnelles ; car du moment que l'on a le premier et le dernier terme d'une progression,

16*

il est très-aisé, par le quotient de leur division, de supputer les moyennes proportionnelles à y insérer.

Par exemple, entre 2 et 32, si l'on en demandoit 3,
qui ne verroit pas en 32, un multiple de la raison 2 ?
Et qui ne diroit pas, sans hésitation, 2 : 4 : 8 : 16 : 32 ?

Si, entre 3 et 81, on demandoit deux moyennes
proportionnelles ; on verroit à coup sûr en 81, un
multiple de la raison 3. Donc 3 : 9 : 27 : 81 répon-
droient bien vîte à la question.

Jusqu'ici nous ne pouvons pas donner d'autres
moyens : le jeu des puissances que nous ne connoissons pas encore, et qui doit nous apprendre à extraire
les racines, c'est-à-dire à diviser un produit dont le
diviseur est inconnu, nous oblige à en rester là sur les
jeux des progressions. Mais l'intelligence acquise nous
suffit, pour nous donner celles des puissances : passons
aux proportions.

DES PROPORTIONS.

Les proportions ne sont que des progressions, à la
seule différence que, si les progressions n'ont point de
bornes, et peuvent étendre leurs termes à l'infini,
les proportions ne se composent jamais que de quatre
termes.

Comme il y a deux espèces de progressions, arithmétiques et géométriques, il y a également des proportions arithmétiques et des proportions géométriques,
et elles sont l'une et l'autre régies par les mêmes lois
que les progressions, qui leur sont relatives. C'est-à-
dire que

Les proportions arithmétiques, régies par l'addition et la soustraction , ont *la somme des extrêmes égale à celle des moyens.*

Les proportions géométriques , régies par la multiplication et la division , ont *le produit des extrêmes égal à celui des moyens.*

Mais la progression géométrique et la proportion arithmétique, ne sont que d'un foible intérêt pour l'arithméticien. Aussi quand on parle

De progressions tout simplement , faut-il entendre qu'elles sont *arithmétiques* ; car si l'on veut parler de progressions géométriques, il faut toujours les qualifier *de géométriques*. Par contre , quand on parle

De proportions tout simplement , il faut entendre quelles sont *géométriques* ; car si l'on veut parler de proportions arithmétiques, il faut toujours les qualifier *d'arithmétiques.*

Sur ces distinctions, traitons-en séparément.

Des proportions arithmétiques.

Comme dans tous les calculs possibles, on va constamment du connu à l'inconnu, et que ce n'est qu'à l'aide d'un objet de comparaison *connu* que l'on parvient à découvrir la proportion qui doit exister entre les deux termes de l'objet qui nous est inconnu , toutes les questions proportionnelles se présentent avec trois termes ; et c'est ce qui les a fait qualifier de *règles de trois.*

On sait que 2 sont en rapport avec 6 , c'est l'objet connu ; sur cette base, on voudroit savoir avec quel terme 8 seroit également en rapport : ce quatrième terme trouvé, la question est résolue.

Or, pour trouver ce quatrième terme avec connoissance de cause, il faut savoir auparavant si le rapport de 2 à 6 est arithmétique ou géométrique.

S'il est arithmétique ; régi par l'addition et par la soustraction, il ne sera que la différence d'un terme à l'autre : ainsi $2 + 4 = 6$, ou $6 - 2 = 4$. Dans les deux cas, 4 est la différence ; donc $8 + 4 = 12$ remplit le but proposé ; et la question résolue donne la proportion arithmétique.

2 sont à 6 comme 8 sont à 12.

Ou plus simplement 2 . 6 : 8 . 12.

Et la somme des extrêmes $2 + 12 = 14$, égale celle des moyens $6 + 8 = 14$.

Toute proportion quelconque se compose de deux rapports, ou plutôt de deux membres séparés par le mot *comme*.

Chaque membre se compose de deux termes dont l'un est l'*antécédent*, c'est-à-dire *anté* qui précède, et de son conséquent qui en est la conséquence.

Communément, en matière de calcul, l'antécédent *est la quantité des choses*, et le conséquent *en est la valeur*. Néanmoins, ce principe constant ne peut guères s'appliquer aux proportions arithmétiques, attendu que leur raison, *qui n'est pas proportionnelle*, n'est qu'une *différence* entre l'antécédent et le conséquent de chacun de ses membres. Donc cette différence ne sauroit établir des rapports entre les quantités de choses et leur valeur proportionnelle ; aussi ai-je bien observé que la proportion arithmétique ne servoit nullement à l'arithméticien.

Poursuivons néanmoins nos développemens sur les proportions arithmétiques, puisqu'elles peuvent servir à d'autres qu'à des arithméticiens ; d'ailleurs, on apprendra à connoître en quoi elles diffèrent des *proportions géométriques*, que nous ne nommerons à l'avenir que proportions.

La raison, qui n'est ici qu'une différence d'un terme à l'autre, s'ajoute si la proportion est croissante ; elle se soustrait si elle est décroissante.

2 . 4 : 6 . 8 est une proportion croissante, puisque $2 + 2 = 4 : 6 + 2 . 8$
4 . 2 : 8 . 6 est une proportion décroissante, puisque $4 - 2 . 2 : 8 - 2 . 6$

La somme des extrêmes et celle des moyens forment une *équation* ; et l'équation étant un tableau d'égalité entre les extrêmes et les moyens, devient le plus solide des régulateurs, pour la conduite et la solution de toutes les questions proportionnelles ; attendu que s'il est facile de former une équation avec une proportion, on convertit, avec la même facilité, l'équation en proportion.

1.er Membre.		2.e Membre.	
2 .	4 :	6 .	8
antécédent conséquent		antécédent conséquent	

La proportion est

qui se convertit en une équation, également composée de deux membres, dont l'un se compose des extrêmes et l'autre des moyens. Donc le premier membre se compose du premier antécédent et du second conséquent ;

et le second membre se compose du premier conséquent et du second antécédent de la proportion.

$$\text{D'où il résulte l'équation} \quad \underbrace{2 + 8}_{\text{Extrêmes}} = \underbrace{4 + 6}_{\text{Moyens}}$$
$$\underbrace{}_{10} = \underbrace{}_{10}$$

et l'indispensable nécessité que les deux membres aient un résultat semblable ; c'est un cercle tracé dans lequel il faut absolument se renfermer, et qui ne permet aucun écart : le signe de l'*égalité* sépare les deux membres.

On joue avec les équations, en faisant passer *en plus* dans un membre ce qui est *en moins* dans un autre, et réciproquement ; de sorte que

$$2 = 4 + 6 - 8$$
$$8 = 6 + 4 - 2$$

Ou bien en transposant les membres, c'est-à-dire en mettant à la gauche du signe $=$ de l'égalité, celui qui étoit à la droite, on pourra dire,

$$4 = 2 + 8 - 6$$
$$6 = 8 + 2 - 4$$

On remarquera bien que ces jeux établissent la proportion sous tous ses aspects, sans l'altérer ; attendu qu'il est fort indifférent, pour la solution des questions, que les termes qui doivent s'additionner ou se soustraire, soient placés à la droite ou à la gauche l'un de l'autre ; car $6 + 4$ ou $4 + 6 = $ toujours 10.

Et comme dans toute question proportionnelle, on cherche, à l'aide de trois termes connus, le quatrième terme qui est inconnu ; ce quatrième terme inconnu, et par conséquent indéterminé, ne pouvant se désigner par aucun chiffre, est toujours représenté par la lettre x : conséquemment, les questions s'établissent provisoirement ainsi :

$$2 \quad . \quad 4 \quad : \quad 6 \quad x$$

Alors l'équation est $2 + x = 4 + 6$

Donc, si l'on dit $4 + 6 = 10 - 2 = 8$, on aura, sans peine comme sans hésitation, le nombre 8, pour la valeur de x; puisque $2 + 8 = 10$. Donc 8 est le conséquent de l'antécédent 6, comme 4 est le conséquent de l'antécédent 2 ; et la proposition ou question $2 . 4 : 6 . x$, est convertie en la proportion $2 . 4 : 6 . 8$.

Les progressions continues ne répétant pas les termes, forment une proportion avec trois termes seulement ; $\div 2 . 4 . 6$ est une proportion, parce qu'il faut lire $2 . 4 : 4 . 6$; et le produit des extrêmes $2 + 6 = 4 + 4$.

Conséquemment, si l'on donnoit la proposition $\div 2 . x . 6$, il faudroit l'écrire $2 . x : x . 6$, et former l'équation $2 + 6 = x + x$.

Et comme $x = x$, et que x est une moyenne proportionnelle entre 2 et 6, on obtient en disant, $6 - 2 = 4$, ou bien $6 + 2 = 8$. et comme $8 = 2x$, en divisant 8 par 2, on a également 4 pour $1 x$; car $1 x$ ou x c'est la même chose : le coëfficient 1 est toujours censé précéder les lettres, quoiqu'on ne l'y place pas.

Donc, puisque $x = 4$, la proposition $\div 2 . x . 6$, se convertit en la proportion $2 . 4 : 4 . 6$.

C'en est assez pour éclairer sur les jeux de la proportion arithmétique , qui , je le répète , ne sont
nullement utiles à l'arithméticien : passons aux proportions géométriques qui lui sont indispensablement
nécessaires , puisqu'il n'est pas de calcul sans proportion.

Des Proportions géométriques.

Les proportions géométriques se qualifient simplement de *proportions* , et leur caractère distinctif est
dans le *produit* des extrêmes égal au produit des moyens.

Mais attendu qu'il existe deux espèces de questions
proportionnelles , dont les unes sont qualifiées de *directes* et les autres d'*indirectes* , nous devons nous
fixer sur leur esprit particulier , afin de pouvoir travailler avec connoissance de cause ; car nous pourrions
trouver , par nos réponses , le produit des extrêmes
égal à celui des moyens , et néanmoins les rendre aussi
fausses que ridicules.

Les questions sont dites de l'*ordre direct* , quand le
rapport du second membre d'une proportion est absolument semblable à celui du premier membre ; c'est-
à-dire , quand ils sont régis l'un et l'autre , et dans le
même sens , par la même raison progressive : dans ce
cas , *le plus produit le plus* , et *le moins produit le
moins.*

Est-il question de vente, d'achat, d'échange, de
travaux à confectionner ; il est constant que

plus on vendra de marchandises, et *plus* on obtiendra de valeurs,
moins on en vendra ,   et *moins* on aura de valeurs ;

plus on emploiera d'ouvriers , et *plus* ils feront de besogue ,
moins on en emploiera ,　　et *moins* ils feront de travail.

Cette définition ne laisse aucun doute dans l'esprit ;
et celui qui opère sait d'avance que

si 12 aunes d'étoffe { 24 aunes *plus que* 12 coûteront *plus* ,
coûtent 36 ℔ , {　6 aunes *moins que* 12 coûteront *moins*.

Les questions sont de l'*ordre indirect* , quand le rapport du second membre d'une proportion est *dans le
sens opposé à celui du premier* ; c'est-à dire , quand la
raison progressive qui multiplie dans le premier membre,
divise dans le second : dans ce cas , *le plus produit le
moins* , et *le moins produit le plus*.

Est-il question de vivres à consommer , de travaux
à faire aller plus vîte ; il tombe sous les sens que

si 4 hom. ont des vivres pour 8 jours, 8 hom. en auroient pour 4,
2 hom. en auroient pour 16 ;

si 8 hom. fout un travail en 12 j. 16 hom. le feroient en 6 jours,
4 hom. ne le feroient qu'en 24.

Cette seconde définition prévient celui qui opère ,
de la nécessité de se garantir du danger des méthodes ,
et d'agir au gré de l'esprit des questions.

Nous avons donc deux espèces à traiter ; et comme
les questions de l'ordre indirect font exception à la
règle , nous allons traiter des proportions de l'ordre
direct ; et nous montrerons ensuite la manière de résoudre uniformément celles de l'ordre indirect.

Toute proposition quelconque se compose de trois
termes , à l'aide desquels on en cherche un quatrième ;
et quand ce quatrième terme est trouvé , la proposition
est convertie en proportion.

Dans les trois termes donnés, les deux premiers, qui sont dans un rapport déterminé, composent le premier membre de la proportion, et servent de point de comparaison pour établir le même rapport entre le troisième terme donné et le quatrième à trouver : ce second rapport forme alors le second membre de la proportion.

Si les trois premiers termes donnés sont déterminés et connus, le quatrième terme, qui est indéterminé et inconnu, doit être désigné par la lettre x, jusqu'à ce que connu, il puisse être substitué à cette lettre.

8 Aunes d'étoffe ont coûté 24 francs. Telle est la connoissance que nous avons ; tel est notre premier membre ou point de comparaison. Sur cette donnée, nous voulons savoir combien 12 aunes de la même étoffe nous coûteroient.

On sent qu'ici c'est la valeur des 12 aunes que nous avons à chercher. Donc, jusqu'à ce que nous l'ayons trouvée, nous poserons notre question ainsi, 8 : 24 :: 12 : x ; ou si l'on veut, en comparant les choses avec les choses, et les valeurs avec les valeurs, on pourra dire :

8 Aunes sont à 12 aunes comme 24 fr. sont à x fr.

Si le bon sens nous dit que 8 aunes coûtant 24 fr., ressortent à 3 fr. l'aune ; il nous dira également que 12 aunes à 3 fr. coûteront 36 fr. : nous avons donc divisé la valeur par la quantité, et ensuite multiplié le prix par la quantité ; c'est-à-dire, $\frac{24}{8} = 3$ francs, et $12 \times 3 = 36$.

L'opération proportionnelle va être en tout semblable à celle-ci.

Proposition $\quad 8 \; : \; 24 \; :: \; 12 \; : \; x.$

Résolution $\quad 24 \times 12 = \dfrac{288}{8} = 36.$

Proportion $\quad 8 \; : \; 24 \; :: \; 12 \; : \; 36.$

Équation $\quad 8 \times 36 = 24 \times 12.$

L'équation n'est autre chose que le produit des extrêmes et celui des moyens : dans le premier membre sont les les extrêmes $8 \times 36 = 288$; dans le second membre sont les moyens $24 \times 12 = 288$; et la parité des résultats est le signe certain que l'opération est exacte.

Si toutes les questions étoient aussi simples, l'étude des proportions seroit inutile ; mais à mesure que nous avancerons, son importance se développera ; et nous n'avons que quelques pas à faire pour en connoître tous les avantages.

La position des termes d'une proportion n'est pas tellement fixe que l'on ne puisse leur imprimer une foule de mouvemens ; et pourvu que l'on ne confonde jamais les extrêmes avec les moyens ; c'est-à-dire que pourvu que les extrêmes soient toujours ou extrêmes ou moyens, la proportion subsistera toujours.

Par exemple, $8 : 24 :: 12 : x$ est une proposition qui peut être présentée sous huit faces différentes.

Extrêmes et moyens à leurs places, c'est-à-dire toujours extrêmes ou moyens.

$$8 : 24 :: 12 : x$$
$$x : 24 :: 12 : 8$$
$$8 : 12 :: 24 : x$$
$$x : 12 :: 24 : 8$$

Extrêmes devenus moyens, et	$24 : 8 :: x : 12$
moyens devenus extrêmes.	$12 : 8 :: x : 24$
	$24 : x :: 8 : 12$
	$12 : x :: 8 : 24$

Pour qui connoîtra bien l'esprit des questions, toutes les poses sont à sa disposition ; puisque dans ce tableau, les quatre termes occupent successivement les quatre rangs. Conséquemment, maître de placer les troisième et quatrième termes où il le jugera convenable, il ne connoîtra pas d'ordre direct ni d'ordre indirect ; et il opérera uniformément dans tous les cas. En outre, et attendu que celui qui propose une question cherche le plus souvent à embarrasser celui qui doit la résoudre, c'est à celui ci qu'il appartient d'en classer les termes dans l'ordre que la résolution lui prescrit ; car c'est toujours le produit des deux termes moyens qui est divisé par un extrême ; et le bon sens lui dit toujours quel est celui des trois termes donnés qui doit faire l'office de diviseur : d'ailleurs, l'équation est là pour rectifier les erreurs ; car il n'y a pas de proportion là où le produit des extrêmes n'est pas égal au produit des moyens.

On ne seroit néanmoins pas en état d'opérer avec discernement, si l'on ne connoissoit ni les fonctions, ni les rapports des termes que l'on auroit à faire mouvoir ; les voici :

Les proportions se composent de deux membres, et chaque membre se compose d'un antécédent (du mot *anté* qui précède,) et d'un conséquent, c'est à

dire qui en est la valeur ou les conséquences. Dès-lors ,
dans toutes les propositions on verra deux antécédents
et un conséquent ; du moins , et pour serrer le discours , faut - il toujours les voir de même : Donc le
quatrième terme à chercher sera toujours un conséquent.

Les antécédents représentent communément *la
quantité* , et les conséquents en représentent *la valeur.*

Antécédents , quantités.	Conséquents , valeurs.
Si 8 aunes d'étoffe coûtent	24 francs ,
combien 12 aunes d'étoffe ? Rép.	36 francs.

Avec ces données, les mots antécédents et conséquents seront bien distincts ; et leurs fonctions connues aideront à saisir, et l'esprit des questions et le but
des résolutions.

Dans toute résolution, un antécédent est multiplié
par un conséquent ; et leur produit , divisé par un antécédent , donne un conséquent au quotient.

Donc, des deux antécédents donnés , l'un fait l'office de multiplicateur et l'autre celui de diviseur : dès-
lors, il devient extrêmement facile de déterminer les
fonctions de ces deux antécédents, de quelque manière que les questions soient faites, et à quelqu'ordre
qu'elles appartiennent ; puisque si le quotient doit être
grand , il faut que le diviseur soit petit, *et vice versa.*

Indépendamment de ces observations , qui toutes
tendent à rendre les opérations aussi sûres que faciles ,
il existe encore une infinité de moyens de vérification ,
qui sont extrêmement précieux à connoître.

Par exemple :

Si 12 aunes en contiennent 8 , plus la moitié en sus ; donc elles doivent coûter 24 francs, plus la moitié en sus. Donc, si 8 aunes d'étoffe, plus la moitié 4 $=$ 12 , il en résulte qu'elles doivent coûter 24 francs, plus la moitié 12 $=$ 36 francs.

Si chaque membre d'une proportion doit être régi par la même raison , nécessairement ils doivent se présenter sous des fractions de même valeur.

Si la proportion est 8 : 24 : : 12 : 36 ,
on aura les fractions $\frac{8}{24}$ et $\frac{12}{36}$

Or, $\frac{8}{24} = \frac{1}{3}$ comme $\frac{12}{36} = \frac{1}{3}$. Donc la proportion est exacte.

Si tout rapport proportionnel est un composé de parties provenant d'un tout, ces fractions donneront la valeur des grandeurs respectives; car $\frac{8}{24}$ sont 8 $+$ 24 $=$ 32 , comme $\frac{12}{36}$ sont 12 $+$ 36 $=$ 48. Or, $\frac{48}{32} = 1\frac{1}{2}$. Donc le second rapport est 1 fois $\frac{1}{2}$ le premier, comme 32 $+$ 16 $=$ 48 , comme 24 $+$ 12 $=$ 36 francs.

En outre, la somme de tous les antécédents d'une progression ou d'une proportion , est à celle de tous les conséquents, comme un antécédent est à son conséquent.

Donc 8 $+$ 12 $=$ 20 est à 24 $+$ 36 $=$ 60 comme 8 est à 24 , ou comme 12 est à 36 , c'est-à-dire 3 fois ; car $\frac{60}{20} = 3$, comme $\frac{24}{8} = 3$, comme $\frac{36}{12} = 3$.

Donc on a une foule de moyens de vérification pour s'assurer de l'exactitude des proportions; et l'emploi

de

de ces moyens seroit une source de secours dans une infinité de cas, dont le génie actif sauroit faire usage.

Désormais le jeu de la proportion nous est assez connu ; et c'est en l'exerçant sur les difficultés que nous allons en développer toutes les beautés : reprenons notre proportion et cherchons-en de nouveau , et son esprit et sa résolution.

Antécédent.　　　　Conséquent.　　　　Antécédent.

Si 8 aunes d'étoffe coûtent 24 fr. , combien 12 aunes ?

Nous avons un premier antécédent qui est un extrême , et qui toujours, dans l'ordre direct , fait l'office de diviseur.

Le premier conséquent et le second antécédent sont les moyens. Ils multiplient l'un par l'autre , et leur produit , divisé par le premier antécédent , donne au quotient le second conséquent qui nous manque pour completter la proportion ; c'est-à-dire pour mettre le second antécédent en rapport avec son conséquent , comme le premier antécédent l'est avec son conséquent.

Si le produit $24 \times 12 = 288$, nous le rendons 8 fois trop considérable , parce que l'on considère les 24 francs comme le prix d'une aune. Dès-lors , en divisant ce produit par les 8 aunes , qui ont coûté 24 francs , le quotient 36 , qui est 8 fois plus petit que le produit , rétablit l'équilibre.

Proposition　　$8 : 24 :: 12 : x$

Résolution　　$24 \times 12 = \dfrac{288}{8} = 36$

Proportion　　$8 : 24 :: 12 : 36$

17.

Remarquons bien qu'ici nous ne faisons autre chose par la résolution, que ce que nous ferions plus simplement en disant, si 8 aunes ont coûté 24 francs, une aune coûteroit 3 francs ; donc 12 aunes coûteront 36 francs. Donc que l'on dise :

$$\frac{24}{8} = 3, \text{ et } 3 \times 12 = 36$$

$$\text{ou} \quad 24 \times 12 = 288, \text{ et } \frac{288}{8} = 36$$

On fait absolument la même opération, puisque dans l'une et dans l'autre opération on multiplie et l'on divise les mêmes choses ; donc il importe fort peu que l'on commence par la multiplication ou par la division, puisque ce sont les mêmes élémens, et que le résultat doit être le même.

Mais pour identifier le second rapport avec le premier ; pour donner à ce second rapport le même caractère qu'au premier, il faut que l'antécédent isolé se fonde avec les deux termes du premier membre. Donc en le multipliant par l'un et le divisant par l'autre, on lui fait subir tous les mouvemens du premier ; et le conséquent qui en résulte, se trouve nécessairement en même rapport avec son antécédent, comme le premier conséquent l'est avec son antécédent ; et la preuve en est que si 8 se trouve contenu 3 fois dans 24, de même 12 se trouve contenu 3 fois dans 36 : et ce mécanisme ingénieux est une des plus belles conceptions de l'esprit du calcul, puisqu'avec son secours, on ramène à l'égalité des rapports, les choses même qui n'en paroîtroient pas susceptibles.

Ce rapport s'établit de même, et sans embarras, au

moyen de ce mécanisme simple, sur les nombres fractionnaires.

Supposons que 23 aunes $\frac{1}{4}$ d'étoffe ont coûté 37# 15ſ,
et que l'on voulût savoir combien 51 aunes $\frac{1}{2}$ de la
même étoffe coûteroient.

Ce rapport seroit nécessairement plus difficile à
trouver. Mais les lois de la proportion qui sont cons-
tantes, invariables, nous le donneront avec la même
aisance ; de plus, elles nous permettent de faire disparoître les fractions, et nous garantissent de toutes les
erreurs qui seroient à craindre, en opérant de toute autre
manière.

La question est

$$23\tfrac{1}{4} \ : \ 37\text{\#}\ 15ſ \ :: \ 51\tfrac{1}{2} \ : \ x$$

Si $\frac{1}{4}$ d'aune est $\frac{1}{4}$; si 15ſ sont les $\frac{3}{4}$ de la livre ; si
$\frac{1}{2}$ aune fait $\frac{2}{4}$, nul doute qu'en réduisant tous ces termes
en quarts, les fractions s'incorporant avec leurs entiers, la
même question ne se reproduise sous d'autres termes,
ayant une valeur semblable, mais en nombres ronds,
et que l'opération n'en soit infiniment plus facile à
résoudre ; puisqu'alors nous n'aurons à mouvoir que
des nombres entiers.

Posons de nouveau	$23\tfrac{1}{4} : 37\text{\#}\ 15ſ :: 51\tfrac{1}{2} : x$			
Multiplions les termes par	4	4	4	4
Nous aurons	93 : 151	::	206 :	$4x$

Cette seconde proportion est la même que la première, à la seule réserve que tout y est quadruplé, et que
le quatrième terme sera également quadruplé ; et c'est

17 *

ce dont le chiffre 4 , en avant de la lettre x , nous avertit.

Tout chiffre *qui précède une lettre* , agissant dans un calcul quelconque , en est nommé le *coéfficient* ; et ce chiffre coéfficient , signifie que la valeur de la lettre doit être multipliée par lui : ici ce coéfficient 4 , annonce 4 fois la valeur de x.

Si la seconde proportion est quadruple de la première , il faut observer que tous ses termes ne se composent que de $\frac{1}{4}$ d'entiers. Donc, ainsi que les trois premiers, le quatrième terme se composera également de $\frac{1}{4}$ d'entiers. Mais si l'on veut que ce quatrième terme soit en entiers, ainsi que la première proposition le demande , il est senti qu'il faudra le diviser par 4 , puisqu'il a été multiplié par 4.

Mais si l'on réfléchit que , plus le diviseur est grand et plus le quotient est petit , on sentira la nécessité de multiplier le diviseur 93 par le coéfficient 4 des 4 x ; et alors, le diviseur devenant 4 fois plus grand , le quotient deviendra 4 fois plus petit. Donc , si 93 × 4 = 372 , le quotient ne présentant que la valeur de 1 x seule , répondra parfaitement à la demande faite par la première proposition. Donc nous dirons :

$$372 \;:\; 151 \;::\; 206 \;:\; x$$

Donc $151 \times 206 = \dfrac{31106}{372} = 83^{\text{tt}}\ 12^{\text{s}}\ 4^{\text{x}}\ \frac{12}{31}.$

Donc si 23 aunes $\frac{1}{4}$ ont coûté $37^{\text{tt}}\ 15^{\text{s}}$, 51 aunes $\frac{1}{2}$ de la même étoffe coûteront $83^{\text{tt}}\ 12^{\text{s}}\ 4^{\text{x}}\ \frac{12}{51}.$

Voilà déjà un moyen de facilité pour le travail ;

que la vue de tous les termes rend extrêmement sûr : passons à d'autres.

Si 27 aunes $\frac{1}{12}$ coûtent $76^{tt} 17^{J} 6^{d}$, combien 57 aunes $\frac{7}{16}$?

Les fractions $\frac{1}{12}$ et $\frac{7}{16}$ peuvent se convertir en $\frac{1}{48}$, puisqu'en 48 se trouvent 4 fois 12, et 3 fois 16; et les $17^{J} 6^{d}$ étant les $\frac{7}{8}$ de la livre peuvent, également se convertir en $\frac{1}{48}$. D'après ce développement, disons donc,

$$27 \tfrac{20}{48} \; : \; 76 \tfrac{42}{48} \; :: \; 57 \tfrac{21}{48} \; : \; x$$

Multipliant par   48   48   48   48

Nous aurons   1316   :   3690   ::   2757   :   48 x

Et transposant   48

La proposition sera   63168   :   3690   ::   2757   : x

Résolution $3690 \times 2757 = \dfrac{10173330}{63168} = 161^{tt} 1^{J} {}_{\|}d \tfrac{2}{2}^{1}$

Ce procédé donne beaucoup de chiffres à mouvoir sans doute; mais si l'on observe qu'ils ne se composent que d'entiers, on le trouvera de la plus facile exécution : veut-on moins de chiffres, agissons différemment.

Les antécédents étant les quantités des choses, dont les conséquents sont la valeur, on trouve dans toute proportion nécessairement, deux antécédents et deux conséquents.

Si des deux antécédents l'un fait l'office de multiplicateur et l'autre celui de diviseur, il est constant qu'ils seront toujours en rapport avec leurs conséquents. Donc, que les deux antécédents soient multipliés ou divisés l'un et l'autre par le même agent, leur rapport sera toujours maintenu. Car s'ils sont 12 et 36, ils

peuvent devenir 24 et 72 , ou 1 et 3 , et être constamment en rapport d'égalité proportionnelle ; donc
nous pouvons nous contenter de mouvoir les antécédents seuls.

On observera que , quand l'antécédent , qui fait les
fonctions de diviseur , est fractionnaire , il faut qu'il
soit réduit forcément , parce qu'il faut absolument que
le diviseur soit un nombre entier. Donc dans ce cas
les deux antécédents doivent être également réduits ,
afin de conserver l'égalité proportionnelle entr'eux.

Reprenons la même question , et résolvons-la par la
réduction des seuls antécédents : la parité des produits
justifiera que l'on opère bien de toutes les manières.

Si 27 aunes $\frac{1}{12}$ coûtent 76^{lt} 17^s 6^d , combien coûteroient
57 aunes $\frac{7}{15}$?

J'ai justifié précédemment que les fractions $\frac{7}{15}$ et $\frac{1}{12}$
se réduisoient en $\frac{24}{48}$ et en $\frac{21}{48}$; opérons en conséquence.

$$27 \tfrac{1}{12} : 76^{lt} 17^s 6^d . :: 57 \tfrac{7}{15} : x$$

Multiplions par 48 $\qquad\qquad$ 48

Nous aurons $\quad$ 1316 : 76 . 17 . 6 :: 2757 : x

Résolution $\quad$ 76^l 17^s 6^d × 2757 $= \dfrac{21'944^{lt}7^s6^d}{1316} = 16^l 1^s 0\frac{1}{2}^d$.

On remarquera ici que n'ayant pas touché au premier conséquent, le second conséquent x n'a pas bou-
gé, et que le quotient donné par la résolution étoit la
véritable valeur de x. D'où l'on doit conclure que les
antécédents sont aux antécédents et que les conséquents
sont aux conséquents.

Si deux antécédents étoient dans un rapport tel ,

que leur réduction amenât l'antécédent diviseur à n'être que 1 , qui ne divise pas , l'opération deviendroit d'autant plus simple , que le produit de la multiplication seroit la réponse à la question : donc il est intéressant d'opérer ces réductions toutes les fois qu'elles sont possibles. Elles sont d'autant plus précieuses quand les termes de la proportion se chargent d'accessoires, qui sont également réductibles.

Par exemple , si 20 hommes ont, en 15 jours , creusé 12 toises de canal , on demandoit combien 16 hommes en creuseroient en 25 jours?

Il est clair que les 15 et 25 jours sont les accessoires des 20 et des 16 hommes; attendu que , de quelque manière qu'une question soit faite ou conçue, elle doit être constamment réduite à trois termes, à l'aide desquels on cherche le quatrième.

Dans celle-ci, il est clair que ce sont les journées de travail qui ont fait, et que ce sont les journées de travail qui doivent faire. Donc 20 hommes , pendant 15 jours, ont employé 15 fois 20 journées , faisant 300 journées ; et 16 hommes, pendant 25 jours , feroient 25 fois 16 journées ou 400 journées. Conséquemment , la question se réduit à dire :

Si 300 journées ont creusé 12 toises de canal, combien en creuseroit-on en 400 journées : la réponse est 16 toises.

Mais posons la question telle qu'elle est faite ; montrons qu'elle ne se compose que de trois termes, et opérons par la réduction.

$$20 \times 15 : 12 :: 16 \times 25 : x$$

Le $\frac{1}{4}$ et le $\frac{1}{5}$ $5 \times 3 : 12 :: 4 \times 5 : x$

Encore le $\frac{1}{5}$ $1 \times 3 : 12 :: 4 \times 1 : x$

Encore le $\frac{1}{3}$ $0 \times 0 : 4 :: 4 \times 0 : x$

Solution $4 \times 4 = 16.$

La réduction des parties correspondantes, entre les deux antécédents, n'a pas besoin d'explication. Le $\frac{1}{4}$ de 20 et de 16 a donné 5 et 4 ; et le $\frac{1}{5}$ de 15 et de 25 a donné 3 et 5 : voilà ce qui a constitué l'état de la question dans la seconde pose.

Le $\frac{1}{5}$ de 5 et de 5, dans chaque antécédent, a donné 1 et 1 : voilà ce qui a produit la troisième pose.

Dans la quatrième pose, j'ai considéré les 1, multiplicateurs et diviseurs, comme des zéros ; et ils ne sont pas autre chose, puisque 1 ne multiplie ni ne divise. J'ai pris ensuite le $\frac{1}{3}$ de l'antécédent 3, auquel j'ai fait correspondre le conséquent 12, dont j'ai également pris le $\frac{1}{3}$

Cette correspondance entre un antécédent et un conséquent, peut paroître étrange. Mais si l'on observe que l'antécédent 3, diviseur, étoit destiné à diviser le produit de l'antécédent 4, multiplicateur du conséquent 12 ; on sentira qu'il étoit très-indifférent de réduire le multiplicateur ou le multiplicande, ou enfin leur produit. Car si l'antécédent 3, diviseur, devoit diviser le produit 48 de 12 × 4, il pouvoit donc diviser l'un de ses facteurs ; puisque $\frac{48}{3} = 16$, comme $4 \times 4 = 16$. Donc réduire séparément les facteurs d'une multiplication, ou leur produit, c'est faire la même chose.

En outre, et puisque les moyens multiplient ensemble, il est très-indifférent lequel des deux occupe la droite de l'autre ; car $12 \times 4 = 48$, comme $4 \times 12 = 48$. Donc, dans quelque ordre que les termes qui doivent multiplier ensemble soient placés, ils sont et ne peuvent être que les parties du tout qu'ils sont destinés à former. Donc $5 \times 6 \times 8$ dans un antécédent, sont censés en correspondance, et nombre par nombre, avec $8 \times 5 \times 6$ dans l'autre antécédent ; puisque l'un des produits 240, est en correspondance avec l'autre produit 240.

Donc, on peut prendre le $\frac{2}{3}$, le $\frac{1}{6}$ et le $\frac{1}{8}$ dans l'un et l'autre termes correspondans, sans égard au rang que les parties occupent, puisque dans les produits des accessoires de l'un et de l'autre antécédent, on peut également en prendre les mêmes portions.

Prendre le $\frac{1}{1}$ de 5 dans l'un et l'autre terme, ou bâtonner 5 dans chacun d'eux, c'est faire la même chose ; puisque 1 ou 0, dans ce cas, n'a pas plus de valeur pour multiplier ou diviser.

Règle générale ; supprimer les termes égaux de part et d'autre, c'est comme si on les avoit réduits : des nombres semblables, qui ont une action contraire, se détruisent réciproquement ; et pourvu qu'on divise également un multiplicateur et un diviseur, susceptibles de réduction, l'égalité des rapports n'en sera jamais altérée : justifions ceci.

Si 12 hommes, en 15 jours, travaillant 10 heures
par jour, ont defriché 5 arpents de terre ; combien
50 hommes, travaillant pendant 30 jours, à raison
de 12 heures par jour, en défricheroient-ils ?

Si, dans la précédente question, les journées de
travail, également longues, ont fait la besogne,
il est sans doute senti que dans celle-ci, ce sont les
heures qui ont fait et qui doivent faire. Donc la question réduite à ses trois termes sera, si 1800 heures de
travail ont défriché 5 arpents de terre, combien en
défricheroient 18000 : les heures étant 10 fois plus
considérables, feroient 10 fois plus de travail ; donc
5 × 10 = 50 arpents.

Mais posons la question telle qu'elle est faite, et
opérons avec ordre.

$$12 \times 15 \times 10 \;\; : \;\; 5 \;\; :: \;\; 50 \times 30 \times 12 \;\; : \;\; x$$

Supprimons 12 // 15 × 10 : 5 :: 50 × 30 : x

Supprim. le $\frac{1}{15}$ // // 10 : 5 :: 50 × 2 : x

Supprim. le $\frac{1}{10}$ // // // : 5 :: 5 × 2 : x

Résolution 5 × 5 × x = 50 arpents.

Ces jeux de réduction que je n'étendrai pas davantage, et qui doivent être parfaitement sentis, sont
d'autant plus avantageux à connoître, qu'avec leurs
secours, applicables dans une multitude de cas, l'homme
qui sait en faire usage, résout souvent, par un trait de
plume, les opérations qui, pour d'autres, seroient
aussi longues que fatigantes : ce que j'ai dit, article
division, sur ce qui aide à connoître les nombres qui
sont susceptibles de réduction, trouve ici sa véritable
application ; et j'y renvoie.

Désormais, les jeux des proportions nous étant suffisamment connus, nous n'avons que quelques ap-
plications à en faire ; mais auparavant traitons des
proportions de l'ordre indirect, qui, quoique faisant
exception à la règle générale, puisque c'est le premier
membre à diviser autrement, sont néanmoins soumises aux mêmes principes, et solubles par les mêmes
procédés, pour qui saura poser les questions avec intelligence.

Si, dans l'ordre direct, on dit $4\ :\ 8\ ::\ 16\ :\ x$
dans l'ordre indirect, on dira $x\ :\ 16\ ::\ 8\ :\ 4$

Voilà en quoi consiste toute la différence. C'est-à-
dire que l'un est dans l'ordre ordinaire, et l'autre dans
l'ordre renversé : aussi le qualifie-t-on bien, en disant
qu'il est inverse.

Néanmoins, on tomberoit dans des erreurs bien
graves, si, ne saisissant pas l'esprit des questions, on
résolvoit celles de l'ordre indirect par les mêmes procédés que celles de l'ordre direct, malgré que le produit des extrêmes égal à celui des moyens, affirmât
la proportion.

Supposons que 8 hommes eussent des vivres pour
24 jours, et que l'on demandât combien de temps ces
mêmes vivres dureroient à 12 hommes. Celui qui,
opérant comme dans l'ordre direct, répondroit 36
jours, commettroit une faute impardonnable ; parce
qu'il tombe sous les sens que 12 hommes consomment
par jour 1 fois $\frac{1}{2}$ autant de vivres que 8 hommes, les
24 jours donnés aux 8 hommes doivent, par la même

raison, être 1 fois $\frac{1}{2}$ le temps de la durée par 12 hommes : donc ils n'en auroient que pour 16 jours.

Je le répète, inutilement essayeroit·on d'indiquer des moyens de résolution, si l'esprit des questions n'étoit point senti : l'est·il, tout devient facile, puisqu'il suffit de renverser l'ordre de la question ; et dès· lors le troisième terme devenant diviseur, on aura

Proportion   8   :   24   : :   12   : x

Résolution   8   ×   24 $= \dfrac{192}{12} = 16$

Mais de cette manière, il en résulteroit un inconvénient singulier, puisque la proportion 8 : 24 : : 12 : 16 ne présenteroit ni le produit des extrêmes égal à celui des moyens, ni le rapport du second membre en proportion avec celui du premier : le résultat seroit exact, à la vérité, mais aucune des règles prescrites ne seroit observée. Donc ce moyen ne convient pas.

Transposerons-nous les membres de la proposition, en mettant le second à la droite du premier, nous ne remédierions à rien, puisque les mêmes disparates s'y rencontreroient.

Placerons - nous le premier membre au rang des moyens, et ferons-nous occuper les extrêmes par les termes du second membre ? Alors tout est dans l'ordre ; la question sera résolue conformément à son esprit ; le rapport entre les deux membres de la proportion sera semblable, et le produit des extrêmes sera égal à celui des moyens.

Néanmoins, pour éviter un inconvénient, nous

tomberons dans un autre, puisque ce moyen convenable ne seroit qu'une méthode ; et le véritable esprit
du calcul les repousse toutes.

Partons donc d'un principe constant, et cherchons,
dans l'esprit même des questions, la manière la plus
sensible de les résoudre.

Chaque homme consomme une ration de vivres par
jour. Donc, quand on donne à 8 hommes pour 24
jours de vivres, on leur donne 24 fois 8 rations,
c'est-à-dire 192 rations. Voilà la base claire et solide
de toutes les questions de l'ordre indirect parfaitement
établi ; et dès ce moment nous sommes les maîtres de
faire consommer les mêmes vivres par telle quantité
d'hommes que l'on voudra, puisqu'il suffit de diviser
les 192 rations par la quantité des hommes, pour
obtenir au quotient le nombre de jours de leur durée.

Cette définition nous conduit naturellement à l'équation, qui, présentant dans un de ses membres le produit des extrêmes, et dans l'autre le produit des
moyens, nous offre un moyen de résolution qui n'a
rien de méthodique. Or, l'équation établie d'après la
question même, nous dira que

$$8 \times 24 = 12 \times x$$

Donc, si l'un des membres est des moyens, l'autre
sera des extrêmes, et ce seul énoncé prescrit de multiplier les deux termes déterminés 8×24, qui se rencontrent dans l'un de ses membres, et d'en diviser le
produit 192, par le terme déterminé qui se rencontre
dans l'autre membre; et enfin de porter ce diviseur et

son quotient aux extrèmes, places que l'équation leur
assigne, par l'esprit même de sa composition, pour
les convertir en proportion. Car on observera qu'il
n'est pas plus difficile de convertir les proportions
en équations, que les équations en proportions ;
puisque les extrèmes et les moyens composent l'une
et l'autre.

Donc l'équation $\qquad 8 \times 24 = 12 \times x$

se résoudra en disant $\qquad 8 \times 24 = \dfrac{192}{12} = 16$

et la proportion sera $\qquad 12 : 8 :: 24 : 16$

Je n'entrerai pas dans de plus grands détails. Désormais, nous connoissons des proportions tout ce
que nous avons besoin d'en connoître : restons-en là ;
car, je le répète, ne travaillant que pour les Arithméticiens, je n'irai pas inutilement les fatiguer par
une multitude d'observations et de définitions qui
ne sont bonnes que pour ceux qui étudient la
Géométrie.

Quelques appliquations des questions proportionnelles, vont justifier de l'utilité de l'étude à laquelle
nous venons de nous livrer, et des avantages qui
en résultent pour la solution des questions les plus
compliquées.

DES PROPOSITIONS SIMPLES,

Qualifiées de règles de Trois simples directes.

PREMIÈRE PROPOSITION.

On sait que 29 aunes d'étoffe ont coûté $53^{\#}$ 10^{s} 6^d; on voudroit savoir combien 43 aunes de la même étoffe coûteroient.

Cette question est de l'ordre direct ; 43 aunes étant plus que 29 aunes, doivent coûter plus que les 29 aunes.

Proposition 29 : $53^{\#}$ 10^{s} 6 :: 43 : x

Equation 29 $\times$ x = $53^{\#}$ 10^{s} 6 $\times$ 43

Résolution 43×53^l $10s$ $6^d = \dfrac{2301 \cdot 11 \cdot 6}{29} = 79^l \, 7s \, 3d \frac{15}{29}$.

Proposition 29 : $53 \cdot 10 \cdot 6$ :: 43 : $79^{\#} \, 7^{\text{s}} \, 3d \frac{15}{29}$.

Voilà la question présentée sous toutes les faces qui peuvent en éclairer l'esprit et la solution. Cette manière d'en développer les ressorts, n'est ici que pour l'instruction ; car, en opérant, on n'a besoin que de la proposition et de la résolution : c'est un avis que je donne pour toujours.

$53^{\#}$ 10^{s} 6		29	2301^l 11^s 6^d
$\times$ 43			271
159			10
212.			20
21	10		211
1	1 6		8
2301	11 6		12
			102

$\left(79^l 7^s 3^d \frac{15}{29}\right.$

Restant $\frac{15}{29}$.

Maintenant, pour nous assurer si l'opération est bonne, renversons l'ordre de la question, et disons : Si 43 aunes d'étoffe ont coûté 79^{tt} 7^s 3$^{\mathcal{X}}$ $\frac{11}{29}$, combien 29 aunes ?

Cette manière de vérifier les opérations est la meilleure de toutes : elle a l'avantage de garantir contre toutes les erreurs.

Proposition   43 : 79^{tt} 7^s 3$^{\mathcal{X}}$ $\frac{11}{29}$ :: 29 : x

Equation   43 $\times$ x = 29 $\times$ 79^{tt} 7^s 3$^{\mathcal{X}}$ $\frac{11}{29}$

Résolution   29$\times$79 . 7 . 3 $\frac{11}{29}$ = $\dfrac{2301 . 11 . 6}{43}$ = 53^l 10^s 6^d

Proportion   43 : 79^{tt} 7^s 3$^{\mathcal{X}}$ $\frac{11}{29}$ :: 29 : 53^{tt} 10^s 6$^{\mathcal{X}}$.

Détaillons encore l'opération résolutive.

$$
\begin{array}{ll}
79 . 7 . 3 \frac{11}{29} & \quad 43 \quad 2301 . 11 . 6 \\
\times \quad 29 & \qquad\qquad 151 \\
\hline
711 & \qquad\qquad 22 \\
158. & \qquad\qquad 20 \\
10 \quad 3 & \qquad\qquad 451 \\
\#\quad 7 \quad 3 & \qquad\qquad 21 \\
\frac{11}{29}\quad \#\quad 1 \quad 3 & \qquad\qquad 21 \\
\hline
2301 . 11 . 6 & \qquad\qquad 12 \\
& \qquad\qquad 258 \\
& \qquad\qquad 00
\end{array}
$$

En vérifiant les opérations, il suffit d'ajouter à la seconde multiplication les deniers restant indivisibles à la première division. Ici, ce restant étoit de 15 deniers ou $\frac{11}{29}$; donc on ajoute 1^s 3$^{\mathcal{X}}$, et le produit est exact.

SECONDE

SECONDE PROPOSITION.

Un ouvrier a tissé 242 aunes $\frac{1}{4}$ de toile en 27 jours 7 heures, combien en tisseroit-il en 59 jours 9 heures ? les jours de 12 heures.

Si l'on posoit la question comme je viens de la donner, on la rendroit insoluble : les procédés de la résolution ne sont que des outils, que l'intelligence doit savoir manier avec adresse.

Toute question se compose de deux antécédents et d'un conséquent. Si l'un des antécédents est multiplicateur, l'autre est diviseur ; et le quotient donne le second conséquent demandé par la question.

Ici les antécédents sont les jours du travail , et les conséquents sont le produit de ce travail. Donc la question doit être vue ainsi :

Si 27 jours 7 heures ont tissé 242 aunes $\frac{1}{4}$, combien 59 jours 9 heures ?

Nos antécédents se composent de jours et d'heures. Il faut donc les réduire en heures, puisqu'au résumé, ce sont les heures de travail qui ont fait et qui doivent faire : d'ailleurs, l'un des antécédents qui est diviseur, et qui toujours veut être un nombre entier, commande cette conversion.

Donc nous dirons :

18

Proposition   27 jours $\frac{5}{12}$: 242 $\frac{1}{4}$ :: 59 jours $\frac{9}{12}$: x

Multipliant par 12   12

Nous aurons   331 heures : 242 $\frac{1}{4}$ :: 717 heures : x

Equation   331 $\times$ x $=$ 242 $\frac{1}{4}$ $\times$ 717

Résolution   242 $\frac{1}{4}$ $\times$ 717 $= \dfrac{173693\frac{1}{4}}{331} =$ 524 aunes $\frac{1}{4}$

Proportion   331 : 242 $\frac{1}{4}$ :: 717 : 524 $\frac{1}{4}$.

Nous savons assez bien calculer pour que je me dispense à l'avenir de donner le détail des opérations : il suffira que je les indique ; mais le lecteur fera bien de les résoudre. On ne sauroit trop s'habituer à mouvoir des chiffres.

III.e PROPOSITION.

Si 74 toises 4 pieds 6 pouces de maçonnerie ont coûté 528^{tt} 12^{s} 6^{d}, combien coûteroient 58 toises 3 pieds 9 pouces ?

Dans cette question, 58 toises étant moins que 74, coûteront moins de 528^{tt}. Cette observation préliminaire établit l'espèce de la question, et prévoit le résultat : je la recommande avant d'agir ; c'est le vrai moyen d'écarter les doutes.

Ici nos antécédens sont composés de toises, pieds et pouces. En les réduisant en pouces, nous conserverons l'égalité des rapports, et nos nombres entiers nous présenteront des facilités pour l'exécution : la toise étant composée de 72 pouces, réduisons les antécédens en 72es. On observera que les deux antécédens doivent suivre les mêmes lois. Par exemple, si l'un étoit 74 toises 4 pieds 6 pouces, et que l'autre ne fût que 58 toises, il n'en faudroit pas moins multiplier le second par 72 , ainsi que le premier, pour maintenir l'égalité des rapports entr'eux.

$$74^{\mathrm{T}}\ 4^{\mathrm{p}}\ 6\mathrm{p} : 528^{\mathrm{tt}}\ 12\sqrt{}\ 6 :: 58^{\mathrm{T}}3^{\mathrm{p}}9\mathrm{p} : x$$

×	72		72
	148		116
	518.		406.
	54		45

Nous aurons 5382 pouces : 528 . 12 . 6 :: 4221 pouc. : x

Rappelons-nous toujours ce que j'ai dit en traitant de la division, sur les moyens de réduire les nombres, et sachons les employer à propos. Ici les deux anté-cédents sont 5382 et 4221, dont les chiffres addition-nés donnent $5 + 3 + 8 + 2 = 18$, et $4 + 2 + 2 + 1 = 9$. Ils sont donc l'un et l'autre divisibles par 9. Donc l'un sera 598, et l'autre 469. Disons donc

Proposition $598 : 528^{\mathrm{tt}}\ 12\sqrt{}\ 6 :: 469 : x$

Equation $598 \times x = 528^{\mathrm{tt}}\ 12\sqrt{}\ 6 \times 469$

Résolution $528^{\mathrm{l}}\ 12^{\mathrm{s}}\ 6^{\mathrm{d}} \times 469 = \dfrac{247925^{\mathrm{l}}2^{\mathrm{s}}6}{598} = 414^{\mathrm{l}}\ 11^{\mathrm{s}}\ 9^{\mathrm{d}}$

Proportion $598 : 528^{\mathrm{tt}}\ 12\sqrt{}\ 6 :: 469 : 414^{\mathrm{tt}}\ 11\sqrt{}\ 9$

Remarquons bien que, quand les deux antécédents, dont l'un multiplie et l'autre divise, sont eux-mêmes multipliés ou divisés par le même agent, leur rapport primitif n'en est nullement altéré. Car 74 toises 4 pieds 6 pouces sont à 58 toises 3 pieds 9 pouces, comme 5382 pouces sont à 4221 pouces, comme 598 sont à 469. C'est constamment le même rapport proportion-nel. Or, puisqu'ils donnent tous le même résultat, il

est plus agréable d'opérer avec les simples qu'avec les
composés.

DES PROPOSITIONS COMPLIQUÉES,
Qualifiées de règles de Trois directes composées.

Les propositions, quoique compliquées en apparence, ne le sont pas dans le fait ; attendu qu'elles ne
peuvent jamais se composer que de trois termes ; comme
la proportion ne peut se composer que de quatre. Avec
ces principes constans, invariables, les complications
s'évanouiront, ainsi que les prétendues difficultés dont
on voudroit les hérisser.

PREMIÈRE PROPOSITION.

Si 12 hommes travaillant 8 heures par jour ont, dans
15 jours, construit 120 toises d'un mur quelconque,
combien 24 hommes, travaillant 16 heures par jour,
construiroient-ils de toises d'un même mur, en
30 jours ?

Dans cette question, ce sont les heures qui ont fait,
et ce sont les heures qui doivent faire le travail : posons
la question telle qu'elle est faite.

12 hom. à 15 j. de 8 h. : 120 toises :: 24 hom. à 30 j. de 16 h. : x

On ne voit là que trois termes, puisque les hommes,
les jours et les heures de chaque antécédent doivent se
fondre pour n'en former qu'un seul. Donc

pendant	12 hommes, 15 jours,	pendant	24 hommes , 30 jours,
faisant	180 journées ,	faisant	720 journées ,
travaillant	8 heures,	travaillant	16 heures ,
ont employé	1440 heures.	emploieroient	11520 heures.

D'après ce développement , aussi simple que natu-rel , la question se réduit à dire :

Proposition $\quad 1440 \quad : \quad 120 \quad :: \quad 11520 \quad : \quad x$

L'équation $\quad 1440 \times x = 120 \times 11520$

La résolution $\quad 120 \times 11520 = \dfrac{1382400}{1440} = 960$ toises.

La proportion est $1440 \quad : \quad 120 \quad :: \quad 11520 \quad : \quad 960.$

Il n'est donc point de question compliquée dans le fait ; et les conditions énoncées dans celle-ci sont dans la nature de toutes les conventions , même les plus or-dinaires ; car que 12 hommes aient travaillé pendant 15 jours , faisant 180 journées , ou que 180 hommes aient travaillé pendant un jour , c'est la même chose. Il en est de même des heures, puisque 1440 hommes feroient , dans une heure , la même besogne que 180 hommes feroient dans 8 heures : tout est relatif.

Ici , néanmoins , il se présente une observation que je ne négligerai pas.

Si $\quad$ 12 hommes pendant 15 jours de 8 heures font, combien 24 hommes pendant 30 jours de 16 heures feront-ils?

Ici tout est doublé : les hommes , les jours , les heures. Les derniers ne feront-ils que le double de la besogne des premiers ?

Remarquons bien que nous avons trois doublemens ;

ce qui fait $1 + 1 = 2$, $2 + 2 = 4$, $4 + 4 = 8$. Donc les 24 hommes feroient, dans ce cas, 8 fois la besogne des 12 hommes ; donc 120 toises $\times$ 8 $=$ 960 toises : en raisonnant ainsi, on se rend facilement compte de tout.

Reprenons maintenant la question, et résolvons-la par la réduction proportionnelle des termes dont elle se compoe.

$$12\,\text{h à } 15\,\text{j de } 8^\text{h} : 120 :: 24\,\text{h à } 30\,\text{j de } 16^\text{h} : x$$

$$\text{Le } \tfrac{1}{12} \quad 1 \times 15 \times 8 \quad : 120 :: \quad 2 \times 30 \times 16 \quad : x$$

$$\text{Le } \tfrac{1}{15} \quad \prime\prime \quad 1 \times 8 \quad : 120 :: \quad 2 \times 2 \times 16 \quad : x$$

$$\text{Le } \tfrac{1}{8} \quad \prime\prime \quad \prime\prime \quad 1 \quad : 120 :: \quad 2 \times 2 \times 2 \quad : x$$

La résolution se réduit à dire $120 \times 2 \times 2 \times 2 = 960$ toises.

Ainsi, cette opération compliquée s'est réduite sans calcul : que les mots ne nous étonnent donc pas. Il n'est rien de difficile pour l'intelligence.

II.e PROPOSITION,
Plus compliquée.

Si 12 hommes, travaillant 8 heures par jour, ont, en 20 jours, creusé 50 toises d'un canal de 3 pieds de profondeur sur 4 pieds de largeur ; combien 16 hommes, travaillant 10 heures par jour, creuseront-ils, en 30 jours, de toises d'un canal, qui auroit 4 pieds de profondeur sur 5 pieds de largeur ?

Cette question ne diffère de la précédente, que parce que le canal à creuser, exigera plus de temps que celui fait qu'on a demandé : ce sont donc les diverses dimensions du canal qu'il faut balancer.

Ici, si *le plus d'hommes* donne *le plus* de travail semblable, néanmoins *le plus d'hommes* peut donner *le moins* de longueur des canaux différens : cette opération est donc de l'ordre de celles que l'on qualifioit *de mixtes* ; attendu que si les hommes, les jours, les heures sont de l'ordre direct, les canaux sont de l'ordre indirect : nous allons faire raison de tout ce fatras, en éclairant le jugement qu'il tendoit à obscurcir.

Le premier canal de 3 pieds sur 4 pieds, a 12 pieds
$$\text{carrés de creux.} \quad 3 \times 4 = 12$$
Le second canal de 4 pieds sur 5 pieds, a 20 pieds
$$\text{carrés de creux.} \quad 4 \times 5 = 20$$

Il est sensible que les premiers ouvriers creuseroient 20 toises du premier canal, tandis que dans le même temps, ils n'en creuseroient que 12 du second ; et que le rapport des deux canaux est comme 12 est à 20, ou comme 3 est à 5. Donc, pour balancer les choses, il faut multiplier les heures des premiers par 5, et celles des seconds par 3 ; opération qui établit l'égalité des rapports, comme on l'établit entre deux fractions en les ramenant à la même dénomination. Posons la question.

$$12 \text{ hom. } 20 \text{j } 8^h : 50 \text{ toises} :: 16 \text{ hom. } 30 \text{j } 10^h : x$$

Réduisons $3 \quad \times \quad 2 \times 4 \quad : 50 \quad :: \quad 4 \quad \times \quad 3 \times 5 \quad : x$

Encore $\quad 0 \quad \quad 0 \ 0 \ : 25 \quad :: \quad 0 \quad \quad 0 \quad 5 \ : x$

Résolution simple (les canaux égaux) $25 \times 5 = 125$ toises.

Maintenant disons, par une proportion simple, et en raison de la diversité des canaux,

$$5 \; : \; 3 \; :: \; 125 \; : \; x$$

Et nous aurons $\quad 3 \times 125 = \dfrac{375}{5} = 75$ toises du second canal.

Proportion $\qquad 5 \; : \; 3 \; :: \; 125 \; : \; 75.$

- Et en effet,

12 hommes × 20 jours × 8 heures = 1920 heures.

16 hommes × 30 jours × 10 heures = 4800 heures.

Voilà l'état de la question, en supposant que les canaux eussent la même dimension ; donc la proposition est

$$1920 \; : \; 50 \; :: \; 4800 \; : \; x$$

Résolution $\quad 50 \times 4800 = \dfrac{240000}{1920} = 125$ toises du 1.er canal.

Donc $\qquad 5 \; : \; 3 \; :: \; 125 \; : \quad 75$ toises du 2.e canal.

Il est donc extrêmement facile de résoudre ces questions, sans s'informer si elles seront de l'ordre direct ou de l'ordre mixte.

Considérons les rapports comme des fractions ; 3 sont à 5, seront $\frac{3}{5}$, c'est-à-dire que les 125 toises du premier canal, doivent être réduites aux $\frac{3}{5}$, pour représenter la quantité de toises du second. Or, les $\frac{3}{5}$ de 125 sont 75 toises.

La proportion 5 : 3 :: 125 : 75 est une opération semblable. Car, prendre le $\frac{1}{5}$ d'une chose, c'est la diviser par 5. Mais si l'on veut en avoir les $\frac{3}{5}$, il faut la multiplier par 3, et la diviser par 5.

Il est de fait que, si trois ouvriers suffisent pour creuser une toise du canal qui a 12 pieds de creux, il en faut cinq pour creuser, dans le même temps, une toise du canal qui auroit 20 pieds de creux ; puisque

$\frac{12}{3} = 4$ comme $\frac{20}{5} = 4$; c'est-à-dire que chaque homme, dans le même temps, creuseroit 4 pieds dans l'un et dans l'autre canal.

Il résulte de ce rapprochement, que l'on peut mettre les heures sous la forme des fractions, dont les termes du rapport seroient les dénominateurs. Conséquemment, nous verrons $\frac{1920}{3}$ et $\frac{4800}{5}$.

Dans cet état, si nous divisons les numérateurs par les dénominateurs, nous aurons la proportion

$\frac{1920}{3} = 640 : 50$ toises :: $\frac{4800}{5} = 960 : 75$ toises.

Si, considérant les heures et leur rapport, comme des fractions à ramener à la même dénomination, nous dirons :

$$\text{A} \times \quad 1920 | 3 \quad \text{et} \quad 4800 | 5$$
$$5 \qquad\qquad 3$$

Nous aurons   9600 | 15   et   14400 | 15

et désormais les considérant dans ce nouvel état comme des entiers, puisque le dénominateur est égal, nous dirons,

9600 : 50 :: 14400 : 75 toises.

Donc, soit que nous divisions les heures par les termes du rapport qui leur est propre, soit que ce même terme échangé les multiplie réciproquement, nous opérons également bien.

Le jeu des fractions est donc bien précieux à connoître, puisqu'il développe ses propriétés avec une énergie, une simplicité que les plus longs raisonnemens ne sauroient rendre : montrons donc, dans une autre question, toutes les ressources qu'elles offrent au génie.

IIIe. PROPOSITION,
Plus compliquée encore.

Si 40 ouvriers, travaillant pendant 12 jours, à raison de 8 heures par jour, ont creusé 35 toises d'un canal de 3 pieds de profondeur sur 4 pieds de largeur ; combien 50 hommes, travaillant pendant 15 jours, à raison de 10 heures par jour, creuseroient-ils de toises d'un canal, qui auroit 4 pieds de profondeur sur 5 pieds de largeur ?

Mais avec l'observation, que les premiers hommes, plus robustes et plus zélés que les seconds, doivent être considérés dans le rapport de 5 à 7 ; c'est-à-dire que 5 hommes des premiers feroient le même ouvrage que 7 hommes des seconds.

Et en outre que le terrain que les premiers hommes ont exploité, étoit plus mou que celui où les seconds seront placés, dans le rapport de 7 à 9 ; c'est-à-dire que dans le premier terrain, on feroit en 7 heures ce que l'on ne pourroit faire qu'en 9 heures dans le second terrain.

Il se présente, dans cette question, quatre conditions tendantes à produire des effets différens.

1°. Les hommes, les jours, les heures sont en rapport direct.

2°. Les canaux qui sont de 3 à 5 ⎫
3°. Les forces qui sont de 5 à 7 ⎬ sont dans l'ordre indirect.
4°. La dureté qui est de 7 à 9 ⎭

Il faut donc quatre proportions pour remplir toutes ces conditions. Marchons donc pas à pas, et analysons le travail à mesure que nous avancerons.

40 Hom. × 12 jours = 480 jours × 8 heures = 3840 heures.

50 Hom. × 15 jours = 750 jours × 10 heures = 7500 heures.

Ce premier point nous donne la proportion

$$3840 \quad : 35 \text{ toises} \quad :: \quad 7500 \quad : \quad 68 \text{ toises } \tfrac{23}{64}.$$

Nous avons donc 68 toises $\frac{23}{64}$ d'un canal semblable à réduire, d'après le rapport de 3 à 5 existant entre les deux canaux, c'est-à-dire aux $\frac{3}{5}$; ce qui nous donne la seconde condition de

$$5 \quad : \quad 3 \quad :: \quad 68 \tfrac{23}{64} \quad : \quad 41 \text{ toises } \tfrac{1}{64}.$$

Cette seconde proportion nous dit que, pendant que les seconds ouvriers creuseroient 68 toises $\frac{23}{64}$ du premier canal, ils n'en creuseroient que 41 $\frac{1}{64}$ du second.

Le rapport des forces des premiers hommes est à celles des seconds, comme 5 sont à 7, c'est-à-dire que 5 des premiers faisoient, par leur force ou leur adresse, autant de besogne que 7 des seconds. Disons donc encore pour balancer ces forces, en les réduisant aux $\frac{5}{7}$,

$$7 \quad : \quad 5 \quad :: \quad 41 \tfrac{1}{64} \quad : \quad 29 \text{ toises } \tfrac{151}{448}.$$

Enfin, le terrain étant plus mou pour les premiers que pour les seconds, et le rapport étant comme 7 est à 9, il en résulte que les seconds ont dû faire moins de travail que les premiers. Réduisant aux $\frac{7}{9}$,

$$9 \quad : \quad 7 \quad :: \quad 29 \text{ toises } \tfrac{151}{448} \quad : \quad 22 \text{ toises } \tfrac{151}{192}.$$

Il en résulte définitivement que, quand les premiers hommes feront 35 toises de leur canal, les seconds ne feront que 22 toises $\frac{151}{192}$ du leur.

Voilà donc la question résolue, d'encore en encore : essayons maintenant de la réduire avec plus de vivacité.

Si nous multiplions les rapports l'un par l'autre,

nous en formerons un seul ; et ce rapport unique nous donnera le dénominateur, dont les heures seront les numérateurs : alors les fractions nous dirigeront.

Les heures sont ⁣ 3840 ⁣ et 7500

Les rapports 3 à 5 ⁣ 3 ⁣ 5

5 à 7 ⁣ 5 ⁣ 7

———— ————

15 ⁣ 35

7 à 9 ⁣ 7 ⁣ 9

———— ————

105 ⁣ 315

D'où résultent les fractions $\dfrac{3840}{105}$ et $\dfrac{7500}{315}$

D'où la proportion $\dfrac{3840}{105} = 36\frac{4}{7}$: 35 toises : : $\dfrac{7500}{315} = 23\frac{17}{21}$: x

D'où en réduisant les antécédents

en 21.es ⁣ 768 : 35 toises : : 500 : 22 toises $\frac{111}{192}$.

Ce qui nous donne un résultat semblable.

Si nous ramenons nos deux fractions $\dfrac{3840}{105}$ et $\dfrac{7500}{315}$ à

la même dénomination, nous aurons $\dfrac{1209600}{33075}$ et $\dfrac{787500}{33075}$.

Dès-lors, n'en voyant que les numérateurs comme nombres entiers, nous aurons la proportion

1209600 : 35 : : 787500 : 22 toises $\frac{111}{192}$.

Ce qui nous donne encore le même résultat.

Si cependant nous avions examiné le rapport commun qui a donné 105 est à 315, nous eussions vu qu'il étoit comme 1 est à 3. Dès-lors, prenant le $\frac{1}{3}$ de 7500 heures, nous eussions également dit et plus simplement,

3840 heures : 35 toises : : 2500 heures : 22 toises $\frac{111}{192}$.

Enfin , si observant que le premier terme de chaque rapport est un diviseur , et que le second est un multiplicateur , nous eussions supprimé les termes semblables de chaque côté , puisqu'il est inutile de multiplier pour diviser par les mêmes agens , nous aurions résolu la question sans travail ; car $\frac{3}{5}$, $\frac{5}{7}$, $\frac{7}{9}$ se réduisent à $\frac{3}{9}$ ou à $\frac{1}{3}$; conséquemment , nous n'aurions eu , pour satisfaire aux conditions voulues par les trois rapports , qu'à prendre le tiers des 68 toises $\frac{23}{64}$ provenant de la proportion des heures , puisque $\dfrac{68 \frac{23}{64}}{3} = 22$ toises $\frac{151}{192}$.

Tels sont les avantages que les fractions nous offrent quand nous avons des rapports à balancer ; c'est-à-dire , dont il faut diriger l'action. Que ces rapports soient tantôt en faveur , tantôt en défaveur , peu importe ; les produits des termes les réduisant à un seul rapport , leur action particulière se trouve ainsi fondue dans une action unique ; et si les termes de ce rapport unique sont susceptibles de réduction , il faut les réduire ; car 105 sont à 315 comme 1 est à 3 : c'est même rapport ; mais il est plus facile d'opérer par 1 est à 3 , que par 105 est à 315.

Je n'ai passé par la filière de tous les mouvemens de la dernière opération , que pour en éclairer parfaitement l'esprit et la résolution ; et en même temps , pour faire ressortir de ce travail , toutes les beautés du procédé fractionnaire.

Distinguons bien les fonctions des deux termes d'un rapport dont l'action doit être exercée sur un autre. Dans ce cas, les deux termes de l'un sont les numérateurs des deux termes de l'autre, qui dès-lors en deviennent les dénominateurs : dans cet état, on voit en eux deux fractions en rapport, ayant entr'elles la même action que les rapports avoient à exercer ensemble ou séparément.

Du moment que ces rapports sont fractionnaires, leur mouvement est soumis à celui qui dirige les fractions, quand on veut en mettre deux différentes en rapport d'égalité ; c'est-à-dire que l'on a le choix de diviser les numérateuss de chacune d'elles par leur propre dénominateur, ou de multiplier les deux termes de l'une par le dénominateur de l'autre, et réciproquement.

Ces deux opérations donnent un résultat semblable ; c'est-à-dire que les fractions disparoissent et donnent deux nombres entiers en rapport, et ce rapport unique, devient alors le premier membre d'une proportion.

La division des numérateurs par leurs dénominateurs, ayant le plus souvent l'inconvénient de donner des quotients fractionnaires, et d'obliger ensuite à multiplier ; il est plus simple et plus expéditif de multiplier tout de suite les deux termes de l'une par le dénominateur de l'autre.

DES PROPOSITIONS SIMPLES,
Qualifiées de règles de Trois indirectes.

Il n'y a d'inverse ou indirect en matière de calcul, que les méthodes qui établissent ces malheureuses dis-

tinctions : que le jugement soit éclairé. Si l'esprit des
questions est saisi , si l'on sait ce que l'on cherche ,
ce que l'on doit trouver , on n'aura besoin ni de méthodes ni de préceptes. Analysons nos travaux ; établissons nos équations , et les questions seront résolues :
il suffit de savoir distinguer si le plus donnera le plus
ou le moins , pour savoir poser sa question avec intelligence ; et assurément il ne faut pas être doué d'une
grande dose de sagacité pour en décider.

PREMIÈRE PROPOSITION.

20 Hommes en 50 jours ont fait la moitié d'un ouvrage
quelconque ; on voudroit savoir combien il faudroit
d'hommes pour confectionner l'autre moitié en 10
jours ?

Le bon sens indique que 20 hommes , travaillant
pendant 50 jours , ont employé 1000 journées. $20 \times 50 = 1000$. Il est donc sensible que pour faire 1000
journées de travail en 10 jours , il faut y employer 100
hommes , puisque $10 \times 100 = 1000$.

Faisant toujours nos équations , elles nous diront que

$$10 \times x = 20 \times 50$$

Donc $20 \times 50 = \dfrac{1000}{10} = 100 \text{ hommes.}$

L'équilibre , dans ces sortes de questions , doit toujours être maintenu. 20 Hommes en 50 jours ont fait
une besogne ; voilà la balance. Si l'on réduit les jours ,
il faut augmenter les hommes. Si l'on réduit les hommes , il faut augmenter les jours. Conséquemment , le

même agent qui divise l'un des termes doit multiplier l'autre, attendu que le produit 1000 doit toujours se retrouver. Or, si $\frac{60}{5}$ = 10 jours, 20 × 5 = 100 hommes. Rien n'est ni plus simple ni plus conforme aux principes d'une saine raison.

II.ᵉ PROPOSITION.

Si 42 hommes ont fait en 36 jours une certaine quantité d'ouvrage, combien faudroit-il de jours à 18 hommes pour en faire une pareille quantité ?

Cette question ne diffère de la précédente, que parce qu'ici c'est le nombre de jours qui doit augmenter en raison de la diminution du nombre d'hommes, et l'équation sera

$$18 \times x = 42 \times 36$$

Donc $\quad 42 \times 36 = \dfrac{1512}{18} = 84$ jours.

Donc en 84 jours, 18 hommes emploieront les 1512 journées que 42 hommes avoient employées en 36 jours. Donc $\dfrac{36}{2} = 18$ jours, comme 42 × 2 = 84 hommes.

Plaçons toujours l'inconnue dans le premier membre de l'équation, et notre solution, dans les questions où le plus donne le moins, et où le moins donne le plus, sera résolue. La proportion en découle par le produit des extrêmes égal à celui des moyens. D'où

$$18 : 42 :: 36 : 84.$$

III.ᵉ

III. PROPOSITION.

Un navire est à la mer. Contrarié dans sa route, il est menacé de manquer de vivres. Un capitaine prudent doit, en pareil cas, diminuer la ration de son équipage et s'y soumettre lui-même.

Il ne lui reste plus, *à ration entière*, que pour 12 jours de vivres; et cependant il suppute, qu'il lui faut 20 jours de marche contrariée, avant qu'il puisse aborder la terre. On demande à quelle fraction il doit réduire la ration ?

L'esprit de la question étant que des vivres pour 12 jours doivent durer 20 jours, a lui-même résolu ce qu'elle demande, $\frac{12}{20}$ c'est-à-dire aux $\frac{3}{5}$; car l'équation devient inutile, puisque le nombre d'hommes composant l'équipage peut être inconnu.

Diviser 12 par 20, la réponse sera $\frac{12}{20}$ ou $\frac{12:4}{20:4} = \frac{3}{5}$. Or, puisqu'une fraction est en même temps division à faire et quotient d'une division faite, il doit être senti qu'une foule de questions sont résolues par leur seul énoncé, quand, comme dans celle-ci, le diviseur est plus grand que le dividende.

IV.e PROPOSITION.

Une armée, battant en retraite, jette 100 hommes dans un fort qu'il lui importe de conserver. Elle assure le commandant qu'elle viendra le dégager dans 40 jours, et elle l'exhorte à tenir bon jusques-là.

Néanmoins, ce fort qui avoit une garnison de 50 hommes, et qui n'avoit de vivres pour cette garnison que pour 60 jours, à ration entière, ne peut suffire à tant d'hommes pour le temps prescrit, sans réduire cette ration : on demande à quelle fraction il doit réduire la ration.

Pour résoudre cette question, il faut établir le nombre de rations que l'on a, et le comparer avec le nombre qu'il en faudroit.

50 hommes pendant 60 jours $=$ $50 \times 60 =$ 3000 rations.

150 hommes pendant 40 jours $=$ $150 \times 40 =$ 6000 rations.

Donc $\frac{3000}{6000} = \frac{3}{6} = \frac{1}{2}$. Donc la ration doit être réduite à moitié.

V.e PROPOSITION.

35 Ouvriers travaillant 9 heures par jour, ont, en 15 jours, fait une certaine quantité d'ouvrage. On demande combien il faudroit d'ouvriers, travaillant 10 heures par jour et pendant 25 jours, pour confectionner un ouvrage pareil ?

La solution de cette question est énoncée par son esprit ; ce sont les heures de travail qui ont fait ; ce sont les heures à travailler qui doivent faire.

L'équation sera $\quad 25 \times 10 \times x = 15 \times 9 \times 35$

ou $\qquad 250 \times x = 135 \times 35$

D'où la solution $\quad 135 \times 35 = \dfrac{4725}{250} = 18$ ouvriers $\frac{9}{10}$.

D'où la proportion $250 : 135 :: 35 : 18\frac{9}{10}$.

La solution de ces questions est tellement aisée, qu'il seroit fastidieux d'en proposer d'autres.

DES PROPOSITIONS,
Qualifiées règles d'Alliage.

Les prétendues règles d'alliage ne sont que de simples proportions, puisqu'il ne s'agit que de combiner des mélanges, tellement gradués, que le prix commun, déterminé d'avance, n'en soit ni lésé, ni dépassé. Ce n'est au résumé qu'une balance entre les bénifices et les pertes résultans du mélange des matières, en quantité nécessaire de chacune de celles qui doivent y entrer : un bordereau des pertes et des bénéfices, doit en être le seul, le vrai régulateur.

Par exemple, un fabricant de draps a des laines de diverses qualités et de divers prix. Il voudroit, par un mélange proportionnel, n'en composer qu'une seule qualité, lui ressortant à 25 sous la livre ; il diroit : à 25ˢ la livre.

BORDEREAU.				Pertes.	Bénéfices.
1 Livre de laine ,	à 22ˢ ,	donneroit		//	3
1 Livre *idem*	à 23	*idem*		//	2
1 Livre *idem*	à 25	*idem*		//	//
1 Livre *idem*	à 26	*idem*		1	//
1 Livre *idem*	à 30	*idem*		4	//
				5	5

De pareilles opérations n'auroient jamais dû être la matière d'un calcul, attendu que l'intérêt personnel est le meilleur des conseillers, quand il s'agit de mélanges licites ou frauduleux.

Néanmoins, il est des alliages, et notamment ceux

19 *

faits par les orfèvres, qui peuvent exercer la sagacité ;
attendu que le titre légal des matières exige un ensemble
de combinaisons aussi sages que réfléchies.

Les matières d'or et d'argent se réglant par leur
titre, et l'orfèvre en étant responsable, puisqu'il appose
son poinçon, il faut qu'il soit vrai.

L'argent fin, c'est-à-dire sans aucun mélange de
cuivre ni d'autres métaux, est au titre *de 22 deniers*.
A ce titre, on entend de l'argent pur ou fin. Donc,
quand on dit que l'argent est au titre *de 20 deniers*,
il faut entendre que la matière est composée de 10 parties d'argent et de 2 parties de mélange : donc $\frac{5}{6}$ d'argent et $\frac{1}{6}$ d'alliage.

L'or pur est au titre *de 24 karats*. Donc l'or au
titre de 20 karats se compose des $\frac{5}{6}$ d'or et de $\frac{1}{6}$ d'alliage.

Première Proposition.

Un orfèvre a besoin d'argent au titre de 11 deniers ; et
comme il n'en a qu'aux titres de 9, 10 et 11 den. $\frac{1}{2}$,
on demande dans quelle proportion il doit faire son
mélange ?

Un bordereau des pertes et des bénéfices sur le titre
des quantités qu'il amalgammera le lui dira solidement,
et il se déterminera en raison des facilités que les lingots
qu'il possède le lui permettront.

A 11 deniers.			A 11 deniers.		
	Pertes.	Bénéfices.		Pertes.	Bénéfices.
1 Partie à 9ℛ	//	2	½ Partie à 9ℛ	//	1
1 Partie à 10ℛ	//	1	1 ½ Partie à 10ℛ	//	1 ½
6 Parties à 11 $d\frac{1}{2}$	3	//	5 // Part. à 11 $d\frac{1}{2}$	2 ½	//
	3	3		2 ½	2 ½

Il peut donc, en balançant ses pertes et ses bénéfices, combiner ses mélanges de diverses manières; et il doit être d'autant plus exact, qu'il est soumis aux plus sévères vérifications.

II.ᵉ PROPOSITION.

Un orfèvre a 4 lingots d'argent de différens poids et de différens titres.

L'un pèse 8 marcs 4 onces 0 gros, ou 68 onces, au titre de 9ℛ $\frac{1}{2}$.

Le 2.ᵉ	7	6	4	ou 62 ½	idem	de 10ℛ.
Le 3.ᵉ	5	7	4	ou 47 ½	idem	de 10ℛ ½.
Le 4.ᵉ	6	3	//	ou 51	idem	de 11ℛ ½.

Il voudroit les fondre ensemble en totalité, et savoir à quel titre le mélange lui ressortiroit ?

Cette question, quoique plus compliquée, n'exige pas de grands calculs Le titre étant l'indice sûr de la quantité d'argent pur qui est contenu dans chaque lingot, on pourroit réduire chacun d'eux à la quantité réelle d'argent pur. Car

68 onces au titre de 9 den. $\frac{1}{2}$ ne contiennent que

$$\frac{19}{24} \text{ d'argent, ou } 53 \text{ onces } \frac{20}{24}$$

62 on. $\frac{1}{2}$ au titre de 10 den. ne contiennent que

$$\frac{10}{24} \text{ d'argent, ou } 52 \text{ onces } \frac{2}{24}$$

47 on. $\frac{1}{4}$ au titre de 10 den. $\frac{1}{2}$ ne contiennent que

$$\frac{21}{24} \text{ d'argent, ou } 41 \text{ onces } \frac{9}{16}$$

51 on. au titre de 11 den. $\frac{1}{2}$ ne contiennent que

$$\frac{23}{24} \text{ d'argent, ou } 48 \text{ onces } \frac{21}{24}$$

ou 229 onces, ne contenant en argent pur, que 196 onces $\frac{17}{48}$

D'où résulte la proportion,

$$229 \;:\; 196 \tfrac{1}{3} \;::\; 12 \;:\; 10 \text{ deniers } \tfrac{66}{229} \text{ ou } \tfrac{1}{4} \text{ fort.}$$

Pour simplifier ce calcul, multiplions le poids des lingots par leur titre ; le calcul en sera tout aussi long, mais plus facile :

$$68 \text{ onces à } 9 \text{ deniers } \tfrac{1}{2} = 646 \text{ deniers },$$
$$62 \text{ onces } \tfrac{1}{2} \text{ à } 10 \text{ deniers } = 625 \text{ idem.}$$
$$47 \text{ onces } \tfrac{1}{4} \text{ à } 10 \text{ deniers } \tfrac{1}{2} = 498 \text{ idem } \tfrac{1}{4}$$
$$51 \text{ onces à } 11 \text{ deniers } \tfrac{1}{2} = 586 \text{ idem } \tfrac{1}{2}$$

Total 229 onces contenant   2356 den. $\frac{1}{4}$.

Donc $\dfrac{2356}{229} = 10$ deniers $\frac{1}{4}$ fort.

L'esprit n'a donc pas besoin de méthodes ; raisonnons et nous opérerons toujours bien.

IIIe. PROPOSITION.

Un orfèvre a deux lingots de même valeur : l'un d'or pesant 19 livres, l'autre d'argent pesant 10 livres. On lui demande de prendre de chacune de ces matières, une quantité, telle que le lingot qu'il en formera

ait le même volume que chacun d'eux, et qu'il pèse
15 livres.

La différence du lingot d'or au lingot d'argent est
19 — 10 = 9 livres. C'est dans cette différence de 9
livres que nous devons completter par parties proportionnelles de l'un et de l'autre lingot, pour former le
troisième, égal à leur volume actuel, et au gré du poids
que nous voudrons qu'ait ce troisième lingot; poids
qui ne peut être ni plus de 19 livres ni moins de 10 liv.

Obligés de prendre des portions des deux lingots,
ces portions seront les numérateurs des deux fractions,
dont la différence 9, qui borne notre étendue proportionnelle, sera le dénominateur : donc le poids du troisième lingot sera le régulateur ou le centre, où devront
aboutir les rayons 19 et 10.

On veut que ce lingot pèse 15 livres; disons donc
de 19 à 15 la différence est 4, et de 15 à 10 la différence est 5. Or, 4 + 5 = 9, différence entre 10 et
19. Donc nous prendrons

$$\left.\begin{array}{l}\text{les } \tfrac{5}{9} \text{ du lingot d'or qui sont 10 livres } \tfrac{5}{9}, \\ \text{les } \tfrac{4}{9} \text{ du lingot d'argent qui sont 4 livres } \tfrac{4}{9},\end{array}\right\} \text{ 15 livres.}$$

On sent ici que c'est un rapport à établir; et que
c'est le numérateur d'une fraction qui doit multiplier
l'autre, et réciproquement; donc les $\frac{5}{9}$ de l'argent seront
pris sur le lingot d'or, et les $\frac{4}{9}$ d'or seront pris sur le
lingot d'argent.

Supposons que le poids fût déterminé à 11 livres.
On diroit 19 — 11 = 8; et 11 — 1 = 10, comme
$\frac{8}{9} + \frac{1}{9} = \frac{9}{9}$. Il doit être senti, qu'il seroit ridicule de

prendre les $\frac{5}{9}$ des 19 livres d'or, qui, seuls peseroient 16 livres $\frac{4}{9}$, pour faire un lingot de 11 livres ; tandis que si l'on prend

les $\frac{8}{9}$ du lingot d'argent qui pèse $8 \pounds \frac{8}{9}$,

et $\frac{1}{9}$ du lingot d'or qui pesera $2 \frac{1}{9}$,

on aura $\frac{2}{9}$ pour le lingot mixte pesant 11 livres.

En réfléchissant à ce que l'on fait, en le soumettant à l'analyse, on ne s'écartera jamais du véritable esprit des questions : plus on voudra que le troisième lingot soit lourd, plus il y faudra de parties d'or ; plus on le voudra léger, et plus il y faudra de parties d'argent : cette observation naturelle est encore le meilleur des régulateurs.

DES PROPOSITIONS,

Dites règles d'Intérêt et d'Escompte.

Les prétendues règles d'intérêt et d'escompte ne sont que des proportions ; car, je le répéterai sans cesse, il n'est pas de calcul sans proportion.

L'*intérêt* est le loyer de l'argent emprunté, ou d'un délai obtenu pour la prolongation d'un paiement quelconque.

L'*escompte* est la réduction des intérêts, quand on paie avant l'échéance du terme obtenu.

Si le débiteur paie les intérêts, le créancier bonifie des escomptes : telle est la différence dans l'acception des termes. Mais soit intérêt payé, soit escompte bonifié, il est toujours question d'intérêt.

L'intérêt se prend en dedans ou en dehors de la somme qui le motive : les usages ou les conventions en décident.

Si l'intérêt est stipulé en dedans, l'emprunteur qui contracte un billet de 100 francs, à raison de 6 pour cent d'intérêt pour un an, ne reçoit que 94 francs.

Si l'intérêt est stipulé en dehors, l'emprunteur reçoit 100 francs, et contracte un billet de 106 francs.

Dans le 1.er cas on dit, 100 : 6 :: 500 : 30, d'où 500—30=470 reçus.
Dans le 2.e cas on dit, 100 : 106 :: 500 : 530; on reçoit 500, l'on paie 530.

Or, les mois, les jours sont en proportion des années ; et ces calculs ne méritent pas que l'on s'y arrête.

Il étoit d'usage autrefois de stipuler les intérêts *au denier 20*, *au denier 25*; ce qui signifioit qu'on payoit 1 d'intérêt sur 20 ou sur 25, c'est-à-dire le $\frac{1}{20}$ ou le $\frac{1}{25}$ de la somme empruntée ; ce qui équivaloit à 5 ou à 4 pour cent.

Cet usage a vieilli, et ne se pratique plus depuis que les intérêts sont sortis du taux qui divisoit 100. A 6, 7, 8, 9 pour cent, on auroit peine à trouver ou à dire *au 16 denier* $\frac{2}{3}$, *au 14 denier* $\frac{2}{7}$, etc., etc. ; de sorte qu'on s'exprime mieux en disant *à tant pour cent*; et l'usage nouveau a prévalu sur l'ancien.

DES PROPOSITIONS,
Dites règles de Compagnie ou de Société.

Les règles de compagnie ou de société ne sont, comme toutes les autres, que des règles proportionnelles, qu'il faut résoudre au gré des conventions sociales.

Les associations *par actions*, se qualifient de compagnie. Les sociétés particulières ne se composent que de deux, trois ou quatre négocians : d'ailleurs, il se forme des sociétés de tant de manières, qu'il seroit difficile d'en faire le détail.

Communément, les sociétés se forment par'intérêt égal. Chaque associé a son compte particulier, qui est débité de ce qu'il prend, qui est crédité de ce qu'il verse ; et l'intérêt de ces fonds pris ou versés se règle annuellement.

Mais s'il est convenu que les mises règlent les droits de chaque associé, en raison de leur importance et de leur durée, les comptes particuliers de chaque associé ne stipulent plus d'intérêts annuels ; et comme cette dernière société est la seule qui puisse exercer la sagacité, je vais en donner un exemple.

E X E M P L E :

Trois particuliers, je suppose, en s'associant pour le terme de 60 mois, sont convenus que la mise de chacun d'eux, et pendant le temps qu'elle seroit à la disposition de la société, régleroit leurs droits respectifs.

La société établie sur cette base, voici ce qui s'est effectué pendant sa durée ;

S A V O I R :

Charles a versé de suite	15,000 fr.	
et 6 mois après	12,000	
mais au bout de 40 mois, il a retiré		6,000 fr.

Louis a versé de suite   5,400 fr.
      3 mois après   9,600
      36 mois après   12,000
      mais au bout de 5o mois , il a
      retiré   8,000 fr.

Edouard n'a rien versé de suite , mais
      étant l'ame de l'opération , on
      lui a accordé , non le fonds ,
      mais le droit à un intérêt de
      6,000 fr. , ci . . . . . mémoire.
      3o mois après , il a versé   8,000 fr.
      mais au bout de 48 mois , il en
      a retiré   4,000 fr.

Tels sont les droits , les mises et les retraits de chaque associé pendant la durée de la société.

Les 6o mois écoulés , la société se dissout ; et la liquidation terminée , elle se trouve en possession d'une somme de 96,000 fr. , tant pour les mises que pour les bénéfices acquis , qu'il s'agit de partager au gré des droits respectifs.

On sent qu'ici la durée des mises et leur importance , sont les régulateurs des droits des parties : il faut donc que le temps entre en ligne de compte. Etablissont donc , en conséquence , les droits des parties.

Charles a mis de suite   15,000 fr. qui , multipliés par 60 mois , donnent   900,000 f.

    6 mois après   12,000   qui , multipliés par 54 mois , donnent   648,000

        27,000   1,548,000

Mais au bout de 40 mois , il en a retiré   6,000   qui , multipliés par 20 mois , donnent   120,000

Il lui reste à retirer   21,000   et son intérêt au partage est   1,428,000

Louis a mis. de suite 5,400 f. qui , multipliés par 60
mois , donnent   324,000 f.

3 mois après   9,600   qui , multipliés par 57
mois , donnent   547,200

36 mois après   12,000   qui , multipliés par 24
mois , donnent   288,000

27,000   1,159,200

Mais au bout de 50
mois, il en a retiré   8,000   qui , multipliés par 10
mois , donnent   80,000

Il a à retirer   19,000   et son intérêt au partage est 1,079,200

Edouard a mis de suite *talents.* Mais un droit de 6000 f qui,
pendant 60 mois, donnent   360,000

30 mois après   8,000   qui , multipliés par 30
mois , donnent   240,000

8,000   600,000

Mais 48 mois après
il a retiré   4,000   qui , multipliés par 12
mois , donnent   48,000

Il a à retirer   4,000   et son intérêt au partage est 552,000

Résumé.

L'état final de la liquidation sociale présente une somme
nette de   96,000 fr.

Charles en retire , pour la solde de sa mise , 21,000
Louis ,   idem   19,000
Edouard , idem   4,000
                                  44,000

Il reste en bénéfice net à partager 52,000

Maintenant , pour procéder à ce partage , rassemblons tous les intérêts particuliers , et l'ensemble formera le droit général.

1,428,000 représente les droits de Charles.
1,079,200 *idem*   de Louis.
  552,000 *idem*   d'Edouard.

3,059,200 Ensemble, qui ont acquis les 52,000 fr. de bénifice, et qui seront les deux premiers termes d'une proportion. Le droit respectif des parties sera le troisième ; enfin le quotient ou quatrième terme donnera la part de chaque associé.

Si 3,059,200 donnent 52,000 francs ,

combien les 1,428,000 de Charles ? Rép.   24,273f 01
combien les 1,079,200 de Louis ?   *id.*   18,344 14
combien les   552,000 d'Edouard ?   *id.*   9,382 85

                Somme pareille   52,000

Cet exemple peut servir de guide en toutes sortes de circonstances , puisqu'il n'est autre chose qu'un compte final.

DES PROPOSITIONS,

Dites de double et simple fausse Position.

Il falloit un grand amour de méthodes pour se créer de pareils titres , et pour en fabriquer une aussi grande quantité : j'en ai fait raison, et j'espère qu'elles ne décourageront plus.

Les prétendues règles de fausse position , n'ont de faux que leur titre ; et les incidens dont on les charge, pour masquer la proportion, ne sauroient nous accuser de faux , lorsque nous les écarterons.

PREMIÈRE PROPOSITION.

Trois personnes ont à se partager une somme de 1200 fr., mais de manière que

la seconde aura le triple de la première,

la troisième aura 3 fois ½ autant que les deux autres.

Allons toujours du simple au composé, et les petites expressions nous conduiront aux grandes.

Si la première personne a	1 part	
la seconde, qui a le triple, en aura	3	
faisant ensemble	4	
la troisième, qui a 3 fois ½ autant, aura	14	

c'est-à-dire que les 1200 fr. sont à partager en 18 parts.

Donc $\dfrac{1200}{18}$ = 66 fr. ⅓ à la part.

Donc la première personne qui a	1 part	aura	66 ⅓
la seconde	qui a	3	200
la troisième	qui a	14	933 ⅓
		18	1200

II.e PROPOSITION.

Partager 890 francs entre trois personnes, mais de manière que

la première ait 190 fr. de plus que la seconde,

la seconde ait 115 de plus que la troisième.

Voyons, dans de semblables questions, des successions qu'il faut liquider avant de procéder aux partages; c'est-à-dire, qu'il faut en acquitter les dettes et faire rentrer les créances.

La succession présente une somme de 890 fr.

dont il faut déduire ce qu'elle doit

ou est censée devoir à la 2.ᵉ personne 115 fr.

à la 3.ᵉ 115 + 190 = 305

420

Reste net à partager à trois personnes 470

Ce qui donne $\dfrac{470}{3}$ = 156 fr. $\frac{2}{3}$ à la part.

Donc la première personne aura 156 fr. $\frac{2}{3}$ + 305 = 461 $\frac{2}{3}$

la seconde 156 $\frac{2}{3}$ + 115 = 271 $\frac{2}{3}$

la troisième 156 $\frac{2}{3}$

Somme pareille 890

III.ᵉ PROPOSITION.

Trois individus s'entretenant de leur âge, François dit : Louis a 6 ans de plus que moi, Edouard a autant d'âge que nous deux, et à nous trois nous formons 132 ans.

Les 6 ans que Louis a de plus que François, et qu'il faut également ôter de l'âge d'Edouard, sont comme les dettes à déduire des successions. Donc 132 — 12 = 120, qui, divisés par 4, donnent 30 ans. Donc

François a 30 ans.

Louis a 30 + 6 36

66

Edouard, qui a autant d'âge qu'eux deux, 66 } 132 ans.

IVᵉ. PROPOSITION.

Un testateur laisse une somme de 1200 fr. à partager entre trois personnes, mais de manière que

Louis ait une part ,

Silvain , même part que Louis , plus 72 francs ,

Thomas , autant que les deux autres ensemble , moins 60 f.

Dans cet exposé , on voit clairement que la succession doit être partagée en 4 parts , dès qu'elle sera liquidée ; c'est-à-dire , après que l'on en aura payé les dettes et fait rentrer les créances.

Donc , à la somme laissée par le testateur   1200 fr.

il faut ajouter les 60 dus par Thomas ,   60

       1260

et en déduire ce qui est dû à Sylvain ,   72

à Thomas ,   72

       144

Il reste net à partager   1116

qui , divisés par 4 , donnent 279 francs à la part.

Donc nous donnerons à Louis   279

à Silvain 279 + 72   351

       630

à Thomas 630 — 60   570

Somme pareille   1200

V.e PROPOSITION.

Partager la somme de 600 fr. entre trois personnes , de manière que la part de la première soit à celle de la seconde , comme 3 sont à 4 , et que la part de la seconde soit à celle de la troisième , comme 5 sont à 6.

En mettant les rapports en fractions tout va se développer.

La

La part de la première est à celle de la seconde ; comme 3 sont à 4 ; c'est-à-dire que la part de la première ne sera que les $\frac{3}{4}$ de la seconde.

La part de la seconde est à celle de la troisième , comme 5 sont à 6 ; c'est-à-dire , que la part de la seconde ne sera que les $\frac{5}{6}$ de la troisième.

Conséquemment ces parts seront $\frac{3 \times 5}{4 \times 6} = \frac{15}{24}$ pour la première.

Or , si la part de la première personne   est   15
    celle de la seconde   sera   20
    celle de la troisième   sera   24

                     Total   59 parts.

Donc $\frac{600}{59} = 10$ fr. $\frac{10}{59}$ à la part.

Or la première, qui a 15 parts, aura $10 \frac{10}{59} \times 15 = 152 \frac{12}{59}$
la seconde , qui a 20 parts, aura $10 \frac{10}{59} \times 20 = 203 \frac{27}{59}$
la troisième, qui a 24 parts, aura $10 \frac{10}{59} \times 24 = 244 \frac{4}{59}$

Total   59 parts.   600

VI.ᵉ PROPOSITION.

On demande quel est le nombre dont le $\frac{1}{3}$, le $\frac{1}{4}$ et le $\frac{1}{6}$ produiront 72 ?

Tout nombre demandé est un entier , dont les fractions assignées ne sont que des parties. Conséqnemment , si les fractions réunies ne forment pas un entier , le nombre demandé sera plus grand que 72. Si elles forment plus qu'un entier , le nombre 72 sera , par la même raison , plus grand que celui demandé.

20

Sur ces bases, cherchons un dénominateur commun aux fractions $\frac{1}{3}$, $\frac{1}{4}$, $\frac{1}{6}$: ce dénominateur est 12,

$$\left.\begin{array}{l}\text{dont le } \tfrac{1}{3} \text{ est } 4 \\ \text{dont le } \tfrac{1}{4} \text{ est } 3 \\ \text{dont le } \tfrac{1}{6} \text{ est } 2\end{array}\right\} = \tfrac{9}{12} \text{ ou } \tfrac{3}{4}.$$

Or, puisque les fractions ne forment que les $\frac{3}{4}$ de l'entier, il en découle la nécessité que 72 n'est que les $\frac{3}{4}$ du nombre demandé.

Donc si, pour élever 9 à 12, il faut y ajouter le $\frac{1}{3}$ de 9 qui est $3 + 9 = 12$, par la même raison le $\frac{1}{3}$ de 72 qui est 24, nous donnera $72 + 24 = 96$, pour le nombre demandé,

$$\left.\begin{array}{l}\text{puisque le } \tfrac{1}{3} \text{ est } 32 \\ \text{le } \tfrac{1}{4} \text{ est } 24 \\ \text{le } \tfrac{1}{6} \text{ est } 16\end{array}\right\} = 72.$$

Si la question n'étoit pas aussi facilement soluble, on diroit, par une proportion,

Si 9 proviennent de 12, d'où proviendront 72? Rép. 96.

VIIe. PROPOSITION.

Quel est le nombre dont la $\frac{1}{2}$, le $\frac{1}{3}$, le $\frac{1}{4}$ et le $\frac{1}{6}$ produisent 72 ?

L'esprit de ces sortes de propositions, que j'ai développé dans la précédente, va nous diriger dans la solution de celle-ci. Le même dénominateur 12 va nous servir,

$$\left.\begin{array}{l}\text{puisque la } \tfrac{1}{2} \text{ est } 6 \\ \text{le } \tfrac{1}{3} \text{ est } 4 \\ \text{le } \tfrac{1}{4} \text{ est } 3 \\ \text{le } \tfrac{1}{6} \text{ est } 2\end{array}\right\} = \tfrac{15}{12} \text{ ou } \tfrac{5}{4}.$$

Or , puisque les fractions forment $\frac{1}{4}$, il est cons̄-
tant que 72 sont les $\frac{1}{4}$ du nombre demandé. Donc si,
pour réduire 5 à 4, il faut retrancher le $\frac{1}{5}$ qui est 1 ,
puisque $\frac{5}{4} - \frac{1}{4} = \frac{4}{4}$. Disons de même , le $\frac{1}{5}$ de 72 est
$14\frac{2}{5}$, et $72 - 14\frac{2}{5} = 57\frac{3}{5}$. Donc le nombre demandé
est $57\frac{3}{5}$,

$$
\left.\begin{array}{l}
\text{dont la } \frac{1}{2} \text{ est } 28\frac{4}{5} \\
\text{le } \frac{1}{3} \text{ est } 19\frac{1}{5} \\
\text{le } \frac{1}{4} \text{ est } 14\frac{2}{5} \\
\text{le } \frac{1}{6} \text{ est } 9\frac{3}{5}
\end{array}\right\} = 72.
$$

Voilà 7 propositions qualifiées de simple et double
fausse position, que nous avons résolues sans calculer,
et qui , ainsi que je l'ai dit, n'ont de faux que leur titre.

Ces questions sont de l'espèce de celles que l'on qualifie de *problêmes*. Conséquemment, et puisque nous
en avons résolu sans nous en douter , nous sommes
préparés à en résoudre d'autres, avec connoissance de
cause.

Mais nous avons encore des acquisitions à faire ,
avant d'en être là; et ces acquisitions nous en rendront
les solutions encore plus faciles.

DES PROPOSITIONS,
Qualifiées de règles conjointes.

Les règles conjointes ne sont autre chose que des
proportions continues, qui, posées les unes sous les
autres , se réduisent à ne former que le premier membre
d'une proportion.

:: 2 : 4 : 8 : 16 : 32 : 64, etc.
qu'il faut lire, 2 : 4 :: 4 : 8 :: 8 : 16 :: 16 : 32 :: 32 : 64, etc.

est une proportion continue : les termes s'y répètent.
De même, dans la règle conjointe les choses se répètent ; et c'est le meilleur guide que je puisse donner
pour en faire concevoir la construction, seule difficulté qu'elle offre. Or, comme

on dit 2 : 4 :: 4 : 8 :: 8 : 16
on doit dire 1 florin = 20ᶜ :: 20ᶜ = 40ᵈ de gros :: 54ᵈ de gros = 3 fr.

C'est-à-dire que si dans la proportion continue, on
répète les *termes*, dans la règle conjointe on répète
seulement les *choses* sans égard à leur quantité. Il
suffit que le conséquent soit en rapport de valeur avec
son antécédent : un exemple développera mieux ce
que je viens d'en dire : poursuivons.

Cette règle est d'autant plus précieuse à connoître,
qu'elle résout, en une seule opération, une foule de
proportions qui, sans ce secours, seroient aussi difficiles que fautives.

Elle ne s'emploie guères que pour l'échange des
monnoies avec l'étranger, et elle en rend les conversions aussi promptes que solides.

Cette opération a de plus l'avantage de garantir de
tout oubli, en développant successivement toutes les
circonstances qui concourent à l'établissement de la
question.

Supposons, pour en faire sentir l'utilité, qu'un négociant d'Amsterdam ait envoyé des marchandises à
vendre, *pour son compte*, à un négociant de Cadix.

Celui-ci, en les vendant sur sa place, les a converties en *argent d'Espagne*. C'est donc de l'argent d'Espagne que le négociant d'Amsterdam doit tirer sur celui de Cadix, qui ne lui doit pas d'autre espèce de monnoie.

Amsterdam tire sur Cadix. Il négocie sa traite à Amsterdam même ; c'est-à-dire qu'il y reçoit, *en argent de Hollande*, la valeur qu'il donne à prendre à Cadix *en argent d'Espagne*.

Pour faire ces conversions, il faut obéir aux usages établis depuis long-temps entre les villes commerçantes du monde ; et l'usage veut, *que la Hollande donne* (plus ou moins) *94 deniers de gros, pour un ducat de change d'Espagne.*

Néanmoins, la Hollande tient ses écritures en *florins*, qui valent 20 sous courans ou 40 deniers de gros.

Et l'Espagne tient ses écritures en *réaux de plate*, qui valent 34 maravédis de plate : le ducat de change vaut 375 maravédis de plate.

Conséquemment, le change de 94 deniers de gros, pour un ducat de change, n'est nullement dans l'esprit des écritures ; et cependant il faut l'y ramener, attendu que l'on tire des réaux, et que l'on reçoit des florins.

La somme à tirer sur Cadix est de 7654 réaux, à convertir en florins : voici comment il faut y procéder par la règle conjointe.

Antécédents.		*Conséquents.*
Si 1 réal de plate	=	34 maravédis de plate ;
Si 375 maravédis	=	1 ducat de change ,
Si 1 ducat de change	=	94 deniers de gros .

Antécédents.		*Conséquents.*
Si 40 deniers de gros	=	1 florin courant,
Si 105 florins courans	=	100 florins de banque,

combien 7654 réaux de plate ?

Telle est la pose de cette opération, qui, ainsi qu'on le voit, n'est qu'une proportion continue, dans laquelle les choses se répètent, quoiqu'en quantité différente.

Le premier membre est, si un réal égale 34 maravédis; c'est-à-dire qu'un réal est l'antécédent, et que 34 maravédis en sont le conséquent ou la vraie valeur. Maintenant, il faut connoître le rapport du maravédis avec autre chose. Donc l'antécédent du second membre, qui doit être de même espèce que le conséquent du premier membre, doit être en maravédis.

En conséquence, le second membre est, si 375 maravédis égalent un ducat de change, qui est la conséquence et la vraie valeur de 375 maravédis.

Le troisième membre doit donner la valeur du ducat avec autre chose, et ainsi de suite.

Au résumé, il faut toujours que l'antécédent qui suit un conséquent, soit de même espèce que ce conséquent.

Le premier antécédent doit toujours être de la monnoie que l'on veut échanger. Ici ce sont des réaux; et notre premier terme est, *si 2 réal*, etc.

Le dernier conséquent doit toujours être de la monnoie que l'on veut obtenir. Ici ce sont des florins; et notre dernier terme est, = *100 florins.*

Enfin, laissant tous les termes intermédiaires à part, l'opération doit être vue, comme s'il n'y étoit question

que du premier antécédent et du dernier conséquent,
et comme si l'on avoit dit tout simplement, *si z réal*
= *100 florins de banque*; puisque par la multiplication de tous les antécédents, et celle de tous les
conséquents, nous ne verrons en eux que le premier
membre d'une proportion qui sera :

Si 1,575,000 réaux égalent 319,600 florins, combien
7,654 réaux donneront-ils de florins ?

Faisons l'opération en la posant de nouveau.

OPÉRATION.

	Antécédents.		*Conséquents.*
Si	1 réal	=	34 maravédis.
Si	375 maravédis	=	1 ducat.
Si	375 1 ducat		34 94 deniers de gros.
Si	375 40 deniers de gros		3196 1 florin couraut.
Si	15000 105 flor. courant		3196 100 florins de banque.
Si	1575000 réaux	=	319600 flor. de banq. :: 7654 réaux : x flor.

Et c'est ainsi que l'opération se réduit à ses trois termes,
comme les simples propositions.

D'où l'équation $1575000 \times x = 319600 \times 7654$.

D'où la résolution $319600 \times 7654 = \dfrac{2446218400}{1575000} = 1553 \text{flor} 3^s 4^d$

D'où la proportion $1575000 : 319600 :: 7654 : 1553$ florins $3^s 4^d$

Un peu d'exercice de cette règle conjointe familiariseroit bientôt avec les monnoies étrangères et leurs

subdivisions , et plus vîte encore avec les changes ; et comme elle n'a rien de difficile , j'en recommande particulièrement l'étude.

Pour vérifier cette opération , il faut en prendre le contrepied. Et pour que cette conversion serve de bonne leçon , changeons les 1553 florins 3 sous 4 pennings (il y en a 16 au sou) en réaux de plate.

En renversant la question , nous ferons le change d'Espagne sur la Hollande. Mais en même temps , je montrerai les manières d'abréger le travail ; ce qu'il est essentiel de faire , quand les réductions sont possibles.

Si 100 flor. de banq. = 105 florins courans 21 ,
Si 1 flor. courant = 40 deniers de gros 2 1 ,
47 Si 94 den. de gros = 1 ducat ,
Si 1 ducat = 375 marvédis ,
Si 34 maravédis = 1 réal ,
combien 1553 florins 3 4 49 .

Après avoir opéré toutes les réductions possibles , il nous reste ,

Antécédents.	Conséquents.
47	21
34	375
1598	7875
	1553 3 4
1598	12231092 (7654 réaux.

Je ne détaille pas cette opération. J'ai seulement posé les produits.

Changer de la monnoie d'un pays contre celle d'un

autre pays, ou changer son argent contre de la marchandise : ce n'est pas plus difficile , puisque c'est le prix convenu qui en détermine la valeur.

Ainsi que le prix d'une marchandise varie, en raison de son abondance ou de sa rareté ; ainsi le prix du change varie en raison de l'abondance ou de la rareté du papier d'une place sur l'autre : ce sont les besoins , plus ou moins pressans de ce papier qui en élèvent ou en baissent le prix.

Si le papier est abondant , ceux qui le possèdent , pressés de s'en défaire , en cotent le change bas. Si le papier est rare , celui qui le possède , sûr qu'il sera recherché , en cote le change très-haut.

Il en est de même chez nous. Si le papier est rare , il est recherché avec bénéfice pour le possesseur ; s'il est abondant , ce même possesseur l'offre avec perte.

Pour se faire une juste idée des changes , persuadons-nous bien que toutes les monnoies qui y sont affectées sont à peu près idéales , et qu'il nous importe fort peu de connoître les monnoies réelles. Si l'anglais qui me doit 1200 fr. , me remet une traite de pareille somme , il me satisfait, et ne s'informe pas avec quelles valeurs j'en recevrai le montant : il en est de même de moi , lorsque je lui ai remis les 60 livres sterlings que je lui devois , et qu'il en a crédité mon compte.

On n'a donc besoin de connoître que le rapport existant entre les monnoies affectées aux changes , avec celles dont chaque pays tient ses écritures : cette connoissance n'exige qu'un taès-léger effort de la mémoire.

L'argent de banque et l'argent de change cause, à beaucoup de personnes, un embarras que l'habitude, plus que l'instruction rend moins incommode : un mot, à cet égard, sur la banque d'Amsterdam, que l'on pourra appliquer à toutes les places qui ont de l'argent *courant* et de l'argent de *banque*.

L'argent courant est la monnoie *réelle* du pays ; l'argent de banque y est *imaginaire*.

Le désagrément de passer la majeure partie de la vie à compter et recompter des espèces, donna l'idée aux négocians d'Amsterdam de fonder une caisse commune sous le nom de banque, dans laquelle chacun verseroit des fonds au gré du crédit qu'il voudroit y obtenir. Ces fonds, enfouis dans des caves voûtées, profondes et bien scellées, devinrent une garantie de la solidité du crédit de chaque miseur, qui, dès ce moment, soit qu'il achetât, soit qu'il vendît, n'avoit qu'à donner ou à recevoir des délégations sur ces crédits ; et par ce moyen simple, il donne ou reçoit des valeurs immenses par un seul trait de plume.

Mais, pour que les valeurs versées dans la caisse ne fussent sujettes à aucune altération des monnoies, il fut unanimement convenu que l'on y verseroit 105 florins pour y obtenir un crédit de 100 florins ; et voilà la cause que l'argent de banque vaut 5 pour cent de plus que l'argent courant.

Comme, dans toute la Hollande, il n'y a qu'Amsterdam qui ait une banque, ce n'est que cette ville qui traite en argent de banque : toutes les autres traitent en argent courant : cependant le papier sur la banque d'Amsterdam, est par-tout reçu sur le pied de 105 florins courans, ou C, pour 100 florins de banque, ou B^{es}.

Il est senti que l'altération du titre des monnoies courantes, éleveroit en raison, l'agio de celui de la banque ; comme les inquiétudes de la guerre, en menaçant le dépôt de la banque, donneroient l'agio en faveur de la monnoie courante : cela s'est vu, lorsque le roi de Prusse entra en vainqueur à Amsterdam ; mais attendu qu'il respecta ce dépôt, cette variation ne fut pas de longue durée. On nomme *agio* la différence entre la monnoie courante et la monnoie de banque, et cet agio n'est pas tellement fixe à 5 $\frac{a}{o}$, qu'il ne varie quelquefois.

L'Espagne a également deux monnoies, et qui sont réelles, puisqu'elle n'a pas de banque. L'une est la monnoie *de plate* (argent), l'autre est la monnoie de veillon (cuivre que nous prononçons billon). Quelques royaumes du nord ont également des monnoies d'argent et des monnoies de cuivre qui diffèrent beaucoup. Il est donc très-essentiel de se bien expliquer sur l'espèce de monnoie, quand on traite avec ces pays.

En Espagne, il y a des réaux de veillon et des maravédis de veillon. Les 34 marevédis de veillon égalent le réal de veillon : ils s'écrivent *R.^{on}* et *Mdis^{on}*.

Il y a des réaux de plate qui s'écrivent *R.^{te}*, et des maravédis de plate, qui s'écrivent *Mdis ^{te}* : 34 maravédis de plate égalent le réal de plate.

15 Réaux 2 maravédis de veillon égalent 8 réaux de plate ou la piastre de change. Et 64 maravédis de veillon, égalent le réal de plate ou 34 maravédis de plate.

Les quatre piastres de change égalent la pistole de change.

Indépendamment de sa piastre de change, qui est imaginaire, l'Espagne a sa piastre forte ou réelle, qu'il ne faut pas confondre avec celle de change ; attendu que si la piastre de change ne vaut que 3 fr. 70 cent. de France, la piastre forte ou réelle, y vaut 5 fr. 20 cent.

Cette explication donne une idée précise des monnoies de change d'Espagne, et devient un garant solide contre les erreurs.

Maintenant, que l'on connoît ce qu'est argent de banque, ce qu'est argent courant, donnons une autre opération de change ; et elle suffira pour donner l'intelligence des traités de change, que l'on trouve par-tout.

Un négociant français, qui ne connoît personne en Russie, s'adresse à un banquier d'Amsterdam, qui lui fait venir de Russie les chanvres et autres objets qu'il y demande. Ce banquier d'Amsterdam reçoit de Pétersbourg et remet à Paris le compte de cette opération ; et se remboursant, en tirant sur Paris, de ce qu'il a payé à Pétersbourg ; voici comme il établit son calcul :

Si   1 rouble de Russie   =   42 sous courans de Hollande ;

Si   20 sous courans   =   1 florin courant ,

Si 105 florins courans   =   100 florins de banque ,

Si   1 florin de banque   =   40 deniers de gros ,

Si   54 deniers de gros   =   3 francs en France ,

                        combien 7250 roubles ?

On voit déjà combien cette opération simplifie le travail , et combien elle le coordonne : simplifions-la de nouveau , par des réductions proportionnelles , et sans travail , nous obtiendrons un résultat aussi prompt que solide.

$$
\begin{array}{l}
\cancel{1} = \cancel{42} \ \cancel{21} \ \cancel{7} \\
\cancel{1} \ \cancel{20} = \cancel{1} \\
\cancel{7} \ \cancel{21} \ \cancel{105} = \cancel{100} \ \cancel{5} \ \cancel{1} \\
\cancel{1} = 40 \\
9 \ \cancel{27} \ \cancel{54} = \cancel{3} \ \cancel{1} \\
\qquad :: 7250
\end{array}
$$

Il ne nous reste que l'antécédent 9 et le conséquent 40 , d'où il résulte la proportion ,

$$9 : 40 :: 7250 : x$$

D'où $40 \times 7250 = \dfrac{290,000}{9} = 32,222$ fr. $\frac{2}{9}$.

Cette simplicité d'exécution d'une question aussi compliquée , n'a pas besoin d'apologie. Désormais , on peut faire tous les changes , sans éprouver le moindre embarras.

La Russie tient ses écritures en roubles et en copecks : le rouble vaut 100 copecks.

Passons enfin à l'étude des puissances , le seul degré d'instruction arithmétique qui nous manque ; et sitôt après nous nous exercerons sur l'analyse , pour jouer ensuite avec les problêmes.

DES PUISSANCES,
DE LEUR ELÉVATION,
DE L'EXTRACTION DE LEURS RACINES.

Le jeu des puissances n'a rien d'extraordinaire. Ce n'est qu'une simple multiplication *par des facteurs semblables*, que l'on nomme *racines*. Or, racine ou facteur, puissance ou produit, sont des mots synonymes.

Tout nombre quelconque est une puissance première, une racine.

Si la multiplication de deux facteurs *inégaux*, comme 4 × 7, est ce que l'on qualifie de *racines inégales*,

Une multiplication de deux facteurs *égaux*, comme 4 × 4, est ce que l'on qualifie de puissance, ou produit de *racines égales*.

Donc, le mot de puissance ne désigne que des facteurs égaux; c'est faire le même calcul, par les mêmes procédés. L'extraction des racines, n'est que la division des produits : donc les mots seuls changent, quoique les procédés soient les mêmes que ceux que nous avons pratiqués jusqu'ici.

Il y a cependant une distinction à faire; c'est que, quand nous faisons une division, nous connoissons le diviseur; ce qui en rend l'opération très-facile; tandis que, quand on extrait une racine, on cherche, dans un produit, le diviseur qui est inconnu; et cette

opération exige une connoissance profonde de la composition des produits : c'est ce que nous allons apprendre.

Si les multiplications par racines inégales sont des
progressions dont le multiplicande est le premier terme,
et dont l'unité du multiplicateur est la raison progressive, les puissances sont des progressions géométriques,
dont le premier terme devient la raison progressive,
puisque les deux facteurs sont égaux, et que chaque
terme de la progression devient une puissance d'un
rang plus élevé : j'ai donc dû placer le jeu des puissances après celui des progressions, afin que le mécanisme, le but et l'utilité, nous en devînt et plus facile
et plus intéressant.

Voici l'ordre de ces progressions, depuis le nombre
1 jusqu'à 10, et que je vais étendre jusqu'à la sixième
puissance.

	1	2	3	4	5	6	7	8	9	10
1.ere Puissance.	1	2	3	4	5	6	7	8	9	10
2.e Puissan.	$\frac{1}{3}$	$\frac{3}{5}$	$\frac{5}{7}$	$\frac{7}{9}$	$\frac{9}{11}$	$\frac{11}{13}$	$\frac{13}{15}$	$\frac{15}{17}$	$\frac{17}{19}$	
ou carré.	1	4	9	16	25	36	49	64	81	100
3.e Puissan.	$\frac{1}{7}$	$\frac{7}{19}$	$\frac{19}{37}$	$\frac{37}{61}$	$\frac{61}{91}$	$\frac{91}{127}$	$\frac{127}{169}$	$\frac{169}{217}$	$\frac{217}{271}$	
ou cube.	1	8	27	64	125	216	343	512	729	1000
4.e Puissan.	1	16	81	256	625	1296	2401	4096	6561	10000
5.e Puissan.	1	32	243	1024	3125	7776	16807	32768	59049	100000
6.e Puissan.	1	64	729	4096	15625	46656	117649	262144	531441	1000000

On remarquera dans ce tableau,

1°. Que la progression de la première puissance,
horizontale, est arithmétique ; et qu'elle est soluble
par les procédés arithmétiques.

2°. Que toutes les progressions *verticales* sont géométriques ; et que se sont les seules qui élèvent les

puissances; en multipliant successivement les produits par la racine.

3°. Que pour l'intelligence de la progression des seconde et troisième puissances, j'ai développé le mécanisme de leurs mouvemens, qui est surcomposé.

Le jeu des puissances, étant particulièrement affecté aux opérations géométriques ; on lui a assigné des termes analogues à sa destination.

La première puissance est une *longueur*, qui n'a ni hauteur ni largeur.

La seconde puissance est le produit d'une *longueur* multipliée par une *largeur* ; ce produit est un carré. Aussi par *carré*, faut-il toujours entendre le produit de *deux dimensions égales*, longueur et largeur, qui n'ont aucune épaisseur, et qui, par leurs parallèles, déterminent une étendue quelconque *en superficie*, comme un terrain, un plancher, une feuille de papier, c'est-à-dire tout ce qui se montre à l'œil; abstraction faite de toute idée d'épaisseur, de hauteur et de profondeur.

La troisième puissance est le produit d'une *superficie carrée*, multipliée par une *hauteur* égale aux dimensions qui ont formé le carré ; c'est-à-dire par la première puissance, qui en est constamment *la racine*. Ce produit ou puissance troisième forme un *cube* ; et par cube il faut entendre une masse quelconque, semblable à un dé à jouer, qui réunit tant en *longueur*, *largeur* qu'en *épaisseur*, les trois dimensions qui servent à mesurer tous les objets qui existent dans la nature.

On

On observera que hauteur , épaisseur et profondeur sont des mots synonymes, qui désignent toujours la troisième dimension des objets dont on parle. Mais on dira, l'épaisseur d'une planche , d'un mur ; la hauteur d'un arbre , d'un édifice ; la profondeur d'une maison, d'un trou : la pureté du langage exige ce choix de mots , quoiqu'ils énoncent la même chose , c'est-à-dire la troisième dimension.

Au résumé, la première puissance est une racine.

la seconde puissance est un carré.

la troisième puissance est un cube.

Et comme il n'y a que trois dimensions dans la nature , on ne doit voir dans les puissances supérieures que des calculs progressifs. Donc nous ne nous occuperons d'elles que pour éclairer les mouvemens de leur composition et de leur décomposition.

En matière de puissances , on entend par carré , une superficie parfaitement carrée ; c'est-à-dire que deux côtés parallèles en forment la longueur , et les deux autres la largeur.

Par exemple , si l'on fait le carré $2 \times 2 = 4$, il faut se figurer une chose qui auroit, je suppose, 2 pieds de longueur , 2 pieds de largeur , et qui formeroit cette figure. . . . .

C'est-à-dire qui diviseroit la chose en 4 carrés égaux , d'un pied carré chaque.

Le carré de 3 × 3 = 9 présenteroit 9 carrés pareils, sur 3 de longueur et 3 de largeur.

Le carré de 10 × 10 = 100 présenteroit 100 carrés semblables, sur 10 de longueur et 10 de largeur, etc.

Néanmoins, et quoique le carré ne puisse se former qu'avec des racines égales, on n'en divise pas moins les choses en carrés, quoiqu'elles aient des racines inégales ; car une chose qui auroit 3 pieds de largeur et 11 pieds de longueur, présenteroit une superficie de 33 pieds carrés . . .

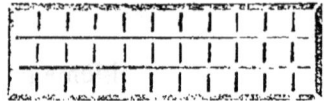

D'où l'on doit conclure que toute multiplication quelconque peut être considérée comme le produit d'une longueur quelconque par une largeur quelconque.

Si la longueur et la largeur peuvent être arbitraires, et néanmoins donner des *parties carrées*, l'épaisseur des choses non carrées, peut également être arbitraire, et donner des *parties cubes*.

Mais avant de développer les idées de ces dimensions, faisons connoître leurs mesures, et nous en serons mieux entendus.

Puisqu'il existe trois dimensions, il doit nécessairement exister trois espèces de mesures : de *courantes*, de *carrées* et de *cubes*.

Le pied courant, je suppose, est une longueur, dans laquelle on ne voit qu'une seule dimension, *la longueur*. C'est celle qui est communément en usage. Aussi, quand on parle de longueur simplement, il faut toujours entendre qu'elle est *courante*.

Le pied carré réunit les deux dimensions longueur et largeur : c'est un carré qui a un pied de longueur et un pied de largeur. Aussi, quand on parle de pied carré, faut-il toujours le qualifier de *carré*, pour le distinguer du pied courant.

Le pied cube réunit les trois dimensions, longueur, largeur et hauteur. C'est une masse ou bloc d'un pied de longueur, d'un pied de largeur et d'un pied de hauteur, semblable à un dé à jouer, présentant 6 faces d'un pied carré chaque. Quand on parle de pied cube, il faut toujours le qualifier *cube*, pour le distinguer du carré et du courant.

Ces trois mesures sont généralement affectées à tous les usages, quelle que soit la chose que l'on veuille mesurer, et sous quelque forme qu'elle se présente.

Donc les longueurs s'énoncent en pieds courans, les superficies en pieds carrés, et les masses en pieds cubes.

D'après les définitions données, il doit être senti, que les parties du pied courant, sont des fractions courantes, les parties du pied carré, sont des fractions carrées, et les parties du pied cube, sont des fractions cubes.

Et que les infiniment petites parties, sont toujours, malgré leur petitesse, ou courantes, ou carrées, ou cubes. D'où il faut conclure, que les grands carrés se forment par la réunion d'une multitude de petits carrés ; comme les grands cubes se forment d'une multitude de petits cubes ; car la *ligne carrée* est un carré, comme la *ligne cube* est un cube.

21 *

Chacune de ces mesures a des divisions qui lui sont particulières.

Si le *pied courant* se divise en 12 pouces,

Le pied carré se divise en 12 fois 12 pouces carrés = 144 pouces carrés. Car, puisqu'il a 12 pouces de longueur et 12 pouces de largeur, il a donc 12 longueurs de 12 pouces. Observons bien que le pied carré est un produit des deux dimensions ; donc l'une est multipliée par l'autre. Dès-lors, 12 pouces × 12 pouces = 144 pouces carrés, parce que chaque pouce carré est un petit carré d'un pouce de longueur et d'un pouce de largeur.

Le pied cube, produit du pied carré, composé de 144 pouces carrés, multiplié par la hauteur de 12 pouces, aura donc 12 fois 144 pouces cubes = 1728 pouces cubes. Car si nous donnons un pouce de hauteur au pied carré, chaque pouce carré devient un cube ayant longueur, largeur et hauteur égales ; donc les 144 pouces carrés sont devenus 144 pouces cubes. Or, le pied carré, obtenant 12 pouces de hauteur, se convertit en 12 fois un pouce de hauteur, c'est-à-dire en 12 fois 144 pouces cubes = 1728 pouces cubes.

D'après ces développemens, formons un tableau de toutes ces mesures ; il nous rendra ces différences plus sensibles.

	Courans.	Carrés.	Cubes.
La toise est de	6 pieds	36 pieds	216 pieds.
Le pied est de	12 pouces	144 pouces	1728 pouces.
Le pouce est de	12 lignes	144 lignes	1728 lignes.
Le pied est de	144 lignes	20,736 lignes	2,985,984 lignes.
La toise est de	72 pouces	5,184 pouces	373,248 pouces.
La toise est de	864 lignes	746,496 lignes	644,972,544 lignes.

L'énorme différence des produits est le résultat des observations faites plus haut ; et le calcul est facile à établir, puisque le courant multiplié par lui - même produit le carré, et que le carré de nouveau multiplié par le courant, produit le cube. Or,

la toise est de 6 pieds. Donc $6 \times 6 =$ le carré 36 pieds carrés ; et $36 \times 6 = 216$ pieds cubes.

le pied est de 12 pouces. Donc $12 \times 12 =$ le carré 144 pou. car. et $144 \times 12 = 1728$ pouces cubes.

le pouc. est de 12 lignes. Donc $12 \times 12 =$ le carré 144 lignes car. et $144 \times 12 = 1728$ lignes cubes.

le pied est de 144 lignes. Donc $144 \times 144 =$ le carré 207361. car. et $20736 \times 144 = 2,985,984$ li. cubes.

Donc, si le pied est $\frac{1}{6}$ de la toise courante ; il est le $\frac{1}{36}$ de la toise carrée ; il est le $\frac{1}{216}$ de la toise cube : il suffit donc de multiplier les quantités dans le même esprit que ci-dessus.

Ces mesures doivent être connues de tout le monde ; car les ouvrages des maçons, des couvreurs et des menusiers se confectionnent à *la toise carrée* ; c'est-à-dire que l'on convient avec eux d'un prix déterminé, pour la façon de chaque toise carrée d'ouvrage.

Supposons que l'on fasse entourer un terrain quelconque d'un mur, à raison de 4 francs de façon par
toise carrée. Le mur fini, se trouve être de 845 pieds
de longueur, et de 12 pieds de hauteur de sa base jusqu'à la crête.

$845 \times 12 = 10140$ Pieds carrés ; et $\dfrac{10140}{36} = 281$ toises

$\frac{24}{36}$ carrés, qui, à raison de 4 francs la toise, coûteroient
1126 fr. 66 c. de façon.

On remarquera que les 24 pieds restans sont les $\frac{24}{36}$
ou les $\frac{2}{3}$ de la toise carrée. Pareil calcul pour les ouvrages
des couvreurs et des menuisiers.

Il existe des usages sur la manière de mesurer les
travaux, que je ne détaillerai pas, parce qu'ils varient
à l'infini ; mais dont il est bon de s'instruire et de con-
venir en passant les marchés ; attendu qu'il est désa-
gréable de discuter avec les ouvriers, quand l'ouvrage
est confectionné, et que l'on est satisfait.

Si le carré se forme avec facilité, puisqu'il suffit
de multiplier la longueur par la largeur, ou bien la racine par elle-même, le cube se forme également en
multipliant le carré par la hauteur, ou le produit du
carré par la racine.

Si le cube est un solide, ce solide n'a que très-rarement les dimensions voulues ; c'est-à-dire qu'il est très-
rare que des masses ou corps solides forment des cubes
parfaits. Néanmoins, on les ramène au pied cube,
quelle que soit leur forme et leur épaisseur.

Supposons un objet quelconque, ayant 36 pieds

carrés de superficie ; il est constant que si nous lui donnons un pied d'épaisseur, nous y trouverons 36 pieds cubes, puisque chaque pied carré aura longueur, largeur et hauteur égales. Ce qui formera une couche de . . . . 36 pieds cubes.

Si à cette couche nous en ajoutons une semblable de. . . . . . . 36 *idem.*

Nous aurons, à 6 pieds de longueur et 6 pieds de largeur, une superficie carrée de 36 pieds carrés, qui, à 2 pieds de hauteur, nous donneront. . . . 72 pieds cubes.

Donc, si nous donnons à cette même superficie 6 pieds de hauteur, elle se composera de 6 couches de 36 pieds cubes chaque, faisant 216 pieds cubes.

Donc, la toise cube contient 216 pieds cubes ; c'est-à-dire 216 masses de 1 pied cube chaque : donc les grands cubes ne se composent qu'avec des petits cubes.

Il faut donc multiplier la superficie par la hauteur pour former le cube. Conséquemment, si cette hauteur n'étoit que de 6 pouces ou de la moitié du pied, les 36 pieds carrés ne seroient que des demi-pieds cubes. Il faudroit donc deux demi-pieds l'un sur l'autre, pour former le pied cube ; donc $\frac{36}{2} = 18$ pieds cubes.

Si cette hauteur n'étoit que de 1 pouce ou $\frac{1}{12}$ de pied, les 36 pieds carrés ne seroient que des $\frac{1}{12}$ du pied cube. Il en faudroit 12 l'un sur l'autre pour former un pied cube ; donc $\frac{36}{12} = 3$ pieds cubes.

C'en est assez pour nous donner une idée juste des racines, des carrés, des cubes et de ce qu'il faut observer quand il s'agit de réduire des dimensions au carré ou au cube : passons à d'autres objets.

On ne trouve, dans la nature, aucun objet qui soit de forme carrée, et on ne la donne que très-rarement à ceux d'agrémens ; tels que meubles, jardins, édifices, etc. qui, communément, sont plus longs que larges ; néanmoins, en multipliant leur longueur par leur largeur, on détermine la quantité des pieds carrés qu'ils contiennent.

Par exemple, mon jardin a 240 pieds de longueur, 180 pieds de largeur, et sa superficie est de 43200 pieds carrés ; c'est-à-dire de 43200 portions de terrain de 1 pied carré chaque ; parce que la longueur répète 240 fois la longueur 180 pieds.

Mais on seroit dans l'erreur, si, additionnant les deux dimensions 240 + 180 = 420, on croyoit que la moitié de cette somme, 210 pieds, fût la moyenne proportionnelle entre la longueur et la largeur du jardin.

Car le produit de 240 par 180 ne seroit que

$$43200 \text{ pieds carrés,}$$

tandis que 210 × 210 produiroient 44100 pieds.

Différence en plus   900 pieds carrés.

Et si l'on fait l'extraction de la racine carrée de 43200 pieds carré, on ne la trouvera être que de 207 pieds $\frac{111}{415}$, au lieu de 210 pieds.

La raison de cette différence provient de ce que les

mêmes produits peuvent être donnés par divers nombres.
Soit le produit 36, il peut être donné par

6 × 6 = 36. Cepend. 6+6=12, dont la ½ 6 formeroit le car. 36		
9 × 4 = 36	9+4= 3, dont la ½ 6 ½ *idem*	42 ¼
12 × 3 = 36	12+3=15, dont la ½ 7 ½ *idem*	56 ¼
18 × 2 = 36	18+2=20, dont la ½ 10 *idem*	100

Ce développement confirme ce que j'ai souvent répété, qu'il faut constamment se tenir en garde contre
les présomptions, et les soumettre au calcul avant de
les adopter comme des principes ou comme des conséquences. Et il en résulte qu'il faut toujours mesurer
les objets sur les lieux, si on veut connoître leur véritable forme; tandis que par l'extraction de la racine,
on les supposeroit carrés.

J'ai souvent vu des personnes très-éclairées, ne pouvoir se rendre raison de la quantité de pieds d'arbres, de
vignes, de choux et d'autres objets à planter dans un
champ, à distances égales. Elles croyoient, par exemple,
qu'en plantant des pommiers à 20 pieds de distance dans
tous les sens, dans un champ qui avoit 20,000 pieds
carrés de contenance, elles pouvoient y placer 1000
pommiers, attendu que $\frac{20000}{20} = 1000$.

L'erreur étoit très grave, parce que chaque arbre
occupoit le carré des distances. Or, si la distance à
leur donner est de 20 pieds, il faut en faire le carré.
Donc 20 × 20 = 400. Donc chaque arbre doit occuper
le carré de 400 pieds carrés; et $\frac{20000}{400} = 50$. C'est-

à-dire qu'on ne pouvoit planter dans ce champ que 50 pommiers.

Suffisamment éclairés sur tous ces objets, occupons-nous maintenant de la formation des puissances et de l'extraction de leurs racines; et quoique les puissances supérieures au cube ne soient que des calculs sans intérêt pour l'arithméticien, je leur donnerai l'intelligence de leur composition et de leur décomposition.

Quand les puissances n'ont qu'un seul chiffre pour racine, le tableau que j'en ai donné, justifie que l'extraction de la racine est très-facile.

Mais quand la racine se compose de plusieurs chiffres, il est indispensable alors de savoir comment les puissances s'élèvent, et ce qu'il faut observer dans le mouvement pour le décomposer, attendu qu'il s'agit de chercher le diviseur qui est inconnu; et comme la puissance supérieure au cube est le produit de plusieurs multiplications répétées, cette division devient d'autant pénible à résoudre.

J'observerai, néanmoins, que pour l'extraction des racines, on n'opère, à quelque degré que les puissances s'élèvent, que comme si l'on n'avoit que deux chiffres à la racine; c'est-à-dire, des *dizaines* et des *unités*. Donc, quelque soit le nombre de chiffres qu'une puissance quelconque, doive donner au quotient, il faut agir comme si elle ne devoit en donner que deux. Car les unités, *pour lesquelles seules on opère*, deviennent successivement des dizaines, jusqu'à ce que le dernier chiffre demeure au rang d'unité.

Par la même raison, je ne formerai les puissances qu'avec une racine de deux chiffres ; et la racine 24 suffira d'autant mieux à mes développemens, qu'une racine de trois chiffres seroit plus propre à les obscurcir qu'à les éclairer.

Pour bien saisir la cause qui donne les produits des puissances, il faut séparer les dixaines des unités ; et en multipliant par 20 + 4 au lieu de 24, les mouvemens mieux ordonnés se montrent et se conçoivent avec aisance.

DE L'ÉLÉVATION A LA SECONDE PUISSANCE, C'est-à-dire au Carré.

Multiplions la racine $\quad\quad\quad\quad 20 + 4$
par elle-même $\quad\quad\quad\quad\quad 20 + 4$

$4 \times 4 =$ 16 carré des unités $\quad\quad\quad\quad\quad\quad 16$

$4 \times 20 =$ 80 produit des dixaines 2 par
les unités 4 $\quad\quad\quad\quad\quad\quad 80 \quad\quad ''$

$20 \times 4 =$ 80 produit des dixaines 2 par
les unités 4 $\quad\quad\quad\quad\quad\quad 80 \quad\quad ''$

$20 \times 20 =$ 400 carré des dixaines $\quad 400 \quad\quad '' \quad\quad ''$

Donnant les trois produits $\quad 400 \quad 160 \quad 16$

La puissance première 24 a donné pour seconde puissance ou le carré, trois produits bien distincts.

1°. Le carré des dixaines $20 \times 20 =$ 400, ci. . 400
2°. *Deux fois les dixaines* par les unités. 160
3°. Le carré des unités $4 \times 4 =$ 16, ci. . . 16

$\quad\quad\quad\quad\quad$ Total $\quad\quad 576$

On remarquera dans ce résultat plusieurs choses essentielles à connoître, pour l'intelligence de toutes les puissances, et que j'invite à bien méditer.

1°. Que la puissance seconde présente trois produits ; c'est-à-dire un de plus que le degré où la puissance est élevée : c'est de règle générale. Donc la puissance troisième donnera 4 produits, la puissance quatrième en donnera 5, etc.

2°. Que le premier et le dernier produit sont toujours de même espèce. Ici ce sont des carrés, parce que la seconde puissance est un carré : le premier est le carré des dixaines, le dernier est le carré des unités.

3°. Que le second produit est toujours d'un degré inférieur à la puissance qui le donne. Ici la puissance est un carré, et le second produit est purement des dixaines par les unités.

4°. Que le second produit, quoique d'un degré inférieur à la puissance qui le donne, indique toujours *la quantité de fois* (ce produit inférieur) *égal à sa puissance*. Ici, c'est la deuxième puissance, et il donne 2 *fois* le produit inférieur.

5°. Ce second produit est constamment le diviseur ; c'est-à-dire qu'il indique combien de fois il faut multiplier les dixaines qui sont au quotient pour établir le diviseur : ici il représente *deux fois les dixaines* ; donc il faut doubler les dixaines du quotient, et ces dixaines ainsi doublées seront le diviseur du dividende.

Avec ces observations, faciles à saisir et bien senties, on s'assurera si les produits sont ce qu'ils doivent être, et l'on opérera avec intelligence.

Pour extraire les racines d'une puissance quelconque, il faut examiner sa composition. Deux chiffres multipliés par 2 chiffres, en donnent 3 ou 4 au produit ; donc il faut chercher chaque chiffre de la racine dans 2 chiffres du produit. Donc il tombe sous les sens qu'il faut séparer ce produit de deux en deux chiffres, en commençant par la droite ; de sorte que si le produit n'a que 3 chiffres, la tranche à gauche n'en aura qu'un.

Or, si le produit du carré se tranche de 2 en 2 chiffres, celui du cube ou 3.e puissance, se tranchera de 3 en 3, celui de la 4.e puissance, se tranchera de 4 en 4, etc. parce que ces puissances ne s'élèvent que par de nouvelles multiplications.

Quand le produit est tranché, on n'a que deux choses à lui demander : des *dixaines* et des *unités*. La première tranche à gauche donne les dixaines, les autres donnent des unités.

Au restant de la première tranche, on ajoute la seconde, ce qui forme un dividende que l'on divise, ainsi que je l'ai fait observer pour la composition du diviseur.

On observera qu'après avoir extrait la dixaine de la première tranche, on ne cherche ensuite que des unités. Mais ces unités deviennent dixaines, lorsqu'il reste encore des tranches à diviser ; puisque ce n'est que la dernière tranche qui, définitivement, donne des unités. Conséquemment, et jusqu'au moment où la dernière tranche donne, il faut ne voir que des dixaines au quotient.

Avec ces observations simples ; on opérera sa
éprouver le moindre doute , et l'on aura des guides
très-sûrs. Mais je ne le dissimule pas , ces calculs sont
très-fatigans , lorsque les puissances sont élevées. Ce-
pendant si l'on réfléchit aux succès que l'on obtient ,
à la facilité que l'on acquiert par l'habitude du travail,
aux acquisitions du génie , on les abordera sans crainte
et même avec plaisir.

DE L'EXTRACTION DE LA RACINE CARRÉE.

La puissance 24 , élevée au carré , a
donné le produit. 5,76

Après avoir tranché le produit de
droite à gauche , nous verrons deux tranches , 5 et 76. Dans la première , nous
trouverons les dixaines ; dans la seconde ,
ajoutée au restant de la première , nous
trouverons les unités.

Le plus grand carré contenu dans la
tranche 5 , est 4 , dont la racine est 2.
Posons 2 au quotient , et de 5 retranchons
4 , ci. . . . .

Il nous reste 1. A côté de ce reste ,
abaissant la seconde tranche , 76 , nous
aurons pour le dividende des unités. .

Le second produit de la puissance , qui
est 2 *fois les dixaines* , nous indique qu'il
faut multiplier les dixaines du quotient
par 2 , pour former notre diviseur. Or ,
$2 \times 2 = 4$, que nous poserons au-dessous
de la barre , et 4 dixaines ou 40 seront
le diviseur de 176.

	Quotient 24
	Diviseur 40
	ou 4
4	
176	

Disons donc ; en 176 combien de fois
40 ? ou plus simplement en retranchant
idéalement du dividende autant de chiffres
qu'il y a de zéros au diviseur , en 17
combien de fois 4 ? Réponse, 4 fois. Ecri-
vons donc 4 au quotient , et nous aurons
20 pour dixaines , 4 pour unités et 24
pour racine. Et disons ensuite , d'après
ce que la composition nous apprend ;
dans le dividende 176 , nous devons trouver , 2 fois les dixaines par les unités.
Donc 20 × 2 = 40 × 4 =   160
plus le carré des unités 4. Or, 4 × 4 = 16

Et soustrayant ce produit du divi-   176
dende , il reste.   0

Tel est le mécanisme de la décomposition du produit que nous avions composé : les mêmes élémens
composans ont décomposé. Donc tout est clair et
précis.

Si l'on connoissoit le diviseur , on ne feroit qu'une
simple division , et l'on auroit également 24 au quotient ; puisque les deux facteurs sont égaux , et que
24 × 24 = 576. Mais ces deux facteurs sont ignorés
ou censés l'être , et ils le sont effectivement quand
on ne connoît que le produit , et que l'on cherche à
en connoître les facteurs.

Néanmoins , l'extraction d'une racine carrée , peut
se trouver avec plus de facilité, quand sur un dividende
on cherche des unités.

Dans l'opération précédente, le dividende étoit 176. Nous savons que nous devions y trouver *deux fois les dixaines par les unités*, plus *le carré des unités* : tout cela se trouve plus simplement en ajoutant, *tant au diviseur qu'au quotient*, les unités données par le diviseur.

Si le chiffre 2 du quotient doublé, nous a donné 4 pour diviseur ; et si ce diviseur 4 a été contenu 4 fois en 17, il suffisoit d'ajouter ce dernier 4 à côté de celui du diviseur après l'avoir posé au quotient ; et dès-lors le diviseur 44 multiplié par le 4 mis au quotient, nous eût donné d'un seul coup les deux produits qu'il contenoit.

Remarquons bien que la première tranche à gauche contient toujours la puissance des dixaines, et que chaque autre tranche, ajoutée au restant de celle qui la précède, contient tous les autres produits, en quelque nombre qu'ils soient. Conséquemment, chaque tranche forme un dividende qui donne des unités. Donc si l'on cherchoit la racine d'un carré de 4 tranches, donnant 4 chiffres à la racine, on opéreroit, à chaque dividende, comme si l'on cherchoit des unités.

Essayons l'extraction d'un nombre carré de quatre tranches, devant donner quatre chiffres au quotient, et l'exemple justifiera de l'observation.

AUTRE

AUTRE EXEMPLE.

Quelle est la racine du nombre carré 7,55,15,04

Le plus grand carré de la première tranche 7 est 4, dont la racine est 2.   4

Le premier dividende se compose du restant 3, et de la seconde tranche 55 = 355

Le premier diviseur formé par le double de la dixaine 2 du quotient, est 4. Donc en 35 combien de fois 4? il y seroit 8 fois. Mais si l'on remarque que l'excédant de 320, qui ne seroit que 35, doit donner le carré des unités 8, qui seroit 64, on sentira que 355 ne peut donner que 7 fois 40; donc portant 7, tant au quotient qu'au diviseur, qui sera alors 47, et multipliant ce diviseur par le 7 mis au quotient, nous aurons d'emblée, le double des dixaines par les unités, plus le carré des unités, dans l'unique produit 47 × 7   =   329

Le second dividende se compose du restant 26, et de la troisième tranche 15

Pour former notre second diviseur, doublons les 27 dixaines qui sont au quotient, et notre second diviseur sera 54.

Maintenant, en 26 combien de fois 5? il y seroit 5 fois. Mais 5 fois 540 qui seroient 2700, nous oblige à ne dire que 4 fois. Portant donc 4, tant au quotient qu'au diviseur, le produit 544 × 4 =   2176

nous donne pour restant 439, qui, avec la dernière tranche 04   =   43904

Le restant 439 est fort; mais étant

Racine
2748

1.er div. 4.7
2.e div. 54.4
3.e div. 548.8

2615

22

moindre que le diviseur 544, il est bien,
et notre troisième dividende est exact.

En doublant les 274 dixaines qui sont
au quotient, notre troisième diviseur sera
548. Et disant, en 43 combien de fois 5?
la réponse 8 est satisfaisante. Dès-lors,
après avoir écrit 8, tant au quotient qu'au
diviseur, le produit 5488 × 8 ⟹ 43904

Ne laissant aucun restant. . . . 0000

justifie que le nombre 7.55.15,04 étoit un carré parfait, et que nous avons bien opéré.

On vérifie l'exactitude des divisions ordinaires, en
multipliant le quotient par le diviseur; de même, on
vérifie l'extraction des racines, en multipliant le quotient par lui - même; attendu que les puissances se
forment par la multiplication de la racine par elle-
même. Or, si la racine est doublement facteur de la
puissance, le quotient de la division est nécessairement
quotient et diviseur en même temps.

Donc la racine   2748
multipliée par elle-même   2748
                        ─────────
                        21984
                        10992.
                        19236..
                        5496...
                        ─────────

donnant le même carré 7551504 confirme l'exactitude du travail.

Toutes les fois que le nombre que l'on donne pour
carré sera le produit d'une racine, multipliée par elle-
même, il ne restera aucun nombre indivisible. Alors
ce nombre est qualifié de *commensurable*. Mais s'il
reste des nombres indivisibles, il est qualifié *d'incom-*

mensurable, parce qu'il est impossible de rétablir le dividende par la multiplication du quotient par lui-même.

Tout nombre carré commensurable donne des racines
entières *exactes*. Mais tout nombre carré incommensurable, ne peut donner que des racines fractionnaires, par
conséquent inexactes.

Par exemple, si l'on demandoit la racine
du nombre carré. 48
on ne pourroit en extraire que la racine 6,
donnant le carré. 36

Et il resteroit le nombre indivisible. . . 12

Si, du même nombre carré 48, on vouloit en extraire la racine 7, dont le carré est 49, ce carré ex-
céderoit de 1 celui de 48.

Donc, le nombre carré 48 est incommensurable,
puisque, dans les deux suppositions, il y a manquant
ou excédant. Or, la racine se composera de nombres
fractionnaires ; et deux nombres, *ayant les mêmes
fractions*, multipliés l'un par l'autre, donneront toujours des fractions au produit. Donc la racine, qui ne
reproduira pas le carré, dont elle émane, ne sauroit
être exacte.

Au moyen des fractions décimales, on approche
de très-près de l'exactitude, mais encore n'est-elle
qu'approchée ; et le restant perpétuel qui s'oppose in-
vinciblement à cette exactitude, inutilement cherchée,
force à se contenter d'un *à peu près*.

Pour obtenir la racine approchée à *un millième près*,
il faut réduire le nombre carré *au millionième*. Car

22 *

un facteur 1000ᵉ multiplié par le 1000ᵉ = le 1,000,000ᵉ. Conséquemment, si des millièmes, qui ont 3 zéros, en produisent six, il est clair que la division de 6 zéros par 2, en donnera 3 au quotient. Donc 2 zéros au dividende en donneront 1 à la racine ; donc il faut ajouter autant de tranches de deux zéros au dividende carré que l'on veut avoir de zéros au quotient.

Conséquemment, le cube qui est le produit de 3 fois la racine, exigera 3 zéros par tranche. La quatrième puissance, qui est le produit de 4 fois la racine, en exigera 4 à chaque tranche. Donc, règle générale, le degré des puissances déterminera toujours le nombre de chiffres dont chaque tranche devra se composer, pour en donner un à la racine.

D'après ces bases, cherchons la racine la plus rapprochée du nombre carré 48, à un millième près, en lui adjoignant 3 tranches de zéros.

		Racine
Quelle est la racine à un millième près, du nombre carré	48,00,00,00	6,928
Nota. On connoit le mécanisme de cette opération ; je ne la détaillerai pas.	36	Diviseurs.
	‾‾‾‾‾	1.ᵉʳ 12.9
	1200	2.ᵉ 138.2
	1161	3.ᵉ 1384.8
	‾‾‾‾‾	
	3900	
	2764	
	‾‾‾‾‾	
	113600	
	110784	
Reste	‾‾‾‾‾ 2816	

La racine est 6 entiers 928 millièmes; et c'est le restant inévitable 2816, qui, quoique très-petit, s'oppose à l'exactitude des résultats; attendu que

la racine	6,928
× par elle-même	6,928

$$55424$$
$$13856.$$
$$62352..$$
$$41568...$$

ne produit que	47,997184
qui, avec le restant	2816
reproduit le carré	48,000000

Il faut conclure de cette opération, que les carrés des racines inégales sont généralement incommensurables, et que les racines ne sont entières que dans de vrais carrés, produits par des racines égales.

Un moyen simple d'obtenir la racine approchée du carré incommensurable se présente par le carré lui-même, et peut dispenser des longues opérations par les fractions décimales.

Si le carré de 6 est 36, si le carré de 7 est 49 : la différence entre les deux carrés est 13; et 13 est le nombre que l'unité de 6 à 7 absorberoit.

13 Est encore la somme de la racine inférieure 6, plus la racine supérieure 7, puisque 6 + 7 = 13, comme 36 + 13 = 49.

Or, s'il faut le nombre 13 pour élever la racine de

48, de 6 à 7, le restant 12 du nombre carré 48 , est $\frac{12}{13}$; c'est-à-dire que la racine carrée de 48 est 6 $\frac{12}{13}$.

D'un carré à l'autre la différence est toujours la valeur d'une unité à ajouter à la racine ; car si 10 × 10 = 100, si 11 × 11 = 121 , la différence 21 est également celle de 10 + 11 = 21.

Donc , si dans l'extraction d'une racine , on avoit au quotient 2450, et que l'on voulût connoître le nombre qu'une unité à ajouter à cette racine absorberoit , on diroit tout simplement 2450 + 2451 = 4901. Or, s'il falloit le nombre 4901 pour élever la racine 2450 à 2451 , il est senti que tout restant moindre que 4901 seroit insuffisant ; donc il ne seroit que le numérateur d'une fraction dont 4901 seroit le dénominateur. Avec cette simplicité, on sauroit toujours si le restant peut donner ; et dans le cas contraire, quelle seroit sa véritable valeur fractionnaire.

Donc, sans recourir aux longues opérations des fractions décimales, on connoîtra , dans tous les temps , la vraie valeur *approximative* du restant indivisible.

Je dis la valeur *approximative*, parce que , je le répète , tout nombre fractionnaire multiplié *par lui-même* , donnera toujours un produit fractionnaire. Donc, ne pouvant donner des nombres ronds , ils ne seront jamais qu'approchés.

Si la racine du nombre carré 48 , est plus de 6 et moins de 7 , elle se trouve donc entre 6 et 7 = 13 ; comme entre les carrés 36 et 49 la différence est 13. Néanmoins, et par une bizarrerie singulière, 6 $\frac{12}{13}$, racine de 48 , ne rendra jamais le nombre carré 48.

Si nous réduisons 6 $\frac{12}{13}$ en 13.es, nous aurons $\frac{90}{13}$, et

$$\frac{90 \times 90}{13 \times 13} = \frac{8100}{169} = 47 \frac{157}{169}$$

6 $\frac{12}{13}$ N'est donc pas la véritable racine du carré 48 ;
Contentons-nous d'en approcher, puisqu'il ne nous
est pas permis d'y atteindre.

Il semble que la nature ait voulu prescrire des bornes
au génie ; car ces bizarreries se rencontrent dans toutes
les sciences.

L'octave de la musique, très-harmonieuse, et donnant des accords parfaits, se compose de 6 tons et de
2 demi-tons, qui, dans le mode majeur, se trouvent
de la tierce à la quarte, et de la septième à l'octave ;
et qui, dans le mode mineur, se trouvent de la seconde
à la tierce, et de la quinte à la sixte, invariablement
dans tous les tons. Changer cet ordre inconcevable,
c'est détruire toute harmonie : il faut donc obéir à une
cause inconnue, incompréhensible, sous peine de
discordance.

Le rapport du diamètre à la circonférence est inconnu. Archimède l'établit de 7 à 22 ; Métius de
113 à 355 : il est approché de très-près, mais il n'est
pas exact.

La ligne diagonale, qui coupe un carré par ses
angles, et que les géomètres nomment l'hypothénuse,
est également incommensurable ; et cela doit
être, puisqu'elle est le diamètre du cercle qui circonscrit le carré. Le carré de cette hypothénuse se compose bien de la somme des carrés de la longueur et

de la largeur du carré qu'elle coupe; mais on n'a jamais pu trouver une racine entière dans cette somme.

Par exemple, si la longueur 6 pieds produit le carré   36
si la largeur   6 pieds produit le carré   36

L'hypothénuse aura pour carré la somme   72
pieds carrés, dont la racine sera 8 pieds $\frac{8}{17}$ carrés.

8 Pieds $\frac{8}{17}$ carrés n'est pas une longueur exacte : si
elle étoit trouvable, le rapport du cercle au diamètre
seroit connu, et l'inutile et fameux problême de la
quadrature du cercle seroit résolu.

Parmi tous les carrés possibles, provenant même
de deux racines inégales, on n'en a trouvé que deux
dont la somme forme un carré donnant une racine
sans reste ; ce sont :

les racines $3 \times 3 =$ le carré 9 } dont la somme 25 donne la
$4 \times 4 =$ le carré 16 } racine 5.

Leurs dérivés, comme 6 et 8, comme 9 et 12,
comme 12 et 16, etc., etc. formeront des sommes,
donnant des racines sans reste ; mais hors delà, toutes
celles qui n'auroient pas les racines 3 et 4 pour souche,
seront incommensurables : ne nous décourageons donc
pas si de pareils calculs se refusent à l'exactitude ; la
cause nous est connue.

Passons au cube, c'est-à-dire à la racine élevée à sa
troisième puissance ; et n'oublions pas que le cube,
étant le produit d'une superficie, multipliée par la
hauteur, se tranche de 3 en 3 chiffres, et que chaque
tranche donne un chiffre à sa racine

ÉLÉVATION A LA TROISIÈME PUISSANCE,
Ou au Cube.

Si le carré de la racine 24 a donné les trois produits 400 160 16

multipliés par la racine   20   4

	1600	640	64
8000	3200	320	//

Le cube donnera 4 produits   8000 4800 960 64

Ces 4 produits se composent de

1°. Le cube des dixaines 20 × 20 = 40 × 20 =   8000 //

2°. *Trois fois le carré des dixaines* par les unités   4800 //

20 × 20 = 400 × 3 = 1 00 × 4 = 4800

3°. Trois fois les dixaines 20, par le carré des unités.   960 //

20 × 3 = 60 × 16 (4 × 4) = 960

4°. Le cube des unités 4 × 4 = 16 × 4 =   64 //

Total. 13824 //

Dans les produits des puissances, on ne doit voir que des dixaines et des unités, comme on n'en extrait que des dixaines et des unités.

On remarquera que, des extrémités au centre, les produits correspondans donnent les mêmes quantités de fois : le 1.er et le 4.e *des cubes;* le 2.e et le 3.e, *trois fois.*

Si le premier donne le cube des *dixaines*, le dernier donne le cube des *unités.*

Si le second donne *trois fois* le carré des dixaines, le troisième donne également *trois fois* les dixaines simples.

Cette correspondance entre les produits également

distans du centre , est la même dans tous les degrés
des puissances ; donc , on doit y faire attention.

On remarquera encore que , si les dixaines dégradent
par chaque produit , les unités s'élèvent en même
temps : c'est le même jeu dans tous les degrés des
puissances.

Si le 1.ᵉʳ produit donne *le cube* des dixaines.

le 2.ᵉ n'en donne que *le carré* des dixaines par les *unités* simples.

le 3.ᵉ n'en donne que *les dixaines* simples par le *carré* des unités.

le 4.ᵉ donne   le *cube* des unités.

On remarquera enfin , que le premier et le dernier
produits sont toujours *purs* et sans mêlange de dixaines
et d'unités ; l'un est *cube de dixaines ;* l'autre *cube des
unités.*

Que l'on se rappelle bien qu'à quelque degré que
la puissance soit élevée , le second produit donne le
diviseur : ici c'est *3 fois le carré des dixaines* qui
sont au quotient , il donne toujours la quantité de
fois , le degré de la puissance dont il émane ; mais
dans un rang inférieur , la puissance est au *cube ,*
et il ne donne que 3 fois le *carré ,* c'est-à-dire , qu'il
obéit à la dégradation des dixaines.

EXTRACTION DE LA RACINE CUBIQUE.

	Racine
Quelle est la racine du nombre cube 13,824	24

	Diviseur
Dans la première tranche à gauche, 13, on doit trouver le cube des dixaines. Le plus grand cube de 13 est 8 , dont la racine est 2. On pose 2 au quotient, et l'on retranche 8 de 13. 8	12000u12

Il reste 5. Ajoutant à côté de la seconde
tranche, on aura 5824 pour dividende.   5824

Pour établir le diviseur, il faut, d'après
l'indication donnée par le second produit,
faire *3 fois le carré de la dixaine qui est
au quotient.* Cette dixaine est 2. Or, le
carré de 2 est 2 × 2 = 4, et 3 fois 4 ou
4 × 3 = 12; donc, notre diviseur sera
12, c'est-à-dire, 1200, parce que la dixaine est 2 ou 20. Or, 20 × 20 = 400
× 3 = 1200.

En conséquence en 5824 combien de
fois 1200? ou plus simplement, en retranchant autant de chiffres du dividende qu'il
y a de zéros au diviseur, en 58 combien
de fois 12? réponse 4 fois. On porte le 4
au quotient, et la racine sera 24.

Maintenant cherchons les trois produits que le dividende doit contenir,
pour donner des unités au quotient,

1°. 3 fois le carré des dixaines par les
   unités. 4800
        1200 × 4 = 4800
2°. 3 fois les dixaines par le
   carré des unités. . . .   960
        20 × 3 = 60 × 16 = 960
3°. le cube des unités 4 × 4 × 4
   = 64, ci.   64   5824
                           ────
         Il reste   000

Quand l'unité est donnée par le diviseur, on peut
se dispenser de faire le calcul des trois produits, il
suffit de faire le cube de la racine. Si le produit est

égal au nombre dont on a extrait la racine, on est assuré d'avoir bien opéré. Mais en agissant ainsi, on ne s'instruit ni sur les causes ni sur les effets, et quand un travail est machinal, le génie se rétrécit.

D'ailleurs, si le nombre cube donné étoit incommensurable, et qu'après en avoir extrait la racine, il restât un nombre indivisible, on seroit très-embarrassé de lui assigner une valeur, si les lois de la composition et celles de la décomposition étoient inconnues.

Supposons un instant qu'au lieu de 13824, on nous eût donné le nombre 15024, il nous seroit resté 1200 indivisible. Ce restant pourroit-il élever la racine de 24 à 25 ? Remarquons bien que notre dividende, au lieu de 5824, eût été 7024, et qu'en 7024 nous eussions trouvé 5 fois 1200 et plus. Aurions-nous pu porter 5 au quotient ?

C'est ce doute qu'il faut éclairer, en faisant connoître le nombre qu'une unité a adjoindre au quotient auroit absorbé ; suivons à cet égard la marche que j'ai tracée dans le tableau des puissances au commencement de ce chapitre, article du cube.

Nous y verrons qu'indépendamment de la progression qui dirige le carré, la raison 6 qui forme une seconde progression particulière, s'identifie avec la première, et fait corps avec elle. Donc, si nous multiplions l'une par l'autre, nous connoîtrons tous les degrés d'élévation d'une racine à l'autre.

Conséquemment multiplions la racine 24 par 6 $=$ 144

Cherchons la valeur progressive de 24 par le terme moyen de la somme des extrêmes,

$24 + 1 = \dfrac{25}{2} = 12\frac{1}{2}$, ci. . . . . $12\frac{1}{2}$

$$1728$$
$$72$$

A quoi faut-il ajouter l'unité de 24 à 25   1

Et nous aurons pour le nombre à absorber   1801

Donc si la racine 24 a absorbé le cube 13824

il auroit fallu qu'il eût été de   15625 pour don. la racine 25

Puisque la différence entre eux est de 1801

Conséquemment le restant indivisible 1200 eût été insuffisant, et la racine du nombre supposé 15024, n'eût été que de 24 entiers $\frac{1200}{1801}$.

Ce calcul simple et raisonné seroit d'un grand secours dans des opérations considérables. Il dispenseroit du moins de recourir aux fractions décimales qui, en raison de l'augmentation des tranches, donnent trop de chiffres à mouvoir.

Ce calcul a un autre avantage également précieux, c'est que sans fatigue, on peut ajouter à celui fait sur une racine, autant d'unités à la racine que l'on voudroit, avec la plus grande aisance,

Si, connoissant le nombre à absorber de 24 à 25 qui est. 1801

on vouloit connoître celui de 25 à 26, il suffiroit d'ajouter. . . . . 25 $\times$ 6 $=$ 150

Et la racine de 25 à 26 absorberoit le nombre   1951

et continuant ainsi, on iroit à l'infini.

Donnons maintenant l'exemple d'un cube à trois tranches.

	Racine.
Quelle est la racine du nombre cube 40,707,584	344

Le plus grand cube de 40 est 27, dont la racine est 3 27

	Diviseurs.
	1.er 27
	ou 2700
	2.e 3468
	ou 346800

Reste 13, plus la seconde tranche 707, forme le dividende. . . . 13707

Le carré de la racine 3 est 9, et 3 fois 9 = 27 en est le diviseur.

En 137 combien de fois 27? il y seroit 5 fois. Mais si l'on observe qu'il ne resteroit que 207 pour les autres produits, on ne dira que 4, que l'on écrira au quotient, et on établira les 3 produits, en disant :

1°. 3 fois le carré des dixaines ou le
diviseur 2700 × 4 =   10800

2°. 3 fois les dixaines 30 × 3
  = 90 × 16 carré des unités = 1440

3°. le cube des unités 4 × 4 × 4 = 64   12304

Reste 1403, plus la dernière tranche 584, forme le dividende   1403584

Le carré de la racine 34 est 1156 × 3 fois = 3468, ou 346800 pour diviseur.

En 14 combien de fois 3? réponse 4, que l'on écrit au quotient, où l'on aura la racine 344, opérant ensuite, on établit les 3 produits ;

1°. 3 fois le carré des dixaines, ou le

diviseur , 346800 × 4 = 1387200

2°. 3 fois les dixaines 340 × 3

    = 1020 × 16 carré des uni-

tés = ... 16320

3°. le cube des unités 4 × 4 × 4 =   64   1403584

Le restant o annonce que le nombre

étoit un cube parfait   00000

On vérifie ces opérations en élevant la racine au cube.

Cette racine est	344	
× par elle-même	344	

                 1376

                 1376.

                 1032..

Carré ou superficie   118336

× la même racine   344

                 473344

                 473344.

                 355008..

Cube ou solide   40707584 produit pareil au nombre donné.

Quand on aura des nombres cubes qui ne donne-ront pas des racines exactes, on établira les restans en fractions, ainsi que je l'ai indiqué, et l'on s'évitera l'inutile et fatigant travail, d'en chercher la valeur approximative par le calcul des fractions décimales.

Ces fractions incommensurables n'existent que dans les nombres , et non dans les choses. Mon jardin n'est pas carré , ma maison n'est pas cube. Leurs dimen-sions sont exactes , leurs produits sont commensurables.

Mais si l'on vouloit en extraire une racine, elle seroit nécessairement fractionnaire, parce qu'il faudroit considérer comme carré, comme cube, ce qui n'est ni carré ni cube : voyons et mesurons les choses, telles qu'elles sont, et nous ne rencontrerons rien d'incommensurable.

Je pourrois m'arrêter ici. Mais cet ouvrage, pouvant servir à d'autres qu'à des arithméticiens, éclairons le jeu des puissances, avec cette profondeur qui en rend les compositions et les décompositions très-faciles.

Nous savons que chaque puissance donne un produit de plus que le degré où elle est élevée. Nous savons que chaque produit se compose *d'une certaine quantité de fois* les dixaines, multipliées par des unités, et que c'est ce qu'il faut connoître pour parvenir à leur décomposition. Nous savons enfin que, dans l'extraction des racines, on ne cherche que des dixaines et des unités ; conséquemment, qu'une racine de deux chiffres seulement, est celle qui éclaire le mieux les lois de la composition et celles de la décomposition.

D'après ces bases, et en nous servant du théorême (plus connu sous le nom de binôme) de Newton, le plus célèbre des mathématiciens, nous donnerons une parfaite intelligence du jeu des puissances et de l'extraction de leurs racines, quel que soit le nombre de leurs chiffres.

Par *binôme*, on entend un nombre séparé en deux parties ; et c'est ainsi que j'ai présenté la racine 24,

dont

dont j'ai fait le binome 20 + 4, c'est-à-dire en sépá-
rant les dixaines des unités.

En nous servant de signes, au lieu de chiffres, les
produits se présentent développés, et on n'est pas obligé
de les chercher : que x représente les dixaines, que 1
représente les unités, et tout sera précis : donc, au
lieu de 24 ou de toute autre racine, nous aurons le
binome $x + 1 = 20 + 4$.

Mais pour élever cette racine à tous les degrés de
puissance, il faut savoir multiplier avec les signes
comme on multiplie avec les chiffres ; et c'est ce que
quelques notions algébriques nous apprendront facilement.

L'algèbre ne calcule pas ; elle montre seulement ce
qu'il y a à faire pour parvenir à la solution des
questions, qui se résolvent ensuite par les procédés
arithmétiques.

Pour additionner $x + x$, elle dit simplement $2x$;
puisque $1x + 1x = 2x$, comme 1 écu + 1 écu = 2
écus : *le chiffre qui précède* la lettre, est toujours l'indice de l'addition ; il se nomme *coéfficient*. Ce coéfficient précède ou est censé précéder toutes les lettres ;
car dans x il faut voir $1x$.

Pour multiplier x par x, on ajoute les deux facteurs
ensemble. Or $x \times x = xx$, comme $xx \times x = xxx$.
Mais attendu que la multitude de lettres seroit embarrassantes, $xx = x^2$, comme $x^2 \times x = x^3$. *Le*
chiffre qui suit la lettre, est l'indice de la multiplication ; il se nomme *exposant* : ce chiffre indique la

23

puissance à laquelle la lettre a été élevée : il est donc senti que x^1 est à la première puissance, comme 2^5 est à la cinquième.

Ainsi que le coéfficient 1, est toujours censé précéder les lettres, l'exposant 1, est toujours censé les suivre, quoiqu'on ne les y place pas ; car dans x, il faut voir $1 x^1$.

Il ne faut pas confondre le coéfficient avec l'exposant, quoiqu'ils soient tous les deux multiplicateurs ; car si $x = 20$, $2 x$ seront $20 \times 2 = 40$; et x^2 seront $20 \times 20 = 400$. Or, si l'exposant annonce le degré de puissance de la lettre, le coéfficient annonce combien de fois cette puissance doit être ajoutée à elle-même : pour les distinguer, le coéfficient s'écrit gros, et l'exposant s'écrit petit et au dessus de la lettre.

Si l'on avoit $2 x^2$, on verroit dans l'exposant 2 le carré de x. Donc si $x = 20$, on dira $20 \times 20 = 400$, et ensuite dans le coéfficient 2, deux fois le carré $400 = 800$.

Pareillement en $3 x^5$, on verroit dans l'exposant 5, la cinquième puissance de $20 = 3.200.000$; et dans le coéfficient 3, trois fois $3.200.000 = 9.600.000$.

Avec ces notions, simples et précises, il nous sera facile d'élever le binome à telle puissance qu'il nous plaira : et mettant en regard la même opération avec les chiffres, l'une servira à développer le mécanisme de l'autre.

Si le binome est $x + 1$ représentant $20 + 4$
multiplié par lui-même $x + 1$ multiplié par $20 + 4$

$$1\,x + 1^2 \qquad\qquad 80 + 16$$
$$x\,x + 1\,x \qquad\qquad 400 + 80$$

Carré, trois produits $x^2 + 2x^1 + 1^2$ *Idem* $400 + 160 + 16$

Le binome est une racine. Multipliée par elle-même, son produit est le carré ou seconde puissance ; et ce produit en présente trois partiels.

x^2 Est le carré des dixaines $\qquad 20 \times 20 = 400$
$2\,x^1$ Sont deux fois le produit des
dixaines par les unités. $\quad 4 \times 20 = 80 \times 2 = 160$
1^2 Est le carré des unités. $\quad . . \qquad 4 \times 4 = 16$

Produit de $24 \times 24 = \qquad 576$

Si nous multiplions les produits du carré par la racine, nous éleverons le binome à la troisième puissance. Donc

Si le carré est $\quad x^2 + 2x^1 + 1^2$ représent. $400 + 160 + 16$
multiplié par $\qquad x + 1$ multiplié par $\quad 20 + 4$

$$1x^2 + 2x^1 + 1^3 \qquad\qquad 1600 + 640 + 64$$
$$x^3 + 2x^2 + 1\,x \qquad\quad 8000 + 3200 + 320$$

Cube, 4 prod. $x^3 + 3x^2 + 3x^1 + 1^3$ *Id*. $8000 + 4800 + 960 + 64$

Le cube présente quatre produits ; ils sont :

x^3 Le cube des dixaines. $. . . 20 \times 20 \times 20 = 8000$
$3\,x^2$ 3 Fois le carré des dixaines par
les unités. $. . . . . 20 \times 20 \times 3 \times 4 = 4800$
$3\,x^1$ 3 Fois les dixaines par le carré
des unités. $. . . . . 20 \times 3 \times 16 = 960$
1^3 Le cube des unités. $. . . 4 \times 4 \times 4 = 64$

Produit du cube $24 \times 24 \times 24 = 13824$

Si l'on multiplioit le cube par la racine, il produiroit la puissance quatrième. Celle-ci, multipliée de même par la racine, produiroit la puissance cinquième ; et ainsi de suite, et à l'infini.

Supposons maintenant que nous ayons poussé ces multiplications jusqu'à la sixième puissance seulement, nous y trouverons ce tableau :

Binome ou racin.	1.er Produit.	2.e Produit.	3.e Produit.	4.e Produit.	5.e Produit.	6.e Produit.	7.e Produit.

$$x + 1^1 = x^1 + 1^1$$
$$x + 1^2 = x^2 + 2x^1 + 1^2$$
$$x + 1^3 = x^3 + 3x^2 + 3x^1 + 1^3$$
$$x + 1^4 = x^4 + 4x^3 + 6x^2 + 4x^1 + 1^4$$
$$x + 1^5 = x^5 + 5x^4 + 10x^3 + 10x^2 + 5x^1 + 1^5$$
$$x + 1^6 = x^6 + 6x^5 + 15x^4 + 20x^3 + 15x^2 + 6x^1 + 1^6$$

Dans ce tableau, où le binome est successivement élevé jusqu'à la sixième puissance, on voit distinctement les produits partiels qui appartiennent à chacune d'elles, et comment chacun de ces produits se compose : il est néanmoins imparfait, puisque les produits intermédiaires, entre le premier et le dernier, ne montrent que les produits des dixaines et ne font point mention des unités qui doivent les multiplier : c'est ce qu'un second tableau nous montrera. En attendant, et comme ce que celui-ci nous présente est ce qu'il y a de plus essentiel à connoître, montrons avec quelle facilité on peut le composer successivement, sans recourir aux multiplications.

C'est la puissance première qui compose la seconde ;

c'est la seconde qui compose la troisième, et ainsi de suite.

Si, pour multiplier, il suffit d'adjoindre un facteur à l'autre, il est clair qu'en additionnant deux produits de la première puissance, on formera un des produits de la seconde; deux de celle-ci formeront un des produits de la troisième; et d'encore en encore, sans aucune peine, on formeroit tous les produits des puissances, à quelque degré qu'on voulût les élever.

Observons bien que les premier et dernier produits de chaque puissance, sont donnés par la puissance elle-même. Le premier est la puissance des dixaines; le dernier est la puissance des unités. Ces deux produits sont indépendans; et quoiqu'ils servent à former les autres, ils naissent avec la puissance, et sont sans mélange de dixaines avec des unités.

Le second produit a toujours le coéfficient égal à la puissance, et l'exposant d'un degré inférieur : cet indice certain, *qu'il faut bien remarquer*, non seulement donne invariablement sa composition; mais il devient d'un puissant secours pour la composition *isolée* d'une puissance quelconque, et plus encore pour sa décomposition : nous en parlerons plus loin; poursuivons ce que nous avons à dire maintenant.

Si la racine est $\qquad x^1 + 1^1$,

le carré sera $\qquad x^2 + 2x^1 + 1^2$.

Le premier produit, ainsi que je l'ai fait observer, est toujours donné par la puissance. Donc si x^1 est à la première puissance, x^2 est à la seconde : c'est de droit.

Il en est de même des derniers; 1^1 est à la première puissance, 1^2 est à la seconde.

Nous n'avons donc à nous occuper que de la composition des produits intermédiaires, qui seuls sont formés par le concours de ceux de la puissance qui précède.

C'est donc la racine qui doit former le second produit de la seconde puissance; et puisque nous savons que le second produit de toute puissance quelconque, a pour coëfficient le même degré que la puissance, et pour exposant un degré inférieur, le second produit du carré doit être $2a^a$.

Considérons maintenant les deux termes de la racine comme deux x, nous aurons $x^1 + x = 2x^1$; parce que c'est *la puissance du premier des deux produits* qui la donne au produit qu'ils composent. Donc le premier de ces deux produits étant x^1, le produit composé doit être du même degré, c'est-à-dire $2x^1$.

Si le carré est $\quad\quad x^2 + 2x^1 + 1^2$
le cube sera $\quad\quad x^3 + 3x^2 + 3x^1 + 1^3$.

Le premier produit du cube est de droit x^3, comme son dernier est 1^3. Les produits du carré n'ont donc qu'à former les deux produits intermédiaires. Donc $x^2 + 2x = 3x^2$, second produit. Ensuite, $2x^1 + 1x = 3x^2$, pour le troisième produit : on observera que le produit composé, se pose toujours sous le second des produits composans.

Ce procédé simple est général à quelque degré que la puissance s'élève, il suffit de le suivre pour opérer avec solidité : le tableau d'ailleurs est là pour en justifier.

Voilà déjà deux procédés, qui, d'encore en encore, éclairent les lois de la composition, en élevant successivement les puissances; mais il en existe un troisième, qui, tout aussi facile, permet de connoître d'emblée tous les produits d'une puissance, à quelque degré qu'elle soit élevée, par le seul moyen du second produit, *dont le coéfficient est toujours égal au degré de la puissance qui le donne, et dont l'exposant est toujours d'un degré inférieur.*

Cherchons, en conséquence, les produits de la puissance sixième : ils sont au tableau $x^6 + 6x^5 + 15x^4 + 20x^3 + 15x^2 + 6x^1 + 1^6$.

Le premier et le dernier produits sont donnés par la puissance même ; ils n'exigent aucune recherche.

Le second produit nous est également donné par la puissance même : nous savons qu'à la sixième, il doit être $6x^5$: il nous dispense également de toute recherche.

Et si nous nous rappelons que les extrêmes et les moyens se correspondent ; c'est-à-dire *que leur coéfficient est semblable,* et qu'à eux deux, leurs exposans, *additionnés,* donnent le degré de la puissance dont ils émanent, il nous suffira de connoître la moitié des produits pour en connoître la totalité.

Si le premier produit est x^6 { chacun d'eux a l'exposant de la puissance. le dernier sera . . . . 1^6 {

Si le second produit est $6x^5$ } Les coéfficients sont semblables, et les exposans $5+1=6$ sont celui de la puissance.
le sixième, son correspondant, sera $6x^1$ }

Si le troisième produit est $15x^4$ } Les coéfficients sont semblables, et les exposans $4+2=6$ sont celui de la puissance.
le 5.e, son correspondant, sera $15x^2$ }

Si le 4.e produit est seul, il n'a pas de correspondant ; il est $20x^3$ Mais l'exposant 3 doublé $= 6$, celui de la puissance.

Quand les produits sont en nombre pair, les deux du milieu ont les coéfficients semblables ; mais l'un des exposans est supérieur à l'autre ; parce que les exposans des dixaines dégradent constamment du premier au dernier produit ; x^6, x^5, x^4, x^3, x^2, x^1.

La dégradation continue des exposans de chaque produit, la nécessité que les exposans des produits correspondans fournissent, à eux deux, le degré de la puissance dont ils émanent ; la nécessité que le second produit ait le coéfficient au degré de la puissance, et l'exposant d'un degré inférieur, sont des guides fidèles qui ne permettent aucun écart.

Maintenant, pour trouver les autres produits, il suffit de multiplier le coéfficient par l'exposant, et de le diviser par le quantième du produit même, pour avoir le produit suivant.

Le second produit est le deuxième; donc 2 sera le diviseur Ce second produit est $6x^5$. Donc $6 \times 5 = \frac{30}{2} = 15$. Donc le troisième produit sera $15x^4$: le coéfficient

est trouvé, et l'exposant 4 est donné par la dégradation continue des exposans des dixaines.

Donc, si le second produit de la puissance sixième est $6x^5$

$6 \times 5 = \dfrac{30}{2} = 15$ donne, pour le troisième produit, $15x^4$

Le troisième produit donnera 3 pour diviseur, donc

$15 \times 4 = \dfrac{60}{3} = 20$ donnent, pour le quatrième produit, $20x^3$

Le quatrième produit, qui est celui du milieu, étant
connu tous les autres le sont.

Si on vouloit connoître les produits de la neuvième
puissance, on diroit :

Le premier produit est celui des dixaines x^9, et le
dernier est celui des unités 1^9.

Le second produit est $\qquad\qquad 9x^8$

$9 \times 8 = \dfrac{72}{2} = 36$. Donc le troisième produit sera $36x^7$

$36 \times 7 = \dfrac{252}{3} = 84$. Donc le quatrième produit sera $84x^6$

$84 \times 6 = \dfrac{504}{4} = 126$. Donc le cinquième produit sera $126x^5$

La neuvième puissance donnant 10 produits, le
cinquième les partageant, tous sont connus en raison
de leur correspondance.

Si le second est $\quad 9x^8$ ⎱ parce que $8 + 1 =$ la puis-
le neuvième sera $\quad 9x^1$ ⎰ sance 9.

Si le troisième est $\quad 36x^7$ ⎱ parce que $7 + 2 =$ la puis-
le huitième sera $\quad 36x^2$ ⎰ sance 9.

Si le quatrième est $\quad 84x^6$ ⎱ parce que $6 + 3 =$ la puis-
le septième sera $\quad 84x^3$ ⎰ sance 9.

Si le cinquième est $\quad 126x^5$ ⎱ parce que $5 + 4 =$ la puis-
le sixième sera $\quad 126x^4$ ⎰ sance 9.

Avec ces données faciles, la composition des produits ne demande pas même le plus léger effort de la
mémoire.

Mais jusqu'ici nous n'avons traité que des dixaines,
qui, dans les produits intermédiaires doivent être multipliées par des unités : un nouveau tableau et parfait,
va tout développer.

Binome ou racine.	Puissance des dixaines.	Dixaines multipl. par les unités.	Dixaines mul. par le carré des uni.	Dixaines mult.par le cube des uni.	Dixaines mul.par la 4.e puis.des uni.	Dixaines mul. p la 5.e puis.des uni.	Puissa[nce] des unité

$$\overline{a+1}^1 = x^1 + \qquad\qquad 1^1$$

$$\overline{.+.}^2 = x^2 + 2x^1 \times 1^1 + \qquad 1^2$$

$$\overline{...}^3 = x^3 + 3x^2 \times 1^1 + 3x^1 \times 1^2 + \qquad 1^3$$

$$\overline{a+.}^4 = x^4 + 4x^3 \times 1^1 + 6x^2 \times 1^2 + 4x^1 \times 1^3 + \qquad 1^4$$

$$\overline{x+1}^5 = x^5 + 5x^4 \times 1^1 + 10x^3 \times 1^2 + 10x^2 \times 1^3 + 5x^1 \times 1^4 + \qquad 1^5$$

$$\overline{x+1}^6 = x^6 + 6x^5 \times 1^1 + 15x^4 \times 1^2 + 20x^3 \times 1^3 + 15x^2 \times 1^4 + 6x^1 \times 1^5 + \cdots$$

Ce tableau parfait, indiquant totalement comment
les produits se composent, va nous exiger de nouveaux
développemens.

Ce que nous avons précédemment dit, relativement
aux dixaines, n'étoit que la préparation de ce qu'il
nous reste à dire.

Les produits de la multiplication des puissances,
autres que le premier et le dernier, qui sont toujours,
l'un la puissance des dixaines, l'autre la puissance des
unités, se composent *des dixaines multipliées par
des unités.*

La même correspondance entre les produits des

extrêmes et ceux des moyens existe toujours; et les exposans des deux produits sont égaux à celui de la puissance.

Mais entre les dixaines et les unités *du même produit*, il faut également que les deux exposans forment celui de la puissance; et si de produit en produit l'exposant des dixaines dégrade, celui des unités s'élève dans un sens contraire; l'un gagne ce que l'autre perd.

Par exemple, la sixième puissance donne sept produits.

Ceux des dixaines sont $x^6 + x^5 + x^4 + x^3 + x^2 + x^1$ "
Ceux des unités   " 1^1 1^2 1^3 1^4 1^5 1^6

Degrés   6   6   6   6   6   6   6

C'est donc un échange de degrés, entre les dixaines et les unités, qui a pour limites le degré de la puissance dont elles émanent. Si la progression est descendante pour les dixaines, comme 6, 5, 4, 3, 2, 1; elle est ascendante pour les unités comme 1, 2, 3, 4, 5, 6; telle est l'ordre de notre numération, dont les principes se rencontrent par-tout.

Si le second produit est 6 $x^5 \times 1^1$ les exposans $5 + 1 = 6$
Le sixième sera   6 $x^1 \times 1^5$ *idem* $1 + 5 = 6$

Exposans   6   6

C'est dans tous les sens un échange de degrés, entre les dixaines et les dixaines; entre les dixaines et les unités, et entre les unités et les unités; soit dans les mêmes produits, soit dans les produits correspondans.

Si le troisième produit est $15 x^4 \times 1^2$ les exposans $4+2=6$
Le cinquième sera $\qquad 15 x^2 \times 1^4$ *idem* $\qquad 2+4=6$

Exposans $\qquad\qquad$ 6 $\quad$ 6

Cette correspondance entre les produits, également éloignés du centre, ayant le même coefficient aux dixaines; cet échange d'exposant entre les dixaines et les unités, des produits correspondans; cette nécessité que l'exposant des dixaines et celui des unités, forment à eux deux, *dans le même produit*, celui de la puissance à laquelle il appartient; la dégradation d'un produit à l'autre de l'exposant des dixaines, et la gradation dans celui des unités; sont des moyens de composition aussi faciles que solides.

Mais si nous ajoutons, que le second produit dans chaque puissance (*pour les dixaines seulement*) est constamment *le diviseur des dividendes*, on n'aura rien à désirer pour l'extraction des racines.

J'ai fait observer, et je le répète, que le second produit de toutes les puissances a le coefficient égal à sa puissance, et l'exposant d'un degré inférieur. Donc, le second produit

de la 2.e puissance est $2 x^1$, ou 2 fois les dixaines.
de la 3.e puissance est $3 x^2$, ou 3 fois le carré des dixaines.
de la 4.e puissance est $4 x^3$, ou 4 fois le cube des dixaines.
de la 5.e puissance est $5 x^4$, ou 5 fois la 4.e puiss. des dixaines.
de la 6.e puissance est $6 x^5$, ou 6 fois la 5.e puiss. des dixaines.

Avec ces notions simples, la mémoire, soit que l'on compose, soit que l'on décompose, ne sauroit être en défaut : mettons en pratique ce que nous venons d'apprendre ; et l'exemple confirmera la solidité de nos raisonnemens.

EXTRACTION DE LA RACINE QUATRIÈME.

La racine 24 élevée à la 4.ᵉ puissance donnera 331776.

Dans ce produit total, *qu'il faut trancher de 4 en 4* chiffres, et qui donnera 33 pour première tranche, et 1776 pour seconde, nous devons trouver cinq produits particuliers.

1°. x^4, C'est-à-dire, la 4.ᵉ puissance des dixaines, qui doit être donnée par la première tranche 33 ; c'est dans cette tranche 33, qu'on doit trouver les dixaines à porter au quotient.

Tous les autres produits ensemble sont destinés à donner les unités à porter au quotient. Donc, nous devons trouver dans le dividende, qui se composera du restant de la première tranche, auquel on joint la totalité de la seconde :

2°. $4 x^3$ (diviseur) $\times 1^1$, C'est-à-dire, 4 fois le cube des dixaines qui sont au quotient, multipliées par les unités que le dividende donnera.

3°. $6 x^2 \times 1^2$, C'est-à-dire, 6 fois le carré des dixaines au quotient, multipliées par le carré des unités que le dividende aura donné.

4°. $4 x^1 \times 1^3$, C'est-à-dire, 4 fois les dixaines au quotient, multipliées par le cube des unités que le dividende aura donné.

5°. 1^4, C'est-à-dire, la 4.ᵉ puissance des unités que le dividende aura donné.

Ces quatre derniers produits, je le répète, sont destinés à former le nombre à absorber par les unités que le dividende aura donné.

D'après ces explications, *communes à toutes les puissances*, et dans lesquelles le premier produit donne les dixaines, et tous les autres ensemble donnent les unités, l'extraction des racines sera extrêmement facile.

	Racine
La racine 24 a donné le produit 33,1776	24
	Diviseur
Dans la tranche 33 est la 4.ᵉ puissance des dixaines. La 4ᵉ puissance de 2 est 16; celle de 3 est 81. Donc, nous n'avons que 2 à porter au quotient, et 16 à retrancher 16	32000 ou 32

Il reste pour notre dividende   17 1776

Pour former notre diviseur qui est $4x^3$ ou 4 fois le cube des dixaines au quotient, nous dirons :

La dixaine est 20, dont le cube est 8000, qui, 4 fois = 32000; c'est la notre diviseur. Mais si nous supprimons *également* autant de chiffres du dividende qu'il y a de zéros au diviseur, nous verrons 171 à diviser par 32.

Donc, en 171 combien de fois 32 ? Rép. 5 fois, qu'en raison des produits à trouver, il faut réduire à 4 fois; ce sont donc les unités 4 à porter au quotient ; ce qui nous donnera la racine 24.

Cherchons maintenant, avec ces nombres, 20 + 4, nos 4 produits particuliers, dans le dividende.

1°. Le diviseur 32000 × l'unité 4 = 128000
2°. 6 Fois le carré de 20 = 2400 × 16 = 38400
3°. 4 Fois les dixaines 20 = 80 × 64 = 5120
4°. La 4.ᵉ puissance des unités   4 = 256
                                          —————   17,1776

        Reste   0000

Nous sommes trop éclairés maintenant, pour que de nouveaux exemples nous soient nécessaires, pour l'extraction des racines. Nous savons que la première tranche donne toujours les dixaines de la racine, et que les autres ne donnnent que des unités; c'est-à-dire, que l'on opère successivement comme si l'on ne cherchoit que des unités. De sorte que les unités des tranches intermédiaires deviennent successivement des dixaines, et qu'il n'y a réellement que la dernière tranche qui donne des unités.

Quand les racines des puissances se composent de plusieurs chiffres, leurs produits devenant immenses exigent beaucoup de travail; mais il n'est que fatigant, et n'a rien de difficile quand on a l'habitude de mouvoir les chiffres, puisque tout est ordonné et développé.

La racine 24 à la 5.ᵉ puissance produiroit   79,626624.

Tranché de 5 en 5 chiffres, la première tranche 79, donneroit les dixaines 2, et le restant donneroit l'unité 4.

La même racine 24 à la 6.ᵉ puissance produiroit 191,102976.

Tranché de 6 en 6 chiffres, la première tranche 101, donneroit les dixaines 2, et le restant donneroit l'unité 4.

Si le produit total n'étoit pas le résultat d'une puissance exacte, il donneroit un restant indivisible. Alors pour connoître la valeur de ce restant, il suffiroit d'établir les produits que les unités absorberoient, sur une unité de plus. Par exemple, si, après avoir établi les produits de 4 unités, on avoit un restant, on établiroit ces mêmes produits sur 5 unités ; et la différence des produits de 4 à 5 deviendroit le dénominateur d'une fraction, dont le restant seroit le numérateur : avec un peu de réflexion, toutes les difficultés s'aplanissent.

Si les racines étoient fractionnaires, on les éleveroit aux puissances, comme on élève les nombres simples ; c'est-à-dire, comme si l'on avoit deux racines, puisque le numérateur et le dénominateur présentent deux nombres.

La fraction $\frac{4}{8}$ racine, a pour le carré $\frac{4}{64}$, pour le cube $\frac{8}{512}$. Et l'on extrait les racines de ces fractions par les mêmes procédés que pour les nombres entiers : il suffit, je le répète, d'en voir les deux termes isolément.

L'élévation des puissances, ne marquant que la quantité de fois que la racine a été multipliée, l'extraction de la racine peut être le résultat de plusieurs extractions continues, puisque les mêmes élémens qui ont fait peuvent défaire. D'où il résulte que l'on peut se dispenser des calculs pénibles de l'extraction des puissances élevées, et obtenir leur racine par des procédés plus simples.

Par

Par exemple, si la racine 24 étoit élevée à la 8.e puissance, donnant le nombre $\qquad$ 1100753:4176

En les considérant comme un carré, sa racine qui seroit à la 4.e puissance, comme $\frac{8}{2} = 4$ seroit $\qquad$ 331776

Considérant cette racine comme un carré, sa racine à la 2.e puissance comme $\frac{4}{2} = 2$ seroit $\qquad$ 576

Enfin, la racine de ce carré comme $\frac{2}{2} = 1$ seroit $\qquad$ 24

et ainsi, sans peine, on auroit les racines des puissances les plus élevées; pourvu que leur exposant fut divisible.

Est-il divisible par 2? de carré en carré on parviendroit à l'unité, comme $\frac{32}{2} = 16$, comme $\frac{16}{2} = 8$, comme $\frac{8}{2} = 4$, comme $\frac{4}{2} = 2$, et comme $\frac{2}{2} = 1$.

Il doit être senti que, par la même raison, on parviendroit par les procédés opposés à l'élévation rapide des puissances. Car, si la racine multipliée par elle-même produit la seconde puissance, comme $1 \times 2 = 2$; considérant ce carré comme une racine, son produit seroit à la 4.e puissance, comme $2 \times 2 = 4$. Ce produit 4.e considéré de même comme racine, donneroit multiplié par lui-même la 8.e puissance, comme $4 \times 2 = 8$.

Pour élever une racine à la 81.e puissance, on n'a qu'à l'élever au cube, comme $1 \times 3 = 3$. Ce cube considéré comme racine, encore élevé au cube, seroit à la 9.e puissance, comme $3 \times 3 = 9$. Cette 9.e puissance, comme racine, élevée au cube, seroit à la 27.e puissance, comme $9 \times 3 = 27$. La 27.e élevée au cube seroit à la 81.e puissance, comme $27 \times 3 = 81$.

Pour obtenir la racine de la 81.e puissance, on y parviendroit de racine cubique en racine cubique, comme $\frac{81}{3} = 27$, comme $\frac{27}{3} = 9$, comme $\frac{9}{3} = 3$; comme $\frac{3}{3} = 1$.

On se servira toujours du diviseur possible, afin de rendre les extractions faciles, soit par le carré, le cube, la 5.e puissance, etc. etc.

Car $\frac{24}{2} = 12$; $\frac{12}{2} = 6$; $\frac{6}{2} = 3$; et $\frac{3}{3} = 1$.

Car $\frac{30}{2} = 15$; $\frac{15}{3} = 5$; et $\frac{5}{5} = 1$.

Donc, sans recourir aux tables de logarithmes, qui ne sont pas toujours sous la main, on peut facilement obtenir les racines des puissances élevées, pourvu, je le répète, que leurs exposans soient divisibles; car s'ils étoient 7, 11, 13, 17, 19 et autres nombres semblables, qui n'ont de diviseurs qu'eux-mêmes, on seroit forcé de faire de longues opérations, ou de consulter des tables.

Les opérations du carré, du cube, s'appliquant à tous les objets que la nature offre à nos regards, ce seroit ici le cas de traiter de la mesure des corps solides. Mais elles exigent des connoissances profondes de la Géométrie; et j'y renvoie mes lecteurs. Sans cette connoissance préliminaire, ils ne seroient instruits que superficiellement; et attendu que les demi-sciences sont plus dangereuses qu'utiles, leur intérêt me force au silence. Néanmoins, et comme le cubage des bois de charpente et de construction est d'un intérêt général, je me bornerai à indiquer ce qu'il convient et ce qu'il suffit de savoir à cet égard.

Ceux de mes lecteurs qui voudroient en savoir davantage, peuvent, s'ils sont calculateurs, acquérir en moins de trois mois d'étude de la Géométrie, les notions les plus satisfaisantes, tant pour l'arpentage des terres que pour la mesure des corps solides.

DU CUBAGE DES BOIS.

En parlant du cube et de la manière dont il se forme, j'ai, en quelque sorte, préparé et même résolu ce que j'avois à dire sur le cubage des bois de charpente ; commerce qui, du propriétaire jusqu'au maçon qui le met en place, intéresse une foule de personnes ; puisqu'il se vend, s'achète, se charroie et se façonne au pied cube.

Les tarifs, pour le cubage des bois, ne sont pas toujours sous la main. Apprendre à s'en passer, c'est rendre service.

Il existe deux espèces de bois : des bois écarris, c'est-à-dire taillés en carré dans toute leur longueur, et des bois cylindriques ou ronds. Ils se mesurent différemment au gré de leurs formes : nous avons donc deux sections à traiter.

24*

Des Bois écarris.

Les pièces de bois de charpente , soit pour la construction des navires , soit pour celle des édifices , sont toujours écarris, c'est-à-dire taillés à 4 faces dans toute leur longueur. Une face et sa parallèle est d'une dimension, l'autre face et sa parallèle est d'une autre dimension ; car , attendu qu'en écarrissant le bois, on en retranche le moins possible , il est rare que les 4 faces aient la même dimension , malgré qu'ils doivent être écarris à vive équerre.

Or , quand on dit qu'une pièce de bois *a 6 et 8. pouces d'écarrissage* , il faut entendre qu'une face et sa parallèle a 6 pouces de large , et que l'autre face et sa parallèle est également de 8 pouces de largeur.

On a beaucoup de choses à observer et à connoître sur les bois , leurs défauts et leurs qualités. C'est une étude que l'usage fait acquérir , et que le plus long raisonnement ne donneroit qu'imparfaitement : je me borne au calcul de leurs capacités.

Deux dimensions produisent la superficie ou le carré , et la superficie multipliée par la troisième dimension produit le cube ou solide ; nous savons cela. Dès-lors , que les noms de longeurs, largeurs et hauteurs ne nous inquiètent plus. Ici nous ferons la superficie avec la largeur et l'épaisseur, et nous ferons le cube avec la longueur.

Le pied carré se compose de 12 pouces sur 12 pouces, c'est-a-dire 144 pouces carrés ; donc une pièce de bois qui écarriroit 12 pouces sur 12 pouces, auroit un pied carré de superficie ; conséquemment, si elle avoit 24 pieds de longueur, elle seroit de 24 pieds cubes, puisque chaque pied de longueur égaleroit un pied cube.

Il faut donc 144 pouces carrés de superficie pour égaler un pied carré : c'est sur cette base que nous allons développer tout le système du cubage ; non-seulement du bois, mais encore de tous les objets que la nature peut offrir à nos regards.

Une pièce qui auroit 6 et 6 pouces d'écarrissage, ne donneroit qu'une superficie de 36 pouces carrés, puisque $6 \times 6 = 36$. Or, 36 ne sont que le $\frac{1}{4}$ de 144 ; donc il faudroit *4 pieds de longueur* de cette pièce, pour faire un pied cube, puisque $36 \times 4 = 144$.

Par la même raison, une pièce qui auroit 18 et 16 pouces d'écarrissage, faisant $18 \times 16 = 288$ pouces carrés de superficie, contiendroit 2 fois 144 pouces carrés, puisque $144 \times 2 = 288$. Donc chaque pied de longueur de cette pièce contiendroit *2 pieds cubes*.

La superficie de 144 pouces carrés, égalant un pied carré, devient le régulateur du cubage. Il est constant que si le produit de l'écarrissage donne *plus* de 144 pouces carrés, la superficie contient *plus* que le pied carré. Si le produit de l'écarrissage donne *moins* de 144 pouces carrés, la superficie contient *moins* que le pied carré.

Supposons maintenant une pièce de bois de 24 pieds de longueur sur 8 et 9 pouces d'écarrissage. Nous dirons $8 \times 9 = 72$ pouces carrés. Or, 72 n'étant que la $\frac{1}{2}$ de 144 pouces, la $\frac{1}{2}$ de 24 pieds de longueur sera 12 pieds cubes.

Supposons une autre pièce de 24 pieds sur 12 et 15 pouces. Nous dirons $12 \times 15 = 180$ pouces carrés, faisant 1 fois $\frac{1}{4}$ 144 pouces carrés. Donc la pièce de bois contiendra 1 fois $\frac{1}{4}$ 24 pieds cubes; c'est-à-dire $24 +$ le $\frac{1}{4} = 6 = 30$ pieds cubes.

Ce calcul, qui est plus simple et plus vif que la recherche dans un tarif, est à la disposition de tout le monde; et celui de 7 sur $5 = 35$, de 5 sur $9 = 45$ ne seroit pas plus embarrassant, puisque tous ces produits sont des $\frac{35}{144}$, et des $\frac{45}{144}$.

De ce calcul simple, il en découle un autre qui développe encore mieux la cause de tous ces produits, et qui peut servir à vérifier tous les autres calculs.

Supposons la longueur des pièces, comme si elles étoient en pieds cubes. Par exemple, *qu'une pièce de 24 pieds de longueur, soit considérée comme 24 pieds cubes.*

Si son écarrissage est moins de 12 pouces sur chaque face, nous la réduirons à moins de 24 pieds cubes; s'il est de plus de 12 pouces, nous ajouterons aux 24 pieds cubes.

Or, si l'écarrissage est de 6 sur 6, chaque face ne sera que la moitié de 12 pouces. Donc $\frac{24}{2} = 12$ et $\frac{12}{2} = 6$ pieds cubes.

Si l'écarrissage est de 8 sur 9 pouces, une face sera

les $\frac{2}{3}$ de 12 ; l'autre sera les $\frac{1}{4}$ de 12. Donc les $\frac{2}{3}$ de 24 sont 16 , et les $\frac{1}{4}$ de 16 $=$ 12 pieds cubes.

Si l'écarrissage est de 16 sur 18 pouces , une face sera 1 fois et $\frac{1}{3}$ 12 pouces ; l'autre sera 1 fois $\frac{1}{2}$ 12 pouces. Donc 24 $+$ le $\frac{1}{3}$ 8 $=$ 32 , et 32 par la $\frac{1}{2}$ 16 $=$ 48 pieds cubes.

Retrancher successivement d'une face sur l'autre ce qui manque aux 12 pouces, ou ajouter successivement ce qui excède les 12 pouces , est une opération qui tombe sous les sens. Donc , si l'écarrissage étoit plus et moins de 12 pouces , il faudroit ajouter l'excédant et retrancher le manquant.

Si l'écarrissage étoit 8 et 15 pouces , une face ne seroit que les $\frac{2}{3}$, et l'autre 1 fois $\frac{1}{4}$ les 12 pouces. Donc les $\frac{2}{3}$ de 24 $=$ 16 , et 16 $+$ le $\frac{1}{4}$ 4 $=$ 20 pieds cubes.

Faisons enfin tous ces calculs , par un moyen plus simple et plus expéditif encore.

Les superficies sont le produit de deux dimensions. Voyons donc dans chaque face des fractions des 12 pouces, qui sont leurs dimensions relatives au pied carré.

L'écarrissage de 6 sur 6 pouces sera $\frac{6 \times 6}{12 \times 12} = \frac{36}{144} = \frac{1}{4}$. Donc $\frac{24 \times 1}{1 \times 4} = \frac{24}{4} = 6$; c'est-à-dire 6 pieds cubes. On ira plus rapidement encore , en considérant $\frac{6}{12}$ comme $\frac{1}{2}$, disant la $\frac{1}{2}$ de la $\frac{1}{2} = \frac{1}{4}$. Donc le $\frac{1}{4}$ de 24 est 6 pieds cubes.

Si l'écarrissage est de 8 et 9 pouces , on dira les $\frac{2}{3}$ de $\frac{3}{4}$ $= \frac{1}{2}$. Donc la demie de 24 est 12 pieds cubes.

Si l'écarrissage est de 16 et 18 pouces, on dira :

$$\frac{4 \times 3}{3 \times 2} = \frac{12}{6} = 2.$$ Donc $24 \times 2 = 48$ pieds cubes.

Si l'écarrissage est de 9 et 16 pouces, on dira :

$$\frac{3 \times 4}{4 \times 3} = \frac{12}{12} = 1.$$ Donc $24 \times 1 = 24$ pieds cubes.

Si l'écarrissage est $7\frac{1}{2}$ et $5\frac{1}{2}$ pouces, on dira :

$$\frac{15 \times 11}{24 \times 24} = \frac{165}{576} = \frac{24 \times 165}{1 \times 576} = \frac{3160}{576} = 6 \text{ pieds } 10 \text{ pouces}$$
6 lignes cubes.

Avec ce calcul fractionnaire, aussi solide qu'il est clair, mémoratif et bien coordonné, puisque rien ne peut s'y oublier ; les dimensions les plus baroques ne donneront guères plus de peine que les dimensions par $\frac{1}{2}$, par $\frac{1}{3}$ et par $\frac{1}{4}$.

On remarquera néanmoins, dans ce dernier calcul, une chose qui, d'après ce que j'ai dit, paroîtroit une contradiction, c'est que les 6 pieds 10 pouces 6 lignes cubes qu'il m'a produits, sont 6 pieds $\frac{21}{24}$ cubes, et non $\frac{21}{3456}$; en voici la raison :

Dans les opérations du cubage, le pied est considéré de 12 pouces cubes, et non 1728 pouces cubes, dont il se compose réellement ; parce qu'il est plus simple de le diviser par 12 que par 1728, et qu'on lit mieux $\frac{2}{12}$ que $\frac{1296}{1728}$. Or, ici en divisant $\frac{3160}{576}$, j'ai obtenu 6 pieds cubes, et il m'est resté $\frac{104}{576} = \frac{21}{24}$ de pied. Il est senti que je devois réduire ces $\frac{104}{576}$ en pouces, pour connoître les pouces qu'ils contenoient. J'étois donc le maître de les diviser à ma fantaisie. Donc en les multipliant par 12, il a dû me donner des $\frac{1}{24}$,

comme il m'auroit donné des $\frac{1}{1728}$, si je l'avois multiplié par 1728 : tout est donc relatif. Donc on fait
bien, ce que l'on fait avec intelligence ; et puisque
l'usage veut que 6 pouces cubes soient, *en matière de
cubage*, la moitié du pied cube, il faut s'y conformer.

Néanmoins, et de ce qu'en matière de cubage on
est convenu que 1 pouce cube est entendu être le $\frac{1}{2}$ du
pied cube, il ne faudroit pas, par ce motif, croire
que, parlant isolément *d'un pouce cube*, cette mesure
fût plus grande qu'elle ne l'est effectivement, attendu
que dans ce cas, il n'est que la $\frac{1}{1728}$ partie du pied
cube, puisqu'il en faut réellement 1728 pour composer le pied cube.

Le décimètre courant qui est le $\frac{1}{10}$ du mètre courant, n'est point le décimètre carré, ni le décimètre
cube. Le décimètre carré n'est que la $\frac{1}{100}$ partie du
mètre carré, comme le décimètre cube n'est que la
$\frac{1}{1000}$ partie du mètre cube.

Le centimètre courant, qui est la $\frac{1}{100}$ partie du
mètre courant, n'est ni le centimètre carré, ni le centimètre cube. Le centimètre carré n'est que la $\frac{1}{10000}$
partie du mètre carré, comme le centimètre cube n'est
que la $\frac{1}{1000000}$ partie du mètre cube.

Mais, je le répéterai, l'usage détermine les valeurs
mesurées au gré de la multiplication des restans ; et
ces valeurs de convention ne changent en rien les
valeurs réelles.

Figurons-nous bien que les choses que nous voulons
soumettre au calcul, prennent, à notre gré, les formes

que nous voulons leur donner : il suffit que nous nous rendions intelligens. Or, si nous écrivions 6 pieds 10 pouces 6 lignes cubes ; il seroit nécessaire, pour être entendu du lecteur qui ne connoîtroit pas l'usage, d'ajouter, ou $\frac{21}{24}$.

DES BOIS RONDS.

Sous quelque forme que les masses ou corps solides se présentent à nos yeux, ils se mesurent tous au pied cube. Or, qu'ils soient triangulaires, carrés, polygones, cylindriques, sphériques ou informes, on demande toujours de combien de pieds cubes leur solidité se compose ; attendu que dans la nature tous les objets sont soumis aux trois dimensions longueur, largeur, hauteur.

Par bois ronds, il faut entendre *cylindriques*, c'est-à-dire longs, mais de forme ronde dans toute leur longueur, car une boule, qui est ronde, et qui n'a pas de longueur, est un corps *sphérique*.

Le bois rond, ainsi que tout autre objet de même forme, se mesure ainsi que le bois écarri. On forme sa superficie en multipliant son diamètre par lui-même ; et l'on forme le cube en multipliant la superficie par la longueur.

Mais attendu *qu'à diamètre égal*, le carré contient 14 parties, et que le cercle n'en embrasse que 11, il faut réduire le cube du bois rond, aux $\frac{11}{14}$ du cube du bois carré.

Par *diamètre égal*, il faut se figurer un cercle *inscrit* dans un carré,
comme le représente la figure ci-
contre, et l'on s'assurera que les angles
du carré, qui excèdent hors de la circonférence, contiennent des parties
que le cercle n'embrasse pas : leur rapport est comme
14 est à 11 ; c'est-à-dire que le carré contient, dans
ses angles saillans, trois parties de plus que le cercle.

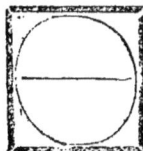

Conséquemment, si un nombre multiplié par lui-
même forme le carré, il tombe sous les sens, que le
diamètre du cercle inscrit, multiplié par lui-même,
produit une superficie qui a l'étendue du carré qui le
circonscrit. Or, ce carré étant trop grand, il est de
toute nécessité qu'il soit réduit dans la proportion de
14 à 11, qui, je le répète, *à diamètre égal*, est le
rapport du cercle au carré.

Ainsi que le bois écarri, le bois rond est sujet à des
réductions, en raison de ses défauts. Il faut s'instruire
à cet égard des usages reçus, et de la manière dont on
détermine son diamètre, qui, n'étant nullement le
même, dans aucune des parties de la longueur de la
pièce, doit être fixé de gré à gré avant de procéder
au cubage ; et je ne raisonne ici que dans l'hypothèse
que le diamètre et la longueur sont déterminés. Opérons donc sur le diamètre *moyen*, c'est-à-dire sur le
diamètre déterminé.

Premier Exemple.

Supposons un mât de navire, ayant 60 pieds de longueur et 24 pouces de diamètre moyen.

Disons   24 pouces,

×   24

Superficie   576 pouces carrés.

Et comme 576 pouces carrés égalent 4 fois 144 pouces carrés, chaque pied de longueur du mât égalera 4 pieds cubes; donc 60 pieds × 4 = 240 pieds cubes.

Ce produit, ainsi que je l'ai observé, est celui du bois carré, puisque la superficie carrée a été multipliée par la longueur avant d'être réduite. Disons donc maintenant, par une proportion,

14 : 11 :: 240 : 188 pieds $\frac{8}{14}$ cubes.

Et nous saurons qu'un mât de 60 pieds de long, ayant 24 pouces de diamètre moyen, se compose de 188 pieds $\frac{8}{14}$ cubes.

Si le carré du diamètre ne donnoit pas une proportion juste avec le pied carré, on n'en multiplieroit pas moins la superficie par la longueur de la pièce, et ce produit, divisé par 144, réduiroit les pouces au pied cube.

Par exemple, si le diamètre étoit de 19 pouces $\frac{1}{2}$.

On diroit	19 $\frac{1}{2}$
$\times$	19 $\frac{1}{2}$

$$171$$
$$19.$$
$$9 \; \frac{1}{2}$$
$$9 \; \frac{1}{4}$$

Superficie	380 $\frac{1}{4}$ pouces carrés ;
$\times$ par la longueur	57 $\frac{1}{2}$ pieds.

$$2660$$
$$1900.$$
$$190$$
$$14 \; \frac{8}{8}$$

Produit total	21864 $\frac{1}{8}$

Ensuite par 144 : 21864 $\frac{1}{8}$ $\Big($ 151 pieds 10 pouces cubes

$$746$$
$$264$$

$$120$$

$\times$	12

$$1440$$

$$0$$

Enfin, par une proportion, réduisant le cube du carré à celui du rond, nous dirons :

14 : 11 :: 151 pieds 10 pouces : 119 pieds 3 p. 7 lig. cubes.

Donc un mât de 57 pieds $\frac{1}{2}$ de longueur, ayant un diamètre moyen de 19 pouces $\frac{1}{2}$, cuberoit 119 pieds 3 pouces 7 lignes cubes.

Cette opération n'est longue, et même sujette à

oubliér, que parce qu'elle se fait successivement : si nous opérions par les fractions, elles seroient plus simples, mieux ordonnées et moins fautives.

Voyons les nombres fractionnaires $19\frac{1}{2}$ ou $\frac{39}{24}$, $57\frac{1}{2}$ ou $\frac{115}{2}$, et nous opérerons avec facilité :

$$\frac{39\times 39}{24\times 24}=\frac{1521\times 115}{576\times 2}=\frac{174915\times 11}{1152\times 14}=\frac{1924065}{16128}=119$$

pieds 3 pouces 7 lignes.

Que l'on se familiarise avec cette manière d'opérer, qui réunit la solidité à la simplicité, et dans laquelle tout se développe, tout se rappelle, tout se coordonne, et l'on n'éprouvera ni doute ni difficulté.

Ici la superficie est $\frac{1521}{576}$, multipliée par la longueur $\frac{115}{2}$ donne le produit du carré $\frac{174915}{1152}$, qui, multiplié par le rapport $\frac{11}{14}$ donne le produit total $\frac{1924065}{16128}$, et par cette seule division, on obtient le résultat.

Si cette manière d'opérer consomme des chiffres, ce n'est qu'en nombres entiers, dont tous les mouvemens sont faciles. Elle n'exige qu'une simple division, qui, sans contention d'esprit, présente elle-même son diviseur, tel qu'il doit être, avantage que tout autre procédé n'offre pas ; ce qui lui donne une priorité décidée.

Il existe d'autres moyens de mesurer les bois et autres corps cylindriques, qui, par une seule opération, donnent leur cube cylindrique : c'est le plus simple, le plus usité, mais il n'en est pas moins

long. Je vais en donner un exemple, en cubant le
même mât, afin que la parité des résultats confirme
la bonté des deux procédés. Mais je me contenterai
de donner les rapports qui sont certains, attendu que
les connoissances géométriques qui nous manquent,
nous seroient nécessaires pour remonter à leur source.

Ce moyen simple consiste à multiplier la circonférence par le $\frac{1}{4}$ du diamètre, pour obtenir la superficie du cercle. Dès-lors cette superficie multipliée
par la hauteur de la pièce, nous donnera le vrai
cube du mât.

Quel est le cube d'un mât de 57 pieds $\frac{1}{2}$ de
longueur, ayant 19 pouces $\frac{1}{2}$ de diamètre ?

Connoissant le diamètre, nous devons chercher la
circonférence par le rapport le plus usité, qui est
de 7 à 22 ; c'est-à-dire, que 7 pieds de diamètre
donnent 22 pieds de circonférence (ce n'est pas
exactement 22 pieds ; mais ce qu'il y manque est
si peu de chose, qu'on n'y fait aucune attention.
Le rapport de 113 à 355 approche plus de l'exactitude, mais la multiplicité des chiffres lui fait préférer
celui de 7 à 22, quand on ne cherche pas la plus rigou-
reuse précision), c'est-à-dire que la circonférence est
3 fois $\frac{1}{7}$ la longueur du diamètre.

Cherchons donc cette circonférence par la proportion,

$$7 : 22 :: 19\tfrac{1}{2} : x$$
$$7 \times x = 22 \times 19\tfrac{1}{2}$$

Donc, $x = 22 \times 19\tfrac{1}{2} = \dfrac{429}{7} = 61\tfrac{2}{7}$

donc 19 pouces $\frac{1}{2}$ de diamètre donnent 61 pouces
$\frac{2}{7}$ de circonférence.

Multiplions maintenant la circonfér. $61 \frac{2}{7}$

Par le $\frac{1}{4}$ du diamètre $19 \frac{1}{3}$ $4 \frac{7}{8}$

244	56
30 $\frac{1}{2}$	28
15 $\frac{1}{4}$	14
7 $\frac{1}{8}$	35
// $\frac{39}{56}$	39
// $\frac{39}{56}$	39
	155

Superficie du cercle $298 \frac{43}{56}$ pouces car.

Multipliée par la hauteur $57 \frac{1}{2}$

2086

1490.

149	112
28 $\frac{1}{4}$	84
14 $\frac{1}{8}$	42
1 $\frac{2}{111}$	3
	129

Produit $17179 \frac{17}{111}$ pouces car.

qui, divisé par 144, donne 119 pieds 3 pouces 7 lignes cubes.

Cette seconde opération est aussi longue et aussi fatigante que la première, en raison des fractions à faire mouvoir, conséquemment on choisira; mais attendu que la première rappelle le rapport du cercle au carré, qui est comme 11 est à 14, rapport essentiel à connoître, je lui donnerois la préférence.

Mais j'y reviens encore, combien ne s'éviteroit-on pas de fatigue, de contention d'esprit, après avoir trouvé la circonférence, si l'on résolvoit cette question en réduisant tous les termes en fractions;

La

La circonférence $61\frac{2}{7}$ seroit $\dfrac{429}{7}$

Le quart du diamètre $4\frac{7}{8}$ seroit $\dfrac{39}{8}$

La longueur $57\frac{1}{2}$ seroit $\dfrac{115}{2}$

opérons en conséquence,

$$\frac{429 \times 39}{7 \times 8} = \frac{16731 \times 115}{56 \times 2} = \frac{1924065 \times 1}{112 \times 144} = \frac{1924065}{16128}$$

= 119 pieds 3 pouces 7 lignes; et l'on obtient ainsi, plus promptement, plus sûrement, et par des calculs faciles, ce que l'on n'obtient qu'avec peine, qu'avec hésitation par des procédés communs et très-difficiles.

Désormais tous les calculs arithmétiques nous sont connus, et nous pouvons aborder les problèmes avec confiance. C'est ici où le développement des facultés intellectuelles exigera beaucoup de flexibilité. C'est ici où la sagacité, très-exercée, aura à démêler les vérités que l'on s'efforcera de lui masquer. Enfin, c'est ici où toutes nos connoissances sur la science du calcul, vont offrir leurs ressources au génie, en agrandissant le cercle de nos acquisitions.

Pour rendre cet exercice moins fatigant, je le ferai précéder de quelques notions analytiques sur la composition et la décomposition des nombres : quoique très-bornées, elles frayeront les routes, et si l'on se plaît à les parcourir, on y trouvera une source de connoissances précieuses, et la récompense la plus flatteuse des sacrifices faits à l'étude.

TROISIÈME PARTIE.

~~~~~~~~~

QUELQUES NOTIONS SUR L'ANALYSE.

L'Analyse est la décomposition des choses composées : pour décomposer, il faut connoître tous les élémens de la composition. Et comme il n'est ici question que de nombres, nous n'aurons pas besoin de faire usage de toutes les ressources du génie.

On compose en arithmétique en additionnant et en multipliant ; et l'on décompose en soustrayant et en divisant.

L'Addition $4 + 8 = 12$ forme des sommes. $4 \times 8 = 32$ forme des produits.

La Soustraction $12 - 4 = 8$ défait les sommes. $\frac{32}{8} = 4$ défait les produits.

Rien n'est plus simple. Cependant nous avons fait quatre *équations* ; donc, le résultat de toute opération quelconque est une équation ; puisque les termes qui agissent sont séparés par le signe $=$ de l'égalité : donc une équation n'est qu'un rappport d'égalité.

En conséquence, et pourvu que les deux membres d'une équation aient la même valeur, on peut jouer avec les nombres à volonté, $2 \times 6 = 8 + 4$. On peut donc dire $2 = \frac{8 + 4}{6} = 2$. Donc, $2 = 2$ comme $2 \times 6 = 8 + 4$. De même on peut dire $6 = \frac{8 + 4}{2} = 6$. Donc, $6 = 6$ comme $2 \times 6 = 8 + 4$.

Si nous renversons l'ordre de l'équation, et que nous disions $8 + 4 = 6 \times 2$, nous pourrons dire $8 = 6 \times 2 - 4 = 8$. Ou bien $4 = 6 \times 2 - 8 = 4$.

On remarquera que ce qui est en *plus* dans un membre, ne peut s'y supprimer, qu'en passant en *moins* dans l'autre membre. De même que l'on ne peut supprimer dans un membre le *facteur* d'une multiplication qu'autant qu'il devient *diviseur* dans l'autre membre. Et la conséquence en est d'autant plus naturelle que l'équation est une balance ; et que pour maintenir l'équilibre, il faut que les mêmes poids soient enlevés des deux côtés.

Par exemple, $6 \times 8 = 48$; si je dis $6 = 48$, il n'y aura plus d'équation. Mais si je dis $6 = \frac{48}{8} = 6$, je retrouve $6 = 6$; donc le multiplicateur 8 passe de toute nécessité, diviseur dans le second membre.

Si je disois $48 = 6$, il n'y auroit pas d'équation. Mais si j'ajoute $\times 8$, j'aurai $48 = 6 \times 8$, et l'équation est rétablie : donc, que l'on multiplie ou que l'on divise, on forme toujours une équation.

De ce que je viens de dire, il résulte l'intime conviction, que le produit de toute multiplication, est celui de deux facteurs ; et que quand on connoît ces deux facteurs, la suppression de l'un, laisse l'autre isolé : donc, on n'a pas besoin de diviser le produit pour connoître le second facteur.

$12 \times 20 = 240$. Si nous supprimons le facteur 12, le produit est anéanti, et le facteur 20 nous reste seul

25 *

Mais si nous n'avions qu'un des facteurs et un produit, et que le second facteur fût ignoré, nécessairement le facteur connu, seroit diviseur du produit; et le quotient donneroit le facteur inconnu. Et attendu que dans toute opération quelconque on va toujours du connu à l'inconnu, et que le terme inconnu doit y figurer, on le désigne toujours par la lettre x.

En conséquence si nous avons le facteur 12, et le produit 240, le facteur inconnu sera x, d'où il résultera l'équation fondamentale $12 \times x = 240$. Et comme la multiplication n'est qu'une addition abrégée, nous dirons de même 12 fois $x = 240$. Donc, le facteur 12 devient le coéfficient de x. Donc, nous pouvons dire $12 x = 240$. Et puisque nous savons qu'un produit divisé par l'un de ses facteurs donne l'autre facteur au quotient, nous pouvons dire $x = \frac{240}{12}$.

Dans cet état l'inconnue x se trouve dégagée, et le résultat de la division $x = \frac{240}{12} = 20$, nous dit sans équivoque que $x = 20$.

L'équation fondamentale, est celle qui présente l'état de la question; ici elle étoit $12 \times x = 240$. Elle s'est convertie en $12 x = 240$; en $x = \frac{240}{12} = 20$. On pouvoit, en transposant les nombres, dire $240 = 12 \times x$; car il importe fort peu lequel des membres est à la droite ou à la gauche du signe = qui les sépare, comme il est très-indifférent de dire $12 \times x$

ou $x \times 12$, puisque tout ce qui concourt à former ou une somme ou un produit, n'a ni rang ni ordre particulier.

Dégager l'inconnue, c'est la débarrasser de ses accessoires, c'est la placer seule dans un des membres de l'équation, afin que l'opération de l'autre membre en montre la valeur.

Si $8 + x = 12$, en disant, $x = 12 - 8 = 4$, nous voyons clairement que $x = 4$. C'est donc en dégageant l'inconnue qu'elle obtient sa valeur par le résultat du second membre.

Donc, tout justifie que ce qui est en *plus* dans un membre, passe en *moins* dans l'autre; que ce qui multiplie dans l'un, divise dans l'autre, et que c'est ainsi que les questions se simplifient en dégageant l'inconnue.

Quand, dans une question, il se trouve deux, ou un plus grand nombre d'inconnues, qui sont une conséquence immédiate l'une de l'autre, c'est-à-dire, que quand l'une est connue, toutes les autres le sont, la même lettre x sert pour toutes.

Par exemple, si l'on demandoit quels sont les deux nombres, dont la somme est 36, et dont la différence entr'eux est 12; il est constant que l'un des deux est plus grand ou plus petit que l'autre de 12. Donc,

Si l'on affecte la lettre x au plus petit, le grand sera $x + 12$

Si l'on affecte la lettre x au plus grand, le petit sera $x - 12$

D'où il résultera deux équations fondamentales, si l'on veut opérer de deux manières.

L'une sera $x, + \overline{x + 12} = 36$

L'autre sera $x, + \overline{x - 12} = 36$

On remarquera que x est un terme, et $\overline{x + 12}$ ou $\overline{x - 12}$ est un autre terme ; et que quand un terme se compose de plusieurs nombres, on doit toujours les lier par un trait, ou le placer entre deux parenthèses $(x + 12)$; mais le trait d'union est préférable à la parenthèse, en ce qu'il est plus élégant.

Si nous adoptons la première équation fondamentale qui est $x, + \overline{x + 12} = 36$, nous aurons pour seconde équation $2x + 12 = 36$, d'où viendra $2x = 36 - 12 = 24$; et d'où $x = \dfrac{24}{2} = 12$. Donc, $x = 12$, et $\overline{x + 12} = 24$. Donc, les 2 nombres sont $12 + 24 = 36$.

Si nous adoptons la seconde équation fondamentale $x, + \overline{x - 12} = 36$, nous aurons $2x - 12 = 36$, d'où viendra $2x = 36 + 12 = 48$, d'où $x = \dfrac{48}{2} = 24$. Donc, $x = 24$, et $\overline{x - 12} = 12$. Donc, $24 + 12 = 36$.

Ces raisonnemens simples, conduisant pas à pas, et de conséquence en conséquence, ils éclairent les questions et les résolvent avec facilité, et je le répète, quand les inconnues sont tellement inhérentes l'une à l'autre, que la découverte de l'une les montre toutes, la même lettre peut et doit leur être affectée.

Un testateur, par exemple, a laissé une somme de 1200 francs à partager entre quatre héritiers ; mais avec la condition, que

A n'auroit qu'une part simple.

B auroit le double du premier, *plus* 60 francs.

C auroit autant que les deux autres ensemble, *plus* 80 fr.

D auroit autant que les trois autres ensemble, *moins* 72 fr.

On voit clairement ici que, quoiqu'il y ait quatre inconnues, du moment que la part de A sera connue, toutes les autres le seront. Donc, la même lettre doit leur être affectée.

Pour voir ces sortes de questions avec simplicité, il faut considérer les sommes à ajouter aux parts comme des dettes à payer; et celles à retrancher comme des créances à faire rentrer; et quand la succession est liquidée, on procède au partage.

Ici le testateur a laissé une somme de   1200 f.

Celle de 72 francs à retrancher à D, est une créance à faire rentrer, et à y joindre, ci. . . . . $\underline{72}$

                                 1272

Les 60 fr. à ajouter à B, comme dette à acquitter   60

Les 60 + les 80 fr. à C, comme *id.* . . . 140

Plus pareille somme à D, comme *id.* . . . $\underline{200}$

                                   400

La succession liquidée n'offre à partager que la somme de. 872

qui, divisée en 12 parts, donnera 72 fr. $\frac{2}{3}$ à la part.

Voilà la question développée par le raisonnement le plus simple; voyons maintenant à la résoudre analytiquement.

A a une part simple, ci. . . . . . . $1x$

B a deux parts, plus 60 f., ci. . . . . $2x + 60$

           Ensemble. . . $3x + 60$

C a autant que les deux autres, plus 80 f. $3x + 140$

           Ensemble. . . $6x + 200$

D a autant que les trois autres, moins 72 f. $6x + 200 - 72$

Ce qui nous donne l'équation fondamentale $12x + 400 - 72 = 1200$ f.

Pour dégager les 12 x de leurs accessoires, il faut les faire passer en sens contraire dans le second membre de l'équation, en disant; 12 x = 1200 + 72 — 400 = 872.

Cette nouvelle équation, qui nous dit que 12 x = 872, se montrant dans le vrai sens des liquidations, qui tendent à faire rentrer la créance de 72 fr., et à payer les 400 fr. de dettes, justifie que cette manière d'opérer est aussi simple qu'elle est solide.

Maintenant si, pour dégager totalement l'inconnue x de son coéfficient, nous disons; $x = \dfrac{872}{12} = 72\frac{2}{3}$, nous aurons $x = 72\frac{2}{3}$, et la question résolue.

Car, A qui n'a qu'une part simple, aura $72\frac{2}{3}$

B qui a deux parts, plus 60 francs, aura

$72\frac{2}{3} + 72\frac{2}{3} + 60 =$ $205\frac{2}{3}$
_____
278

C qui a autant que les 2 autres, plus 80 fr.
aura $278 + 80 =$ 358
_____
636

D qui a autant que les 3 autres, moins 72 fr.
aura $636 - 72 =$ 564
_____
Somme pareille   1200

Cette simplicité justifie combien l'analyse est précieuse. Avec son secours on parvient du connu à l'inconnu sans fatigue et sans hésitation : il suffit donc de raisonner juste pour être conséquent.

Quand les questions présentent deux inconnues, qui n'ont aucune analogie entre elles, il faut y employer forcément deux lettres x, y. Alors pour en découvrir une, il faut de toute nécessité que l'autre

soit *neutralisée*, c'est-à-dire, élevée à la même quantité : alors la différence existante donne la valeur de
l'autre ; et celle-ci connue, la première ne tarde pas
à l'être.

J'observerai à cet égard, que ne parvenant du
connu à l'inconnu, qu'à l'aide d'un objet de comparaison, il faut de toute nécessité, que l'objet comparé
ne soit nullement semblable à celui qu'il doit régir ;
parce que *c'est la différence qui existe entr'eux*, qui
conduit à la découverte : *point de différence, point
de rapport proportionnel.*

Pour justifier de ceci, supposons qu'un particulier
ait acheté une certaine quantité de moutons, et une
certaine quantité d'agneaux, pour 312 francs ; et que
nous sachions qu'il a payé 24 francs pour 3 moutons,
et 24 francs pour 5 agneaux. Il est senti que nous ne
parviendrons que par un tâtonnage à connoître ce qu'il
a eu de moutons et d'agneaux. Mais si l'on nous dit
qu'il a cédé le $\frac{1}{3}$ de ses moutons, et le $\frac{1}{7}$ de ses agneaux
pour 72 francs, il nous sera facile, par la valeur de
ceux-ci, de connoître ce qui lui restera.

Or, puisqu'il a eu 3 moutons pour 24 francs, il est
constant que si x représentent 24 francs, x sera divisible par 3. Pareillement, si y représente les 24 fr.
qu'il a donnés pour 5 agneaux, y sera divisible par 5.

Donc nous aurons les deux équations fondamentales
suivantes :

Pour l'achat $\quad \dfrac{x}{3} + \dfrac{y}{5} = 312$ francs.

Pour la cession $\quad \dfrac{x}{3} + \dfrac{y}{7} = 72$ francs.

Maintenant, pour dégager ces équations de leurs fractions, il faut les ramener à la même dénomination, en multipliant l'une par le dénominateur de l'autre; et en multipliant le prix par le produit des deux dénominateurs; ce qui nous donnera, *pour l'achat,*

$$5x + 3y = 15 \text{ fois } 312 \text{ francs ou } 4680 \text{ fr.}$$

La cession étant composée de fractions de l'achat, il faut commencer par multiplier les deux diviseurs de chaque chose. Donc nous verrons $\frac{x}{9} + \frac{y}{35}$ Ramenant ensuite les deux fractions à la même dénomination, en multipliant l'une par le dénominateur de l'autre, nous aurons, *pour la cession,*

$$35x + 9y = 315 \text{ fois } 72 \text{ francs ou } 22680 \text{ fr.}$$

Remarquons bien que le $\frac{1}{3}$ de $\frac{1}{3} = \frac{1}{9}$, et que le $\frac{1}{5}$ de $\frac{1}{7} = \frac{1}{35}$; alors nous ne serons pas surpris de voir $\frac{x}{9} + \frac{y}{35}$ pour les fractions de la cession. Il est sans doute senti que l'équation fondamentale de la cession, auroit pu se présenter ainsi; mais j'ai été bien aise de faire observer que $\frac{1}{3}$ est une division par 3, comme $\frac{1}{7}$ est une division par 7, afin de fixer l'esprit sur le choix des moyens dans les calculs fractionnaires, qui sont les plus simples et les plus jolis de tous, quand ils sont bien connus.

On remarquera attentivement encore, que le prix des choses est en raison de leur quantité. Si 312 fr. $= \frac{x}{3} + \frac{y}{5}$, cette somme est à diviser par 3 et par 5, c'est-à-dire par 15. Il est donc senti que si le diviseur devient multiplicateur, il faut, de toute nécessité, que la somme soit multipliée, ainsi que le sont les choses, afin de maintenir les rapports. Donc si $72 = \frac{x}{9} + \frac{y}{35}$, il faut également que la somme 72 soit multipliée par 315, puisque les diviseurs 9 et 35 devenus multiplicateurs, ont élevé les choses $9 \times 35 = 315$ fois au-dessus de leur quantité primitive : ce développement doit être suffisant pour l'intelligence.

Nos secondes équations sont donc :

pour l'achat, $5x + 3y = 15$ fois 312 fr. ou 4680 fr.
pour la cession, $35x + 9y = 315$ fois 72 fr. ou 22680 fr.

Dans cet état, il faut neutraliser l'une des deux choses, afin de faire ressortir la différence et la valeur de l'autre. Nous avons ici le choix des moyens. Si nous voulons neutraliser les moutons, nous multiplierons ceux de l'achat par 35, nombre de ceux de la cession ; et ceux de la cession par 5, nombre de ceux de l'achat ; opération indispensable, quand on ne peut pas les neutraliser autrement.

Mais si nous remarquons que $5 \times 7 = 35$, nous aurons plutôt fait de multiplier l'achat par 7, puisqu'alors nous aurons également 35 moutons.

Veut-on neutraliser les agneaux, $3 \times 3 = 9$ nous permettent encore la même facilité.

Pour avoir moins de chiffres à mouvoir, neutralisons de préférence, les agneaux.

Donc l'achat, qui est $5x + 3y = 15$ fois 312 ou 4680
multiplié par 3 3 3

deviendra	$15x + 9y$	$=$	14040
La cession est	$35x + 9y$	$=$	22680
La différence est	$20x + 0y$	$=$	8640

Nous avons donc $\dfrac{8640}{20} = 432$ francs pour 3 fois
le prix des moutons, puisque nous avons multiplié
par 3 ce qui devoit être divisé. Donc $\dfrac{432}{3} = 144$. Donc
les moutons ont coûté 144 francs.

Donc si, remontant à la source, nous disons,
$312 - 144 = 168$, nous saurons que les agneaux ont
coûté 168 francs.

Désormais, nous sommes les maîtres de la question.
Car, si 3 moutons ont coûté 24 fr. disons $24 : 3 :: 144 : 18$ mout.
     si 5 agneaux ont coûté 24 fr. disons $24 : 5 :: 168 : 35$ agn.
L'acquéreur a donc cédé 6 moutons à $8 = 48$ $\Big\}$ 72 francs.
           5 agneaux pour $\quad 24$

Me bornant à donner quelques notions sur l'analyse,
je n'étendrai pas plus loin les moyens de découvrir
les inconnues : c'est au génie, sur ces données, qu'il
appartient de s'exercer ; il me suffit de l'avoir mis sur
la voie. D'ailleurs, les problèmes qui suivront ces notions, l'exerceront avantageusement.

Composer et décomposer, c'est à quoi se réduisent
toutes les opérations de l'analyse et du calcul ; et les
fractions ont sur les nombres simples, l'avantage de
composer et de décomposer en même temps, puisque
les deux termes exercent une action contraire. Donc

on peut jouer avantageusement avec elles, pourvu que l'on évite de multiplier ce qui doit être ensuite divisé par le même agent.

Par exemple, ayons $\frac{3}{4}$ à $\times \frac{4}{5}$, au lieu de dire, $\frac{3 \times 4}{4 \times 5} = \frac{12}{20} = \frac{3}{5}$, travail qui est aussi long qu'inutile ; supprimons, en $\frac{3}{4}$, le diviseur 4, et de même en $\frac{4}{5}$, le multiplicateur 4, et nous aurons $\frac{3}{4} \times \frac{4}{5} = \frac{3}{5}$.

Pareillement, si l'on demandoit la $\frac{1}{2}$ des $\frac{3}{4}$ des $\frac{4}{7}$ de $\frac{2}{3}$, opération qui seroit aussi longue qu'inutile, on auroit, en bâtonnant les multiplicateurs et les diviseurs semblables, et sans calcul, $\frac{1}{7}$ pour réponse.

Observons bien une chose, *très-essentielle à connoître*, et qui aide puissamment à faciliter les opérations; c'est que, lorsque plusieurs termes doivent concourir à former une multiplication et une division, il importe fort peu dans quel ordre ils agissent. Non-seulement ils peuvent changer leurs positions, mais encore ils peuvent échanger leurs termes: cherchons donc ce qui nous convient le mieux, et nous agirons et vîte et bien. Par exemple,

la $\frac{1}{2}$ des $\frac{3}{4}$ des $\frac{4}{7}$ de $\frac{2}{3}$ est d'un calcul difficile; et
la $\frac{1}{2}$ des $\frac{2}{3}$ des $\frac{3}{4}$ de $\frac{4}{7}$ est infiniment plus aisé ; puisqu'il est aisé de dire, la $\frac{1}{2}$ de $\frac{2}{3} = \frac{1}{3}$; le $\frac{1}{3}$ de $\frac{3}{4} = \frac{1}{4}$, et le $\frac{1}{4}$ de $\frac{4}{7} = \frac{1}{7}$.

La multiplication des numérateurs et des dénominateurs dispense bien de tout travail, puisqu'ils donnent $\frac{24}{168} = \frac{1}{7}$. Mais c'est une méthode; et une méthode est l'écueil du génie.

Si la transposition des fractions offre quelque facilité, celle des termes en offre bien plus, puisqu'on trou-
veroit $\frac{2}{2}$, $\frac{3}{3}$, $\frac{4}{4}$, enfin $\frac{7}{7}$ Or, si le plus et le moins se
détruisent, si les multiplicateurs et les diviseurs se dé-
truisent également; ce qui reste, se montrant dégagé
de toute entrave, ne laisse rien à désirer pour la
solution.

Il résulte de l'emploi de ces moyens de grandes facilités dans les rapports. Par exemple, si l'on vouloit savoir
quel seroit le rapport existant entre deux magasins, dont

l'un de 120 pieds de long, et l'autre de 72. On diroit 120 et 10, ou 12 est à 1

36	de large et	26.	36 et 72, ou 1 est à 2
13	de hauteur et	10.	13 et 26, ou 1 est à 2

56160 pieds cudes, et 18720.

Donnant $\dfrac{56160}{18780} = 3.$ Leur rapport seroit :: 12 : 4
ou comme 3 est à 1.

Dans les deux cas, l'opération est la même ; mais
indépendamment de ce que, par la transposition des
termes, elle devient plus facile, on conviendra qu'elle
apprend à jouer avec les nombres.

Que l'on demande, par exemple, à partager le
nombre 60 en deux parties, telles que leur rapport
soit comme 3 sont à 7 Si les parties égalent le tout,
$3 + 7 = 10$. Donc $\dfrac{60}{10} = 6$. Donc une partie sera 3
fois $6 = 18$; et l'autre partie sera $7 \times 6 = 42$, comme
$18 + 42 = 60$.

Si nous mettons le rapport de 3 à 7 en fractions,
nous y trouverons $\frac{3}{7}$ pour une partie, et $\frac{7}{3}$ pour l'autre;
où l'on verra clairement que l'une sera 2 fois $\frac{1}{7}$ plus

grande que l'autre. Donc l'une sera $\frac{60}{140}$, et l'autre $\frac{140}{60}$. Et supprimant les zéros, nous aurons $\frac{6}{14} = \frac{3}{7}$, et $\frac{14}{6} = \frac{7}{3}$.

Enfin, puisque $3 + 7 = 10$; c'est-à-dire $\frac{60}{10} = 6$, dions $6 \times \frac{3}{7} = \frac{18}{42}$; et nous aurons, de toutes les manières, la réponse à la question.

La multiplication n'étant autre chose que la répétition cumulée de l'un des facteurs, autant de fois que l'autre contient d'unités, il est tout simple de penser que la division, par une partie des unités du multiplicateur, ne distraira du produit que la partie que ce diviseur lui donneroit.

Supposons, par exemple, que de deux produits à former, l'un soit à soustraire de l'autre.

Que	47	soit à soustraire de	47
×	25	×	36
	235		282
	94.		141.
	1175		1692

$1692 - 1175 = 517$. Cette différence provient de celle des multiplicateurs $36 - 25 = 11$; puisque $47 \times 11 = 517$.

Formons un produit surcomposé par $4 \times 5 \times 6 \times 8 = 960$; il est clair que si nous divisons ce produit par l'un de ces facteurs, le quotient donnera le produit de tous les autres.

Si nous divisons par $\frac{960}{4}$, le quotient 240 sera le produit de $5 \times 6 \times 8 = 240.$

Si nous divisons $\dfrac{960}{24}$, le quotient 40 sera le produit

par $4 \times 6 =$

de $5 \times 8 = 40.$

Si nous divisons $\dfrac{960}{120}$, le quotient 8 sera le facteur

par $4 \times 5 \times 6 =$

restant 8.

Les produits de deux multiplications multipliés l'un par l'autre, donneront un produit qui sera égal à celui des facteurs multipliés entr'eux.

Si 1692×1175 (voyez les multiplications de $47 \times 36 = 1692$, et $47 \times 25 = 1175$) $= 1988100$; $47 \times 47 = 2209$; $36 \times 25 = 900$; il est incontestable que $2209 \times 900 =$ le même produit 1988100.

Il résulte de ce raisonnement la conséquence que deux racines, multipliées ensemble, en donneront une troisième, qui, à son tour, produira un carré, un cube, ou toute autre puissance égale à la multiplication des deux carrés, cubes, etc. des deux racines.

Soit la racine 3, son carré sera 9, son cube sera 27, etc.

Soit la racine 4, son carré sera 16, son cube sera 64, etc.

Multiplions tout.

La racine 12 aura pour carré 144, pour cube 1728, etc.

Donc les produits des racines, des carrés, des cubes, donneront également des racines, des carrés, des cubes, etc. Donc les effets résultent des causes; et leur harmonie est inaltérable.

Une somme quelconque, divisée en deux portions quelconques, aura toujours le produit du carré plus

élevé

élevé que tous les autres ; et ces produits décroîtront à mesure que les deux facteurs s'éloigneront du centre. Par exemple, 12 est la somme de deux nombres.

1 + 11 = 12. Et néanmoins 1 × 11 donneront pour produit 11		
2 + 10 = 12. Et *idem* 2 × 10 *idem*		20
3 + 9 = 12. Et *idem* 3 × 9 *idem*		27
4 + 8 = 12. Et *idem* 4 × 8 *idem*		32
5 + 7 = 12. Et *idem* 5 × 7 *idem*		35
6 + 6 = 12. Et *idem* 6 × 6 *idem*		36

Cette différence dans les produits fournis par la même somme 12, a sa cause dans la diversité des facteurs qui en proviennent. Et comme je l'ai observé, le produit du carré 6 × 6, c'est-à-dire des deux moitiés de la somme 12, est le plus élevé de tous ; et ce même produit dégrade à mesure que les deux facteurs s'éloignent de ce centre.

Cette dégradation est toujours de l'excédant du carré sur les autres produits ; et cet excédant est lui-même un carré : ce sont les degrés d'éloignement du centre qui forment la racine donnée par chaque facteur.

Le centre de 12 est 6, dont le carré 6 × 6 = 36

Le produit de 5 × 7 est   35

L'excédant du carré, qui est lui-même un carré, est   1

Du facteur 5 à 6, il y a un degré. Du facteur 7 à 6, il y a également un degré. Ces degrés sont des racines. Donc 1 × 1 = le carré 1.

Le centre de 12 est 6, dont le carré 6 × 6 = 36

Le produit de 3 × 9 est   27

L'excédant du carré, est le carré   9.

Du facteur 3 à 6, il y a 3 degrés. Du facteur 9 à 6, il y a également 3 degrés. Ces degrés sont des racines. Donc 3 × 3 = le carré 9.

Le centre de 12 est 6, dont le carré 6 × 6 = 36
Le produit de 1 × 11 est   11
    L'excédant du carré, est le carré   25

Du facteur 1 à 6, il y a 5 degrés. Du facteur 11 à 6, il y a également 5 degrés. Ces degrés sont des racines. Donc 5 × 5 = le carré 25.

On peut conclure de ce développement, qui est d'un principe constant, qu'il sera toujours facile de connoître les facteurs d'une multiplication, quand on connoîtra leur somme et leur produit : par exemple,

Soit la somme de deux facteurs 36, et leur produit   288

Disons, pour former le carré $\dfrac{36}{2}$ = 18, et 18 × 18 = le carré 324

    L'excédant du carré sera le carré   36

dont la racine est 6, puisque 6 × 6 = le carré 36. Donc il y a 6 degrés de chaque facteur au centre 18 ; et comme l'un est en moins et l'autre en plus de 18, disons 18 — 6 = 12, comme 18 + 6 = 24, et nos facteurs seront 12 × 24 = 288.

Avec ces notions simples, on a le secret des compositions, du moment que la somme des facteurs et le produit sont donnés.

Ce moyen cependant seroit embarrassant, si la somme des facteurs étoit impaire ; parce que l'excédant du carré seroit incommensurable, et sa racine fractionnaire : on y remédie facilement en faisant le carré de la somme des facteurs.

Carrer la moitié d'une somme ou en carrer la totalité, c'est toujours former le carré, à la différence près néanmoins, que le carré de la totalité d'une somme est 4 fois plus considérable que le carré de la moitié ; attendu qu'alors les facteurs sont doubles ; car si $2 \times 2 = 4$, $4 \times 4 = 16$.

D'où il résulte, qu'il faut que le produit donné soit également quadruplé, pour être comparé à celui du carré de la somme entière ; enfin, que l'excédant du carré soit aussi réduit au quart.

Reprenons la même question. La somme des facteurs est 36, et leur produit est 288.

Le carré de la somme 36 ou $36 \times 36 =$ le carré 1296

Le produit 288 quadruplé ou 288×4 est   1152

L'excédant du carré sur le produit est de   144

dont le $\frac{1}{4}$ est 36, et dont la racine est 6.

La parité des résultats justifie de l'observation ; et comme cette dernière formule n'est ni plus longue ni plus compliquée que la première, elle doit lui être préférée.

L'analyse des fractions consiste tout simplement à voir des entiers dans le numérateur, et un diviseur dans le dénominateur.

$\frac{7}{24}$ et $\frac{39}{24}$ Sont 7 et 39 entiers, à diviser par 24. Mais du moment qu'elles ont le même dénominateur, les numérateurs seuls sont des quantités, que l'on peut et que l'on doit considérer comme des entiers. Dès lors, $\frac{7}{24}$ sont divisibles par 7, comme $\frac{39}{24}$ sont divisibles par

26*

39 ; car le $\frac{1}{7}$ de 7 est 1 , comme le $\frac{1}{39}$ de 39 est 1.
Avec ces données simples , on jouera avec les fractions
comme on joue avec les nombres entiers.

C'en est assez Avec ces notions, l'esprit peut s'exercer ; et les problêmes que nous allons donner, y ajoutant de nouvelles combinaisons , nous apprendront ce
que tous les discours analytiques ne nous appren-
droient pas.

Les problêmes ne sont que des proportions qu'une
enveloppe mystérieuse dérobe à nos regards , et que
l'on charge d'incidens pour égarer l'auditeur. Sachons déchirer ces enveloppes ; sachons écarter les incidens , et les proportions viendront d'elles - mêmes
s'offrir à la solution.

De quelque manière que le problême soit présenté,
les indices de leur solution sont annoncées : Dès
qu'on les aperçoit, il faut les saisir, et ne jamais les
abandonner.

Tantôt on va du simple au composé ; tantôt des
causes on descend aux effets ; tantôt des effets on re-
monte aux causes ; mais toujours on va du connu à
l'inconnu : les fractions , les progressions , les proportions, les puissances nous offrent des secours assurés.

Ce sont des jeux de l'esprit : ils tendent sans cesse
au développement des facultés intellectuelles ; et cette
partie de mon ouvrage ne sera pas la moins intéres-
sante, si elle parvient, en amusant, à faire sentir
tous les avantages que l'esprit du calcul peut fournir
dans le commerce de la vie.

DES PROBLÊMES.

PREMIÈRE QUESTION.

On propose de diviser le nombre 50 en deux parties telles, que les $\frac{3}{4}$ de l'une et les $\frac{5}{6}$ de l'autre puissent faire 40.

Dans de pareilles questions, il faut aller du simple au composé, attendu que du petit au grand les proportions sont les mêmes. Supposons donc deux nombres dont on puisse prendre les $\frac{3}{4}$ et les $\frac{5}{6}$.

1°. Le nombre 4, dont les $\frac{3}{4}$ sont 3
2°. Le nombre 6, dont les $\frac{5}{6}$ sont 5

Et nous aurons 10, produisant 8

Si 5 fois 10 égalent 50; si 5 fois 8 égalent 40, notre question est résolue.

Donc $4 \times 5 = 20$, dont les $\frac{3}{4}$ sont 15
$6 \times 6 = 30$, dont les $\frac{5}{6}$ sont 25

Et nous avons 50, produisant 40

II.e QUESTION.

Quel est le nombre dont le quadruple, plus 3, soit égal à son triple, plus 12 ?

Pour élever le triple au quadruple, il faut un nombre qui soit la différence de 12 à 3, parce qu'il est constant que le *plus* 3, est ajouté tant au triple qu'au quadruple. Donc $12 - 3 = 9$, dit que 9 est le nombre qui élève le triple au quadruple. Donc 9 est le nombre demandé.

Et en effet, 4 fois 9 = 36   + 3 = 39
            3 fois 9 = 27 + 9 + 3 = 39

Sur cette donnée simple et sensible, on peut for-mer des questions qui seroient souvent insolubles pour les questionneurs.

Supposons un nombre impair comme 27, qui, divisé par 4, donnera $6\frac{3}{4}$. Donc le quintuple seroit $27 + 6\frac{3}{4} = 33\frac{3}{4}$ Si nous y ajoutons $2\frac{3}{4}$, nous au-rons un total de $36\frac{1}{2}$. Donc pour élever le quadruple 27 à $36\frac{1}{2}$, nous aurons $9\frac{1}{2}$ à y ajouter. Dès-lors de-mandons :

Quel est le nombre dont le quintuple, plus $2\frac{3}{4}$, soit égal à son quadruple, plus $9\frac{1}{2}$?

Si le questionneur a plus de mémoire que de génie, il demeurera court. Mais s'il connoît la composition de son problème, il n'hésitera pas à dire, $9\frac{1}{2} - 2\frac{3}{4} = 6\frac{3}{4}$. Dès-lors il dira :

5 fois $6\frac{3}{4} = 33\frac{3}{4}$ $+ 2\frac{3}{4} = 36\frac{1}{2}$
4 fois $6\frac{3}{4} = 27$ $+ 6\frac{3}{4} + 2\frac{3}{4} = 36\frac{1}{2}$

On peut donc, sur une idée, composer autant de problèmes que l'on voudra, et leur donner une teinte plus ou moins forte de difficulté.

III.e QUESTION.

Partager un nombre quelconque en deux portions telles, qu'en divisant la plus grande par la plus petite, on ait 6 au quotient.

Si le quotient doit être 6, il faut que le diviseur soit contenu 6 fois dans le dividende. Conséquemment, si d'un nombre quelconque on retranche le $\frac{1}{7}$, qui sera le diviseur, il est constant que dans le restant, qui sera le dividende, il se trouvera $\frac{6}{7}$, c'est-à-dire 6 fois $\frac{1}{7}$. D'où il résulte, que si du nombre 7, on retranche 1, il restera 6, et que $\frac{6}{1} = 6$ au quotient.

Donc si l'on demandoit que le quotient fût 19; du nombre proposé, on retrancheroit le $\frac{1}{20}$ qui seroit diviseur; et les $\frac{19}{20}$, qui resteroient au dividende, donneroient 19 au quotient, puisque $\frac{19}{1} = 19$.

On peut rendre ces problêmes plus embarrassans en demandant, je suppose, un quotient qui fût $19\frac{2}{6}$.

$19\frac{1}{6} = \frac{119}{6}$. C'est-à-dire 119. Donc, pour avoir 119 au quotient, il faut retrancher le 120.ᵉ de la somme donnée, attendu que $120 - 1 = 119$.

Mais attendu que ce n'est pas 119, mais bien $19\frac{1}{6}$ que l'on doit avoir au quotient; il est senti que si le diviseur est 6 fois plus grand, le quotient sera 6 fois plus petit; et qu'alors, au lieu de 119, on aura $19\frac{1}{6}$ au quotient.

Supposons la somme 240 à partager. Le $\frac{1}{120}$ sera 2 pour le diviseur, et 238 pour le dividende; et $\frac{238}{2} = 119$.

Multiplions le diviseur 2 par $6 = 12$, il sera alors 6 fois plus grand, et $\frac{238}{12} = 19\frac{10}{12} = 19\frac{1}{6}$, quotient 6 fois plus petit.

Ce développement justifie que tout est facile, quand
on juge des effets par leurs causes : ce problème vaut
déjà une bonne leçon.

IV.e QUESTION.

Partager 32 en deux parties telles, que si l'on divise
la moindre par 6, et la plus forte par 5, les deux quotients, joints ensemble, fassent la somme 6.

Cette question oblige de chercher en 32 deux nombres
divisibles par 6 et par 5. Il n'est d'autre moyen que
$20 + 12 = 32$.

Or, 20 divisé par 5, donne au quotient 4
12 divisé par 6, donne *idem* 2

Et nous avons 32 donnant, pour les deux quotients, 6

V.e QUESTION.

La tête d'un certain poisson a 9 pouces de longueur.
La queue est aussi longue que la tête et la moitié du
corps ; et le corps a la même longueur que la tête
et la queue : on demande la longueur totale du
poisson.

Les 9 pouces de longueur de la tête sont l'indice
de la solution.

Observons bien maintenant que,

Le corps a la même longueur que la tête et la queue.

Et que la queue est aussi longue que la tête et la
moitié du corps.

Donc, si nous retranchons la tête du corps, nous
aurons la longueur de la queue.

Supposons le corps 4. Si la tête est 1, la queue sera 3. Or, puisque la tête est 1, la moitié du corps 2, la queue est réellement 3. Donc la question est résolue.

En conséquence, la longueur de la tête est 1 == 9 pouces,

Celle de la queue est   3 == 27

                           4 == 36

Celle du corps est   4 == 36

Total 8 longueurs   8 == 72 pouces.

VI.e QUESTION.

Pierre et Jean ont un certain nombre de moutons. Il est tel que si Pierre donne 5 des siens à Jean, ils en auront autant l'un que l'autre. Mais si, au contraire, Jean donnoit 5 des siens à Pierre, Pierre alors auroit le triple de ceux qui resteroient à Jean. Combien en ont-ils chacun ?

Le nombre 5 est l'indice de la solution.

Par l'esprit de la question, il est clair que Pierre a deux fois 5 moutons de plus que Jean, puisque s'il en donne 5 à Jean, ils en auront autant l'un que l'autre.

D'autre part, si Jean donnoit 5 de ses moutons à Pierre, Pierre alors en auroit le triple de ceux qui resteroient à Jean.

C'est-à-dire qu'à eux deux ils avoient 8 fois 5 moutons. Or, si Pierre a deux fois 5 de plus que Jean ; il est clair que Pierre a 5 fois, et Jean 3 fois.

Donc Pierre avoit 5 fois 5 moutons == 25.

Jean avoit 3 fois 5 moutons == 15.

Dans ces sortes de questions, il faut se pénétrer de cette vérité, qu'en ôtant 1 à l'un pour le donner à l'autre, la différence est 2. Donc Pierre, qui a 5 fois, donnant 1 à Jean, qui n'a que 3, rend les quantités égales.

Mais si Jean donne, Pierre alors a 2 fois 2 de plus, c'est-à-dire 4 fois. Or, $5 + 1 = 6$, et $6 - 4 = 2$: d'après ces bases, on peut se créer des problèmes à l'infini.

VII.e QUESTION.

Quel est le nombre dont le $\frac{1}{5}$, plus le $\frac{1}{10}$, plus 3, donneront une somme égale à la moitié dudit nombre?

Le nombre 3 est l'indice de la solution.

L'unité est la base de toutes les questions fractionnaires. Et puisqu'on nous donne des dixièmes, prenons $\frac{10}{10}$ pour notre unité : d'où il résulte, que $\frac{1}{5}$, plus $\frac{1}{10}$, plus 3, doivent égaler $\frac{5}{10}$ pour la moitié.

Si $\frac{1}{5} = \frac{2}{10} + \frac{1}{10} = \frac{3}{10}$; donc $3 = \frac{2}{10}$. Or, si $3 = \frac{2}{10}$, $15 = \frac{10}{10}$. Donc 15 est le nombre demandé. Donc $7\frac{1}{2} = \frac{5}{10} + 3$, comme $\frac{5}{10}$ à $1\frac{1}{2} = 7\frac{1}{2}$.

VIII.e QUESTION.

Deux particuliers jouent ensemble au piquet. Louis a 72 francs dans sa bourse; Edmond a 52 francs dans la sienne. Le jeu fini, il se trouve que Louis a 3 fois autant d'argent qu'Edmond : on demande quel est le gain de Louis?

Les joueurs ayant joué à eux seuls, la somme

72 + 52 = 124 francs, n'a pu ni croître ni diminuer. Dèslors, il est constant que Louis s'est retiré avec les $\frac{3}{4}$ des 124 fr. = 93 fr., et qu'Edmond s'est retiré avec le $\frac{1}{4}$ desdits 124 fr = 31.

En conséquence Louis, de 93 fr. — 72 qu'il avoit, a gagné l'excédant 21 f.

Edmond, de 52 fr. — 31 qui lui restent, a perdu 21 f.

IX.ᵉ QUESTION.

Deux amis, ayant autant d'argent l'un que l'autre, vont dans une société où l'on jouoit. Le premier y a perdu 12 fr., le second 57 fr.; alors ce qui reste au premier est quadruple de ce qui reste au second. On demande combien ils avoient l'un et l'autre ?

Les sommes 12 et 57 fr. sont les indices de la solution ; et c'est la différence de 57 — 12 = 45, qui va nous la donner. Et en effet, si le second a perdu 45 fr. de plus que le premier, il est constant que le premier a 45 fr. de plus que lui.

Si le premier a 4 fois plus d'argent que le second, il est de fait que les 45 fr. sont déjà 3 fois la somme qui reste au second. Donc le second ne doit avoir que 15 fr., et le premier doit avoir 4 fois 15 fr. = 60 fr.

Conséquemment, si le premier a 60 + les 12 perdus, il avoit 72 f.

si le second a 15 + les 57 perdus, il avoit 72 f.

X.ᵉ QUESTION.

Un particulier a un certain nombre de Louis d'or dans sa bourse. On sait seulement que la différence du $\frac{1}{3}$ au $\frac{1}{5}$ est de 10 Louis. Combien en avoit-il ?

La différence 10 Louis, du $\frac{1}{5}$ au $\frac{1}{7}$ est l'indice de la solution.

Ramenons les deux fractions $\frac{1}{5}$, $\frac{1}{7}$ à la même dénomination : elles seront alors $\frac{1}{35}$ et $\frac{5}{35}$, dont la différence est $\frac{2}{35}$.

Or, si $\frac{2}{35}$ = 10 Louis d'or, il est constant que $\frac{1}{35}$ = 5 Louis. Conséquemment, si la totalité est $\frac{35}{35}$, on peut affirmer qu'il a 15 fois 5 Louis = 75 Louis.

XIe QUESTION.

On demande à un homme, revenant du jeu, combien il lui reste de Louis d'or dans sa bourse ? Il répond : 3 fois autant que j'en ai perdu.

On lui demande encore combien il en a perdu ? Le nombre de ceux que j'ai perdus, dit-il, multiplié par le $\frac{1}{6}$ de ce qui m'en reste, donneroit en produit la quantité de ceux que j'avois auparavant.

Deux choses concourent à la solution de cette question. La première, que cet homme avoit perdu le $\frac{1}{4}$ de son argent. La seconde, que ce qu'il a perdu, multiplié par le $\frac{1}{6}$ des $\frac{3}{4}$ qui lui restent, donnera un produit égal à ce qu'il avoit en se mettant au jeu.

D'après ces données, la solution devient très facile.

Le $\frac{1}{6}$ de $\frac{3}{4}$ = $\frac{1}{8}$, et le $\frac{1}{8}$ du $\frac{1}{4}$ = $\frac{1}{32}$. Il avoit donc 32 Louis d'or. Et en effet, si de 32, il en a perdu le $\frac{1}{4}$, qui est 8, il lui en resteroit 24, dont le $\frac{1}{6}$ est 4. Or, 8 perdus × 4 = les 32 qu'il avoit.

XII.ᵉ QUESTION.

Un entrepreneur avoit un tel nombre d'ouvriers, et une telle somme à dépenser par jour, qu'en payant ses ouvriers à raison de 24 sous par jour, il devoit avoir 60 livres de reste. Mais il lui auroit manqué 70 liv. par jour, s'il avoit été obligé de les payer 28 sous. On demande combien il avoit d'ouvriers, et quelle somme il avoit à dépenser par jour.

L'excédant et le manquant des fonds sont les indices de la solution.

L'excédant, à raison de 24 sous, est de 60 liv. ; le manquant, à raison de 28 sous, est de 70 livres ; et 60 + 70 = 130 liv. Donc ces 130 liv. sont la différence des prix des ouvriers de 24 à 28 sous, c'est-à-dire de 4 sous pour chaque ouvrier qu'il employoit : Donc il avoit autant d'ouvriers qu'il étoit contenu de fois 4 sous dans les 130 liv.

Conséquemment, puisque 5 fois 4 sous = 1 livre ; 5 fois 130 = 650 ouvriers.

D'après cette base, disons :

650 ouv. à 24ˢ par jour n'eussent exigé que 780ˡˡ ⎫
et puisqu'à ce taux il lui restoit   60 ⎭ il avoit 840ˡˡ

650 ouvr. à 28ˢ par jour eussent consommé 910 ⎫
d'où déduisant ce qui auroit manqué   70 ⎭ il avoit 840

Donc, on a la conviction qu'il employoit 650 ouvriers, et qu'il avoit 840 livr. à dépenser par jour.

XIII.ᵉ QUESTION.

À quel âge, un père qui a 35 ans, n'aura-t-il que le double de l'âge de son fils, qui n'a que 8 ans?

Dans ces sortes de questions, il faut observer que, depuis le jour de la naissance, le temps a coulé avec la même rapidité, pour le père et pour le fils, et qu'il coulera toujours pour l'un et l'autre également : il est donc naturel de remonter au jour de la naissance du fils, et d'établir les calculs de ce moment.

Or, quand le fils vint au monde, le père avoit 35 — 8 = 27 ans. Donc le père a déjà 27 ans une fois ; donc quand le fils aura une fois 27 ans, le père les aura deux fois = 54 ans.

Si on vouloit savoir à quel âge ce père auroit 3 fois l'âge du fils, on diroit $\frac{27}{2}$ = 13 ans $\frac{1}{2}$. Donc le père a deux fois 13 ans $\frac{1}{2}$. Donc quand le fils aura une fois 13 ans $\frac{1}{2}$, le père les aura 3 fois = 40 ans $\frac{1}{2}$.

Si on vouloit le quadruple, $\frac{27}{3}$ = 9. Donc le père a 3 fois 9 ans = 27 ans ; donc quand le fils aura une fois 9 ans, le père les aura 4 fois = 36 ans.

Avec ces procédés simples, on pourroit compliquer les questions, et les résoudre avec la même facilité ; par exemple :

À quel âge un père qui a   29 ans 7 mois 3 j. n'aura-t-il que le double de celui du fils qui a   8 ans 9 mois 26 j.

Déduisant l'âge du fils, le père aura 1 fois   20 ans 9 mois 7 j.

Donc, lorsque le fils aura une fois cet âge, le père
l'aura 2 fois = 41 ans 6 mois 14 jours.

XIVe QUESTION.

Quel âge avons-nous, demande un fils à son père ?
Le père répond : votre âge est actuellement le $\frac{1}{3}$ du
mien ; mais il y a 6 ans qu'il n'en étoit que le $\frac{1}{4}$. On
demande quel étoit l'âge des deux, à ces deux époques?

La différence 6 entre le $\frac{1}{3}$ et le $\frac{1}{4}$, est l'indice de la
solution. Mais cet indice est un piège tendu, pour qui
ne réfléchit pas.

Si, par exemple, il n'étoit question que d'un rap-
port proportionnel entre le $\frac{1}{3}$ et le $\frac{1}{4}$ qui est $\frac{1}{12}$, on diroit que $\frac{1}{12} = 6$, et l'on opéreroit en conséquence.

Mais attendu que, dans cette question, la diffé-
rence 6 ans du $\frac{1}{4}$ au $\frac{1}{3}$, est un temps qui coule aussi
vîte pour le père que pour le fils, il n'y a plus de rapport proportionnel, puisque les 6 ans doivent être
ajoutés ou retranchés également à l'un qu'à l'autre.

Une autre observation, très-essentielle à faire, c'est
que la différence 6 ans, annonce que les deux âges,
aux deux époques, sont exactement divisibles par 6.

Conséquemment, si nous mettons les deux âges en
rapport d'égalité, dans $\frac{1}{4}$ nous verrons $\frac{2}{8}$. Or, $\frac{2}{8}$ est une
fraction disant que l'âge du fils est *deux fois 6 ans*,
comme celui du père se compose de *8 fois 6 ans*.

Sur cette base claire et solide, si nous ajoutons *une
fois 6 ans* à l'un et à l'autre, nous aurons $\frac{2+1}{8+1} = \frac{3}{9}$;

et 3 seront le $\frac{1}{3}$ de 9, comme 2 sont le $\frac{1}{4}$ de 8. Donc $\frac{12}{48}$ = le $\frac{1}{4}$ de l'âge passé, comme $\frac{18}{54}$ = le $\frac{1}{3}$ de l'âge actuel.

Donc, le fils avoit 12 ans lorsque le père en avoit 48, temps passé ; de même le fils a 18 ans, lorsque le père en a 54, temps actuel.

Ici le jeu des fractions, que j'ai toujours considéré comme l'ame du calcul, se montrant sous la forme des progressions, offre des facilités singulières pour la combinaison des problèmes de cette espèce-ci. Par exemple,

Si, $\frac{2+2}{8+2} = \frac{4}{10}$; si $\frac{4+3}{10+3} = \frac{7}{13}$; si $\frac{5+9}{13+9} = \frac{1}{22}$? il est clair que nous pourrons jouer à volonté.

Supposons, en conséquence, que sur la demande d'un fils, un père répondit : votre âge actuel est les $\frac{16}{22}$ du mien ; mais il y a 42 ans qu'il n'en étoit que le $\frac{1}{4}$. On répondroit très-vîte, en disant $\frac{2}{8}$ pour le $\frac{1}{4}$.

Dans cet état disons, $\frac{16-14}{22-14} = \frac{2}{8}$. Donc la diffé-rence entre les deux époques est 14, et $\frac{42}{14}$ = 3. Donc chaque unité des termes fractionnaires est de 3 ans.

Conséquemment , $\dfrac{\text{2 sont 2 fois 3 ans}}{\text{8 sont 8 fois 3 ans}} = \dfrac{\text{6 ans}}{\text{24 ans}}$, comme $\dfrac{\text{16 sont 16 fois 3}}{\text{22 sont 22 fois 3}} = \dfrac{\text{48 ans}}{\text{66 ans}}$.

Avec

Avec cette simplicité de mouvement, on peut ré-
pondre, avec autant de promptitude que de précision,
aux questions les plus difficiles à résoudre.

XVe QUESTION.

Trois frères ont 57 ans entr'eux.

L'âge du second est double de celui du troisième,
moins 4 ans.

L'âge de l'aîné est deux fois celui du troisième,
plus la moitié de celui du second. On demande l'âge
de chacun d'eux ?

Les 57 ans et le rapport des trois âges, sont les
indices de la solution.

Cette question est dans le genre de celles des
successions, dont il faut payer les dettes, et faire
rentrer les créances.

Ici, l'âge du second est double de celui du troisième, *moins 4 ans*. L'âge de l'aîné est deux fois
celui du 3.e, plus *la moitié de celui du second*.

Conséquemment, si nous avons 4 ans de moins
au second, nous avons également 2 ans de moins
sur la moitié de cet âge. Donc, $4 + 2 = 6$ ans,
qui, comme créances à rentrer, doivent y être
ajoutées. Donc, $57 + 6 = 63$ ans, sur lesquels nous
allons régler le partage.

Si l'âge du troisième est	1	
Celui du second sera	2	
Celui de l'aîné 2 fois le 3.e sera	2	
Plus la moitié du second	1	3
Nous donneront	6 pour div.^r de 63 = 10 ans $\frac{1}{2}$	

27

D'où il résulte que l'âge du troisième est   10 ans $\frac{1}{2}$

Celui du second, double de celui du 3.e = 21 — 4 = 17 ans

Celui de l'aîné, double du troisième   21   //

Plus la moitié de celui du second   8 $\frac{1}{2}$ 29 ans $\frac{1}{2}$

Nous donnent ensemble les   57 ans

XVIe QUESTION.

Faire 360 sous avec 22 pièces de 24, de 12 et de 6 sous.

Pour résoudre ces sortes de questions avec facilité, prenons un juste milieu, et voyons combien il faudroit de pièces de 12 sous seulement. $\frac{360}{12} = 30$. Donc, il nous faudroit 30 pièces de 12 sous.

Désormais rien n'est plus facile que de réduire ou d'augmenter ce nombre 30 à volonté, puisqu'il faut 2 pièces de 12 pour 1 de 24, comme il en faut deux de 6 sous pour une de 12.

30 — 8 = 22 : Nous avons donc 8 pièces de trop. Il est donc clair que si nous mettons 8 pièces de 24, qui en absorberont 16 de 12, il nous en restera 14 de ces dernières, et que 8 + 14 = les 22 pièces.

Maintenant avec 3 pièces de 12 sous, nous en aurons 1 de 24 et 2 de 6 sous = 3 pièces; et désormais avec cette balance, nous pourrons faire autant de conversions, que les 14 pièces de 12 sous, nous fourniront de fois 3 pièces; car,

9 pièces de 24 = 216	10 pièc. de 24 = 240	11 pièc. de 24 = 164	12 pièc. de 24 = 288
11 de 12 = 132	8 de 12 = 96	5 de 12 = 60	2 de 12 = 24
2 de 6 = 12	4 de 6 = 24	6 de 6 = 36	8 de 6 = 48
22 pièces = 360	22 pièces = 360	22 pièces = 360	22 pièces = 360

On est toujours le maître de ses mouvemens, quand on sait les régler.

XVII.e QUESTION.

Quel est le nombre dont le $\frac{1}{3}$, le $\frac{1}{4}$, *plus 5* $= 100$?

L'unité est l'indice de cette solution, et le nombre *plus 5*, qui n'est là que pour l'embarrasser, est un incident qu'il faut savoir écarter. Dès-lors, on ne doit voir la question, que comme si l'on demandoit: quel est le nombre dont le $\frac{1}{3}$ et le $\frac{1}{4}$ $= 95$.

12 Etant le dénominateur commun convenable,

$$\text{disons : le } \tfrac{1}{3} \text{ de } 12 = 4$$
$$\text{le } \tfrac{1}{4} \text{ de } 12 = 3$$

$$\text{Total} \qquad \tfrac{7}{12}$$

D'où la proportion $7 : 12 :: 95 : 162\frac{6}{7}$ nombre demandé.

$$\text{D'où le } \tfrac{1}{3} \text{ de } 162\tfrac{6}{7} \text{ est } 54\tfrac{2}{7}$$
$$\text{le } \tfrac{1}{4} \qquad\qquad \text{est } 40\tfrac{5}{7}$$

$$\text{Egalent} \qquad 95$$
$$\text{Plus l'incident écarté} \qquad 5$$

$$\text{Egalent} \qquad 100$$

XVIII.e QUESTION.

Quel est le nombre dont la $\frac{1}{2}$, le $\frac{1}{3}$, le $\frac{1}{4}$ et les $\frac{5}{6}$, *moins 29* $= 100$?

Si, dans la précédente opération, j'ai retranché *le plus 5*, qui étoit ajouté au produit des fractions, dans celle-ci, *le moins 29* qui se déduit du produit des fractions, doit, par la même raison, être ajouté au nombre exigé 100, attendu que le pro=

27*.

duit des fractions doit s'élever à 119. Conséquemment on doit voir cette question, comme si elle demandoit : quel est le nombre, dont la $\frac{1}{2}$, le $\frac{1}{3}$, le $\frac{1}{4}$ et les $\frac{1}{6}$ = 119.

Le dénominateur commun 12 étant convenable,

disons : la $\frac{1}{2}$ de 12 est   6

le $\frac{1}{3}$ est   4

le $\frac{1}{4}$ est   3

les $\frac{1}{6}$ sont   10

Total $\frac{23}{12}$

D'où la proportion 23 : 12 :: 119 : $62\frac{1}{12}$ nombre demandé.

$$\frac{276}{}$$

Dont la $\frac{1}{2}$ est $31\frac{1}{23}$ 12

le $\frac{1}{3}$ est $20\frac{48}{69}$ 192

le $\frac{1}{4}$ est $15\frac{48}{92}$ 144

les $\frac{1}{6}$ sont $5\frac{101}{138}$ 204

552 ou 2 fois 276

Total   119

Moins   19

Égalent   100

XIX.e QUESTION.

Une cuve est disposée sous les robinets de 3 fontaines, et ces trois robinets sont tellement proportionnés, que s'ils coulent séparément,

Le premier remplira la cuve dans une heure.

Le second   dans deux heures.

Le troisième   en trois heures.

On demande en combien de temps ils rempliroient la cuve, s'ils couloient tous les trois ensemble?

Pour résoudre cette question avec intelligence, il faut voir ce que chacune de ces fontaines fourniroit d'eau en une heure,

La première, en 1 heure donneroit $\frac{12}{12}$

La seconde, *idem* $\frac{6}{12}$

La troisième, *idem* $\frac{4}{12}$

Total $\frac{22}{12}$ en 60 minutes.

D'où la proportion 22 : 12 :: 60 : 32 minutes $\frac{8}{11}$ temps demandé.

XX.e QUESTION.

Une cuve pleine d'eau se vide par trois robinets.

Si les trois robinets coulent ensemble, la cuve se videra en 6 heures.

Si le second robinet coule seul, elle se videra dans les $\frac{3}{4}$ du temps qu'il faudra au premier.

Si le troisième robinet coule seul, il lui faudra 4 heures $\frac{1}{2}$ de plus que par le premier.

On demande en combien de temps elle se videroit par chaque robinet seul ?

Pour se faire une idée simple des choses, supposons que par le premier robinet la cuve se videroit en 18 heures ; c'est-à-dire, 3 fois les 6 heures données pour les trois robinets : dès-lors nous serons les maîtres de la solution. Donc,

Par le 1.er, *qui est un entier*, elle se videroit en 18 heures

Par le 2.e, *qui n'exige que les $\frac{3}{4}$ du 1.er* en 13 $\frac{1}{2}$

Par le 3.e, *qui exige 4 heures $\frac{1}{2}$ de plus que le premier* $18 + 4\frac{1}{2} = 22\frac{1}{2}$

Total 54 h.res.

Et si nous remarquons que nous avons triplé le temps, disons : $\frac{54}{3} = 18$ heures, c'est-à-dire, 3 fois

6 heures ; et si nous divisons les 18 heures de chaque robinet, nous dirons : $\frac{18}{3} =$ les 6 heures pour le temps nécessaire aux trois robinets coulant ensemble.

XXI.e QUESTION.

Deux courriers partent au même instant ; l'un de Paris, faisant 8 lieues en 3 heures, pour se rendre à Bruxelles ; l'autre de Bruxelles, pour se rendre à Paris, ne faisant que 7 lieues en 3 heures. On demande l'espace que chacun d'eux aura parcouru, quand ils se rencontreront : la distance de Paris à Bruxelles, est de 72 lieues.

Pour résoudre cette question avec intelligence, il faut se dire :

Les deux courriers auront couru pendant le même temps : à eux deux ils auront fait 15 lieues par 3 heures, c'est-à-dire, 5 lieues à l'heure ; et à eux deux ils auront parcourru 72 lieues, quand ils se rencontreront.

Celui de Paris à Bruxelles, qui fait 8 lieues en 3 heures, aura fait les $\frac{8}{15}$ du chemin.

Celui de Bruxelles à Paris, qui ne fait que 7 lieues en 3 heures, aura fait les $\frac{7}{15}$ du chemin.

Ce qui donnera les deux proportions.

$15 : 72 :: 8 : 38\frac{2}{5}$; donc, le courrier de Paris aura fait 38 lieues $\frac{2}{5}$

$15 : 72 :: 7 : 33\frac{3}{5}$; donc, celui de Bruxelles aura fait 33 lieues $\frac{3}{5}$

$\left. \right\} = 72$ lieues.

Et attendu qu'ils ont constamment marché, et qu'à eux deux ils ont fait 5 lieues à l'heure, il en résulte que $\frac{72}{5} = 14$ heures $\frac{2}{5}$. C'est-à-dire, que chacun d'eux a couru pendant 14 heures $\frac{2}{5}$; faisant à eux deux 28 heures $\frac{4}{5}$ de temps employé.

Maintenant, si nous leur faisons achever leur carrière, nous trouverons un emploi de temps plus considérable, quoiqu'ils n'aient également que 72 lieues à parcourir.

Car, le premier qui franchit l'espace $\left(72 \times 3 = \frac{216}{8} = 27 \right)$ en 27 heures, en ayant employé $14\frac{2}{5}$, n'aura à courir que pendant . . . . 12 heures $\frac{3}{5}$

Tandis que le second qui ne le franchit $\left(72 \times 3 = \frac{216}{7} = 30\frac{6}{7} \right)$ qu'en 30 heures $\frac{6}{7}$, n'ayant employé que $14\frac{2}{5}$, aura encore à courir pendant . . . . 16 heures $\frac{16}{35}$

Ils y emploieront . . 29 heures $\frac{2}{35}$

La raison de cette différence de 28 heures $\frac{4}{5}$ de temps employé, aux 29 heures $\frac{2}{35}$ du temps à employer, pour parcourir un espace semblable est sensible.

Dans le *temps employé*, les deux courriers ont constamment couru ensemble, et à eux deux ils faisoient 5 lieues à l'heure.

Dans le *temps à employer*, ils ne courront ensemble que pendant 12 heures $\frac{3}{5}$, qui a raison de 5 lieues à l'heure, feront . . . . 63 lieues.

A l'expiration de ces 12 heures $\frac{3}{5}$, le courrier de Paris sera arrivé à Bruxelles; mais celui de Bruxelles aura encore à courir *seul*, pendant 3 heures $\frac{30}{35}$, et il ne fera pendant ce temps que 9 lieues.

Ce qui emploiera 29 h. $\frac{2}{35}$, pour parcourir les mêmes 72 lieues.

Cette explication donne la réponse aux questions que l'on pourroit proposer sur le même sujet.

Si l'un des courriers partoit avant l'autre, on sent qu'au départ du second, il faudroit ne compter le premier que pour la distance qui lui resteroit à franchir, tandis que pour le second, on la calculeroit entière.

On fait une infinité de proposition en ce genre, mais de quelque manière qu'elles soient faites, la moindre réflexion, les rend facilement solubles.

XXII.ᵉ QUESTION.

Un marchand commence son commerce avec une certaine somme qu'il fit si bien valoir, qu'au bout d'un an, il avoit doublé son capital; moins 600 francs qu'il préleva pour sa dépense annuelle.

Il continua de même pendant 3 ans, doublant chaque année les fonds restans de l'année précédente, et dépensant régulièrement 600 fr. par an.

Enfin, au bout de 3 années, il se trouva, toute dépense prélevée, avec un capital triple de celui qu'il avoit en commençant.

On demande quelle somme il avoit quand il commença son commerce?

Les 600 francs de dépense annuelle sont l'indice de la solution.

Le marchand ayant doublé ses fonds pendant 3 années consécutives, auroit eu 8 fois son capital, à la fin de la 3.ᵉ année, s'il n'en avoit rien dépensé, parce que 1 × 2 = 2, que 2 × 2 = 4, et que 4 × 2 = 8.

Or, puisqu'à la fin de la troisième année, il ne s'est trouvé qu'avec un capital triple, il tombe sous le sens que les 600 francs qu'il a dépensés chaque année, lui ont absorbé les 5 capitaux qu'ils auroient produits.

Donc, s'il avoit laissé à la fin de la première année les   600

Il auroit eu de plus à la fin de la seconde   1200

Et de plus encore, à la fin de la troisieme   2400

     Formant pour les 5 capitaux absorbés   4200

Donc, si 4200 francs représentent 5 capitaux, le $\frac{1}{5}$ de cette somme 840, annonce qu'il commença son commerce avec 840 francs.

Conséquemment $840 \times 2 = 1680$, il eut donc à la fin de la première année. 1680

D'où, retirant 600 fr. pour sa dépense   600

       Il lui resta   1080

$1080 \times 2 = 2160 - 600 = 1560$. Il avoit donc à la fin de la seconde. 1560

$1560 \times 2 = 3120 - 600 = 2520$. Il avoit donc à la fin de la troisième année. 2520

Et $\dfrac{2520}{3} = 840$ pour un capital.

XXIII.e QUESTION.

Un homme bienfaisant qui avoit contracté l'habitude de porter tous les matins 20 sous chez quatre infortunés; sortit un jour sans consulter sa bourse; n'y trouvant pas les fonds nécessaires, il associa quatre personnes charitables à sa bonne œuvre, en les priant, à chaque fois, de doubler ses fonds.

Il fit ainsi 4 emprunts, il réussit ainsi à faire ses 4 aumônes ; et rentrant chez lui, il ne lui restoit rien.

On demande à connoître la somme qu'il possédoit en sortant de chez lui ?

Les 80 sous distribués sont l'indice de la solution : elle est résolutive par les lois de la progression.

Une seule chose doit nous fixer : c'est que cet homme rentrant chez lui, n'avoit plus rien. Donc, il avoit moins de 20 sous dans sa bourse ; car, s'il avoit eu 20 sous dans sa bourse en sortant de chez lui, les 4 doublemens qui lui furent faits, auroient seuls suffi à ses 4 aumônes, et il seroit rentré chez lui avec ses 20 sous en poche : donc, il n'avoit pas 20 sous, puisqu'il ne lui restoit rien.

Puisqu'il avoit moins ne 20 sous, et que ses 4 aumônes ont absorbé et son argent et ses 4 emprunts doublans, il faut que la progression géométrique, par la raison 2, nous dise ce qu'il avoit en poche.

La progression 2, 4, 8, 16 qui est entière, lui eût supposé 20 sous ; puisqu'il ne les avoit pas, 1, 3, 7, 15 est celle qui doit lui être appliquée ; donc, il avoit les $\frac{15}{16}$ de 20 sous. = 18 sous 9 deniers.

Donc 18ˢ 9ᵈ × 2 = 37 sous 6 den., moins 20 sous, reste 17ˢ 6

17 . 6 × 2 = 35 sous , moins 20 sous, reste 15ᵈ ″

15 ″ × 2 = 30 sous , moins 20 sous, reste 10ᵈ ″

10 ″ × 2 = 20 sous , moins 20 sous, reste 0 ″

D'après ce problème on sent que, pourvu qu'il manque une unité au numérateur de la fraction ;

comme $\frac{31}{32}$, $\frac{63}{64}$, $\frac{127}{128}$, etc. on pourroit donner telle somme que l'on voudroit, et multiplier les aumônes à l'infini.

XXIV.e QUESTION.

Un particulier sortant d'un jardin avec un panier d'oranges, rencontre successivement 5 amis, et cédant à leurs désirs, il leur donne successivement la moitié des oranges qu'il avoit à chaque fois, plus demi-orange ; de sorte qu'il les donna toutes, *sans en couper aucune* : combien en avoit-il ?

La solution de cette question découle des lois de la progression géométrique. En donnant à chaque fois la moitié de ses oranges, il les divisoit par 2 ; donc, la raison 2 avoit élevé la progression.

En ajoutant à chaque fois la moitié d'une orange, à la moitié de la quantité, *sans en couper aucune*, il indiquoit que le premier terme de la progression étoit un nombre *impair* ; et que par la même raison la somme des termes de la progression, étoit constamment *impaire*, dans tous les degrés. C'est-à-dire, que,

Si la progression étoit 1   2   4   8   16
Les sommes étoient 1+2=3+4=7+8=15+16=31

D'où il résulte qu'il avoit 31 oranges, et qu'il donnoit à chaque fois la moitié des sommes correspondantes aux termes de la progression, et qu'au moyen de la demi-orange en sus, il donnoit un des termes progressifs.

Il donna au 1.er a mi le 5.e terme 16, dont la som. $\frac{31}{2} = 15\frac{1}{2} + \frac{1}{2} = 16$

au 2.°   le 4.e terme 8, dont la som. $\frac{15}{2} = 7\frac{1}{2} + \frac{1}{2} = 8$

au 3.e   le 3.e terme 4, dont la som. $\frac{7}{2} = 3\frac{1}{2} + \frac{1}{2} = 4$

au 4.e   le 2.e terme 2, dont la som. $\frac{3}{2} = 1\frac{1}{2} + \frac{1}{2} = 2$

au 5.e   le 1.er terme 1, dont la som. $\frac{1}{2} = 0\frac{1}{2} + \frac{1}{2} = 1$

Avec les jeux de la progression géométrique bien sentis, on peut se livrer à quelques combinaisons très-amusantes, par la seule raison progressive 2.

Si le premier terme est 1, la progression sera 1 . 2 . 4 . 8 . 16 . 32, etc. ; et la moitié de chaque somme, *plus* $\frac{1}{2}$, sera 16 . 8 . 4 . 2 . 1, etc. ; parce que le premier terme étant 1, le dernier ne sera jamais doublé, il y manquera toujours 1.

Si, au premier terme 1, nous ajoutons 2 de plus à chaque terme ; à la moitié des sommes on pourra ajouter 1, et il restera 1, après que tous les partages seront faits par demi.

Si l'on ajoute 3 aux termes, à la moitié des sommes on pourra ajouter $1\frac{1}{2}$, et il restera $1\frac{1}{2}$.

Si l'on ajoute 4 aux termes, à la moitié des sommes on pourra ajouter 2, et il restera 2.

Par la même raison, si des fractions étoient ajoutées à chaque terme, $\frac{1}{4}$ donneroit $\frac{1}{8}$; $\frac{1}{2}$ donneroit $\frac{1}{4}$, etc. etc. Justifions de ceci par deux exemples.

XXV.e QUESTION.

Un père a une fille à marier ; mais il ne veut la donner qu'à l'homme qui calculera assez bien, pour aller cueillir des pommes dans son verger, en quantité telle, qu'en partageant 5 fois ce qu'il en aura, *plus une*, il les donne toutes, à la réserve d'*une*, qu'il devra présenter à sa fille. On demande combien il devra prendre de pommes ?

D'après ce que j'ai observé, on sent qu'il faut ajouter 2 pommes à chaque terme : établissons nos bases en conséquence.

$$
\begin{array}{ccccc}
2 & 8 & 20 & 44 & 92 \\
2 & 2 & 2 & 2 & 2
\end{array}
$$

$1 = 1 + 2 = 4 \times 2 = 8 + 2 = 10 \times 2 = 20 + 2 = 22 \times 2 = 44 + 2 = 46 \times 2 = 92 + 2 = 94$

Telle est la progression surajoutée de deux pommes qu'il faut établir.

Alors la $\frac{1}{2}$ de 94 est $47 + 1 = 48$. Premier partage $94 - 48$ reste 46
la $\frac{1}{2}$ de 46 est $23 + = 24$. Second partage $46 - 24$ reste 22
la $\frac{1}{2}$ de 22 est $11 + 1 = 12$. Troisièm. part. $22 - 12$ reste 10
la $\frac{1}{2}$ de 10 est $5 + 1 = 6$. Quatrièm. part. $10 - 6$ reste 4
la $\frac{1}{2}$ de 4 est $2 + = 3$. Cinquièm. part. $4 - 3$ reste 1

Et c'est cette pomme restante qu'il doit présenter à sa future.

On remarquera que les cinq partages donnant 3 . 6 . 12 . 24 . 48, sont des termes de l'ordre progressif; donc, ce que l'on y surajoute pour jouer, ne le détruit pas; malgré que la composition que nous en avons faite, ait paru s'en être écartée.

Supposons maintenant la même question, mais avec la condition que le prétendant ne rapportera que $\frac{1}{4}$ de pomme à sa future.

On sent, d'après ce que j'ai dit, qu'il faut ajouter une demi pomme seulement à la somme des termes progressifs.

Etablissons nos bases en conséquence.

$$\overset{2}{\underset{}{\tfrac{1}{2}}} \times 2 = 2 + \tfrac{1}{2} = 2\tfrac{1}{2} \times 2 = 5 + \tfrac{1}{2} = 5\tfrac{1}{2} \times 2 = 11 + \tfrac{1}{2} = 11\tfrac{1}{2} \times 2 = 23 + \tfrac{1}{2} = 23\tfrac{1}{2}$$

Telle est la progression surajoutée d'une demi-pomme.

Alors la $\tfrac{1}{2}$ de 23$\tfrac{1}{2}$ est 11$\tfrac{3}{4}$ + $\tfrac{1}{4}$ = 12. Premier partage 23$\tfrac{1}{2}$ — 12 reste 11$\tfrac{1}{2}$

la $\tfrac{1}{2}$ de 11$\tfrac{1}{2}$ est 5$\tfrac{3}{4}$ + $\tfrac{1}{4}$ = 6. Second partage 11$\tfrac{1}{2}$ — 6 reste 5$\tfrac{1}{2}$

la $\tfrac{1}{2}$ de 5$\tfrac{1}{2}$ est 2$\tfrac{3}{4}$ + $\tfrac{1}{4}$ = 3. Troisième part. 5$\tfrac{1}{2}$ — 3 reste 2$\tfrac{1}{2}$

la $\tfrac{1}{2}$ de 2$\tfrac{1}{2}$ est 1$\tfrac{1}{4}$ + $\tfrac{1}{4}$ = 1$\tfrac{1}{2}$. Quatrièm. part. 2$\tfrac{1}{2}$ — 1$\tfrac{1}{2}$ reste 1$\tfrac{1}{2}$

la $\tfrac{1}{2}$ de 1 est ''$\tfrac{1}{2}$ + $\tfrac{1}{4}$ = ''$\tfrac{3}{4}$. Cinquièm. part. 1'' — ''$\tfrac{3}{4}$ reste ''$\tfrac{1}{4}$

Et c'est ce quart de pomme restant qu'il doit présenter à sa future.

On remarquera que les partages donnant 12, 6, 3, 1$\tfrac{1}{2}$, $\tfrac{3}{4}$, sont dans l'ordre progressif.

On pousseroit ces jeux très-loin, si l'on prenoit la peine de s'y exercer; car une idée en amène d'autres.

XXVI.ᵉ QUESTION.

Bacchus trouvant Sylène endormi à côté d'un tonneau plein de vin, et voulant jouir de la surprise du vieillard, essaya de vider le tonneau pendant qu'il dormoit. Mais Bacchus n'avoit encore employé à boire que les $\tfrac{2}{5}$ du temps qu'il falloit à Sylène pour vider le tonneau, lorsqu'il se réveilla; Bacchus satisfait, lui laissa boire le reste.

Si, pour vider ce reste, Bacchus avoit aidé Sylène, Bacchus en auroit bu les $\tfrac{2}{3}$; et le tonneau eût été vidé 5 heures 36 minutes plutôt, que le temps qu'il auroit fallu à Sylène pour le vider à lui seul.

On demande ce que chacun d'eux a bu, ou auroit bu dans les deux cas, et le temps qu'ils y auroient employé.

En disant que si Bacchus avoit aidé Sylène à boire le restant du tonneau, Bacchus en auroit bu les $\frac{2}{3}$, c'est dire que Bacchus buvoit *deux fois autant que Sylène.* Or, dire que si Bacchus avoit aidé Sylène à boire ce restant, le tonneau se fût vidé 5 heures 36 minutes plutôt, c'est dire que Bacchus auroit bu pendant 5 heures 36 minutes : justifions ceci.

Bacchus a bu *seul* les $\frac{2}{5}$ du temps qu'il falloit à Sylène pour vider le tonneau; buvant double, il a bu les $\frac{4}{5}$ du tonneau, ci. . . . . $\frac{4}{5}$

Si Bacchus avoit aidé Sylène à boire le $\frac{1}{5}$ restant, il en auroit bu les $\frac{2}{3}$, c'est-à-dire les $\frac{2}{15}$, ci. . . . . $\frac{2}{15}$

Et Sylène qui n'en auroit bu que le $\frac{1}{3}$, n'auroit bu que le $\frac{1}{15}$, ci. . . . . $\frac{1}{15}$

$$\overline{\qquad\qquad} \frac{1}{5}$$

Total. . . . $\frac{5}{5}$

$\frac{4}{5} = \frac{12}{15} + \frac{2}{15} = \frac{14}{15}$. Or, si $\frac{14}{15}$ = 5 heures 36 minutes,

Le $\frac{1}{15}$ qu'auroit bu Sylène égaleroit *//* 48 minutes.

Faisant 6 heures 24 minutes.

Et si nous doublons le temps
de Bacchus   5   36

Il est clair que Sylène seul n'eût
vidé le tonneau qu'en   12 heures.

Observons bien que le temps que Bacchus a

bu, doit être doublé pour Sylène. Or, si $\frac{14}{1}$ = 5 h.
36 minutes, ou 336 minutes ; en divisant ce temps
par 14 ou $\dfrac{336}{14}$ = 24 minutes. Donc si $\frac{1}{1}$, pour Bacc-
chus n'exige que 24 minutes, il en exige 48 pour
Sylène.

Dès-lors Bacchus n'ayant bu que $\frac{14}{1}$ a 24 minutes = 4 h. 48 m.

Sylène, qui a bu $\frac{1}{1}$ a 48 minutes = 2 h 24 m.

                                      7 h 12 m.

Et si nous y ajoutons les 4 h. 48 m. de Bacchus   4   48

nous trouverons également le temps qu'il eût
fallu à Sylène seul   12 h. "

XXVII.e QUESTION.

Une île a 60 lieues de circuit. Trois individus partant *du même point*, prennent la même route pour
en faire le tour.

      Le premier fait   10 lieues par jour.
      Le second fait   12 lieues.
      Le troisième fait   15 lieues.

On demande en combien de temps ces trois individus, marchant toujours, se rencontreront au même
instant, *au point du départ ?*

Il faut considérer ces trois individus, comme trois
aiguilles d'un cadran, divisé en 60 degrés, et les
lieues comme des degrés. Car, non-seulement des individus ne pourroient fournir une aussi longue carrière ;
mais encore, leur marche très-irrégulière, ne sauroit
être mesurée avec la même précision.

                             Conséquemment,

Conséquemment, nous verrons un cadran au lieu d'une isle; des aiguilles au lieu d'individus, et des degrés au lieu de lieues.

La 1.re aiguille, à 10 degrés par j. fera le tour du cadran en 6 j.
La seconde, à 12 degrés *idem* en 5 j.
La troisième, à 15 degrés *idem* en 4 j.

D'où il résulte que ces trois aiguilles sont dans le rapport de 6 à 5 et à 4; c'est-à-dire qu'elles ne se rencontreront *au point du départ*, qu'à l'instant marqué par le dénominateur commun *qui mettra ces trois rapports en égalité parfaite*; et comme le plus petit dénominateur de $\frac{1}{6}$, $\frac{1}{5}$, $\frac{1}{4}$, est 60, on peut affirmer que les trois aiguilles ne se rencontreront au point du départ qu'au bout de 60 jours.

La 1.re aiguille à 10 degrés par j. employant 6 j. à faire un tour, fera 10 tours en 60 jours.
La 2.e aiguille, à 12 degrés par j. employant 5 j. à faire un tour, fera 12 tours en 60 jours.
La 3.e aiguille, à 15 degrés par j. employant 4 j. à faire un tour, fera 15 tours en 60 jours.

Si l'on a le soin de prendre *le plus petit dénominateur commun*, on aura la réponse précise; dans le cas contraire, les aiguilles pourroient se rencontrer plusieurs fois, *au point du départ*, dans le nombre de jours qu'un dénominateur trop grand auroit donné.

C'est dans ces questions, que le jeu des fractions, *par l'opération simple qui les ramène à la même dénomination*, se montre avec avantage; puisqu'avec son secours on peut donner aux aiguilles, *en tel nombre*

28

que l'on voudra, la marche la plus bizarre , et néan‑
moins en déterminer le rapport commun avec la plus
grande aisance : deux questions de cette espèce vont en
développer toute la beauté.

XXVIIIe QUESTION.

Un cadran est divisé en 38 degrés. Trois aiguilles
partant du même point, et par la même route, ont
une marche différente.

La première parcourt 5 degrés $\frac{1}{4}$ par jour.
La seconde 6 $\frac{1}{3}$
La troisième 7 $\frac{1}{2}$

On demande en combien de jours ces trois aiguilles,
tournant sans cesse autour de ce cadran , pourront se
rencontrer ensemble au point du départ.

Le rapport d'égalité de ces trois aiguilles ne peut
être donné qu'en réduisant leur marche journalière
en fractions , et en les ramenant à la même dénomi‑
nation, par leur plus petit dénominateur commun.

Ce dénominateur commun nous donnera le nombre
de tours que chaque aiguille devra faire ; et ce nombre
de tours multiplié par le nombre de jours, que chacune
d'elles met à faire un tour, nous donnera la solution.
En divisant les 38 degrés, par ceux parcourus par chaque
aiguille dans un jour, le quotient nous donnera le
nombre de jours que chacune d'elles met à faire un
tour.

Ici les trois fractions étant $\frac{1}{2}$, $\frac{1}{3}$, $\frac{1}{4}$, elles ont 12 pour
leur plus petit dénominateur commun.

La 1.re aig. à 5 deg. $\frac{1}{4}$ par j. × 12 = 63 tours × 7 j. $\frac{5}{21}$ par tour = 456 jo

La 2.e à 6 $\frac{1}{3}$ × 12 = 76 × 6 " = 456

La 3.e à 7 $\frac{1}{2}$ × 12 = 90 × 5 $\frac{1}{15}$ = 456

Il est donc constant que ce ne sera qu'au bout de 456 jours, que ces trois aiguilles pourront se rencontrer au point du départ.

Essayons maintenant de faire mouvoir sept aiguilles.

XXIX.e QUESTION.

Un cadran est divisé en 35 degrés. Sept aiguilles, partant du même point, prennent la même route pour en faire le tour : leur marche est différente.

La première en parcourt	5 degrés $\frac{1}{4}$ par jour	
La seconde,	6	$\frac{1}{3}$
La troisième,	3	$\frac{1}{2}$
La quatrième,	4	$\frac{1}{8}$
La cinquième,	7	$\frac{1}{6}$
La sixième,	8	$\frac{4}{9}$
La septième,	9	$\frac{5}{12}$

On demande combien chaque aiguille fera de tours, et le nombre de jours qu'elles auront à marcher, avant de se rencontrer au point du départ ?

Après avoir déterminé le temps que chaque aiguille met à faire un tour, en divisant les 35 degrés du cadran, par le nombre de degrés que chacune d'elles parcourt dans un jour ; on cherche le plus petit dénominateur commun, qui est 72. En conséquence,

La 1.re aiguil. à 5 deg. $\frac{1}{4}$ par j. × 72 = 378 tours × par 6 j. $\frac{2}{3}$ par tour = 2520 j.

La 2.e	à 6	$\frac{1}{3}$	× 72 = 456	×	5 $\frac{10}{19}$	= 2520
La 3.e	à 3	$\frac{1}{2}$	× 72 = 252	×	10 //	= 2520
La 4.e	à 4	$\frac{1}{8}$	× 72 = 297	×	8 $\frac{16}{33}$	= 2520
La 5.e	à 7	$\frac{1}{6}$	× 72 = 516	×	4 $\frac{38}{43}$	= 2520
La 6.e	à 8	$\frac{4}{9}$	× 72 = 608	×	4 $\frac{11}{76}$	= 2520
La 7.e	à 9	$\frac{1}{12}$	× 72 = 678	×	3 $\frac{81}{113}$	= 2520

Ce n'est donc qu'après 2520 jours de marche continue, que ces sept aiguilles se rencontreront au point du départ.

On remarquera que le mécanisme de ces opérations est extrêmement simple. Le cadran a un nombre de degrés déterminé. L'aiguille qui en parcourt le moins, met plus de jours à en faire le tour ; celle qui en parcourt le plus, met moins de jours : donc tout est balancé ; et la parité des résultats découle nécessairement de la multiplication du nombre de tours, par le temps employé à en faire un.

Notre cadran, par exemple, est divisé en 35 degrés. L'aiguille qui en parcourroit 7 par jour, mettroit 5 jours à en faire le tour ; comme celle qui n'en parcourroit que 5 par jour, mettroit 7 jours ; mais elles ne se rencontreroient que dans 35 jours, parce que 7 × 5 = 35, comme 5 × 7 = 35. Donc tout se balance.

Il en est de même des parties fractionnaires ; le dénominateur commun, amenant l'égalité proportionnelle, détermine le nombre de tours proportionnellement : c'est le même mouvement ; et la simplicité rend ce mécanisme admirable.

XXX.ᵉ QUESTION.

Trois joüeurs se mettent au jeu , et sortent devant eux leur argent.

Le premier avoit 220 francs.
Le second   176
Le troisième   154

Au moment où ils alloient commencer, un incendie violent se manifeste dans la maison. Aussitôt chacun s'efforça de ramasser son argent. Mais dans la confusion, ils le mêlèrent, et chacun prit tout ce qu'il put prendre. Quand ils voulurent régler , il en résulta que ,

Si le premier avoit rendu les $\frac{1}{4}$ de ce qu'il avoit pris ,
Si le second   *idem*   la $\frac{1}{2}$ *idem*
Si le troisième   *idem*   le $\frac{1}{4}$ *idem*

et que divisant ensuite la totalité de ces trois restitutions en trois parties égales, chaque joueur ajoutant ce tiers à ce qui lui restoit , auroit eu le même argent qu'en se mettant au jeu ?

On demande ce que chacun d'eux avoit pris, rendu et retiré.

Le rapport qui doit conduire à la solution , se trouve dans les sommes respectives ; et c'est le seul moyen qu'il me présenta : elles sont toutes divisibles par 11.

220 fr. divisés par 11 donnent 20 au quotient.
176   par 11   16
154   par 11   14

550 fr. divisés par 11 donnent 50 au quotient.

Cette base reconnue, et persuadé que le problême avoit été construit sur elle , je ne doutai plus que les sommes prises, rendues et retirées ne fussent divisibles par 11.

Considérant ensuite que le premier joueur, qui a la plus forte mise, rendant les $\frac{3}{4}$ de ce qu'il avoit pris , et ne recevant en échange qu'un tiers , qui ne pouvoit guère être plus élevé que l'un des quarts qu'il rendoit , avoit dû prendre la très-grande majorité des fonds qui étoient sur la table.

Considérant que le second joueur, qui a une moindre mise que le premier, devoit recevoir par le tiers une somme beaucoup plus forte que celle de la demie qu'il avoit à rendre, ne dût pas, à beaucoup près, avoir pris sa mise.

Considérant enfin que le troisième joueur, dont la mise est la plus foible , ne rendant que le $\frac{1}{4}$ de ce qu'il avoit pris , et recevant en échange un tiers qui devoit composer la très-grande majorité de sa mise.

Je n'hésitai point à porter les sommes prises : par le premier à 400 fr. , par le second à 100 fr., par le troisième à 50 fr. ; formant ensemble les 550 francs qu'ils avoient en totalité. Et divisant ces données par 11 , j'obtins facilement la réponse que voici :

Cette question est un exemple des observations qui doivent devancer et préparer les solutions , quand on n'a pas de moyens plus solides pour y parvenir.

XXXI.ᵉ QUESTION.

Trois femmes vont au marché vendre des oranges.

  La première en avoit 15
  La seconde   26
  La troisième   37

Elles les vendent *toutes aux mêmes prix* , et en rapportent *la même somme* ; c'est-à-dire 12 sous chacune. Comment, et combien ont-elles vendu leurs oranges ?

Cette question , que je ne donne ici que comme étant du même ordre que la précédente , paroît ridicule , et néanmoins elle est proportionnelle.

La vente a eu lieu de deux manières : par *douzaine* et par *pièce.*

La 1.ᵉʳᵉ a 15 oranges. On y voit 1 douzaine + 3 orang. = 4 pièces.
La 2.ᵉ a 26 *idem.* On y voit 2 *idem* + 2 *idem* = 4 *idem.*
La 3.ᵉ a 37 *idem.* On y voit 3 *idem* + 1 *idem* = 4 *idem.*

On en conclura , qu'après avoir vendu la *douzaine* à 3 sous, elles ont ensuite vendu la *pièce* également 3 sous ; c'est-à-dire 4 fois 3 sous = 12 sous.

Si l'abondance n'a fait obtenir que 3 sous de la douzaine , la rareté a pu faire obtenir le même prix de la pièce : ces variations sont assez fréquentes. Néanmoins , je ne donne cette question que comme un guide à suivre en pareil cas , et pour ce qu'elle vaut.

XXXII.ᵉ QUESTION.

Une paysanne échange des fromages contre des poules, elle donne 2 fromages pour 3 poules.

Ces poules pondent, et le nombre d'œufs que chacune lui donne, est du tiers du nombre des poules qu'elle a obtenues.

La paysanne vend les œufs au marché : elle en donne 9 pour autant de sous que chaque poule lui a pondu d'œufs.

Le produit de ses œufs s'élèvent à 72 sous.

On demande combien elle a échangé de fromages ?

Ce problême, quoique très-compliqué, est néanmoins d'une solution facile, quand on s'attache à en bien comparer les rapports.

2 Fromages = 3 poules.
3 Poules = 1 œuf.

C'est-à-dire, que 2 fromages donnent 1 œuf.

Si la quantité d'œufs pondus par chaque poule, donne la même quantité de sous, pour la valeur de 9 œufs, nous devons chercher la somme 72, dans le produit de deux facteurs qui soient en rapport, comme 2 fromages sont à 1 œuf.

Or, 12 fromages à 6 sous = 72 sous. Et attendu que 12 fromages égalent 18 poules, et que les œufs pondus par chaque poule sont au même nombre que le tiers des poules ; il en résulte que chaque poule a pondu 6 œufs.

Conséquemment, 18 poules × 6 œufs = 108 œufs;

$\frac{108}{9}$ = 12; c'est-à-dire 12 fois 6 sous = 72 sous.

La paysanne échangea 12 fromages pour 18 poules.

XXXIII.e QUESTION.

Un voiturier, chargé de conduire un tonneau de vin, contenant 240 pintes, en a tiré, le jour de son départ, 10 pintes, qu'il a remplacées par 10 pintes d'eau : pendant les 7 jours que son voyage a duré, il a fait la même manœuvre.

Arrivé à sa destination et convaincu d'infidélité, le voiturier est condamné à payer le vin qu'il a soustrait, à raison de 20 sous la pinte.

On demande à combien s'élève ce qu'il doit payer.

En bonne justice, le voiturier convaincu devoit être condamné à payer le tonneau entier, à l'amende et à la prison, comme dépositaire infidèle. Mais ce cas n'étant présenté que comme une question proportionnelle, il faut la résoudre.

Le moyen le plus simple consiste à présenter le tonneau divisé par les deux liquides, alors leur mélange ne nous en imposera pas; puisque nous y verrons clairement ce qu'il a retiré chaque jour des deux : on observera que le tonneau, toujours plein, doit constamment contenir 240 pintes de liquide.

MOUVEMENS.

TONNEAU de 240 pintes.

MOUVEMENS.	VIN à soustraire.		EAU à ajouter.	
Le tonneau contenant 240 pintes de vin, ci. . .	240	//	//	//
Le 1ᵉʳ jour il en tira 10 pintes, qu'il remplaça par de l'eau.	10	//	10	//
Il restoit . .	230	//	10	//
Le second jour il tira $\frac{11}{24}$ de vin et $\frac{1}{24}$ d'eau . . .	9	14	9	14
Il restoit . .	220	10	19	14
Le troisième jour il tira $\frac{1?}{24}$ de vin et $\frac{1}{24}$ d'eau . .	9	4	9	4
Il restoit . .	211	6	28	18
Le quatrième jour il tira $\frac{11}{24}$ de vin et $\frac{3}{24}$ d'eau . .	8	19	8	19
Il restoit . .	202	11	37	13
Le cinquième jour il tira $\frac{10}{24}$ de vin et $\frac{4}{24}$ d'eau . .	8	10	8	10
Il restoit . .	194	1	45	23
Le sixième jour il tira $\frac{10}{24}$ de vin et $\frac{1}{24}$ d'eau . .	8	2	8	2
Il restoit . .	185	23	51	1
Le septième jour il tira $\frac{18}{24}$ de vin et $\frac{6}{24}$ d'eau . .	7	18	7	18
Le tonneau contenoit, quand le voiturier le remit .	178	5	61	19

Et il eut à payer pour les 61 pintes $\frac{19}{24}$ d'eau, 61ℓℓ 15ſ 10ᵈ.

Ce calcul, que j'ai borné à des vingt-quatrièmes de pinte, n'est pas exactement rigoureux. Mais encore, malgré les abandons que j'ai faits, je le répète, pour me borner aux fractions 24ᵉˢ, je le crois assez approchant d'une sévère exactitude, parce que ces abandons peuvent se balancer : dans de pareils cas, on peut, sans inconvénient, se contenter d'un *à peu près*.

XXXIV.e QUESTION.

Trois individus s'entretenant de leur argent, dirent mutuellement :

Le 1.er, si vous me donniez la moitié de vos fonds, } nos sommes
Le 2.e, si vous me donniez le tiers de vos fonds, } seroient
Le 3.e, si vous me donniez le quart de vos fonds, } égales.

On demande ce que chacun d'eux possédoit ?

Pour établir le rapport des sommes que chaque individu possédoit, il faut considérer ce que chacun d'eux donneroit et recevroit.

Le premier, qui reçoit deux $\frac{1}{2} = 1$, et qui ne donne que $\frac{1}{3} + \frac{1}{4} = \frac{7}{12}$, doit avoir la plus foible somme, puisqu'il gagneroit par les échanges.

Le second, qui reçoit deux $\frac{1}{3} = \frac{2}{3}$, et qui donne $\frac{1}{2} + \frac{1}{4} = \frac{3}{4}$, doit avoir une somme plus forte, puisqu'il perdroit par les échanges.

Le troisième, qui reçoit deux $\frac{1}{4} = \frac{1}{2}$, et qui donne $\frac{1}{2} + \frac{1}{3} = \frac{5}{6}$, doit avoir une somme plus forte encore, puisqu'il perdroit beaucoup plus par les échanges.

C'est donc de la perte au gain dans les échanges que doit dériver la somme possédée par chaque individu : cherchons donc celle du premier, et avec elle, nous trouverons facilement celle des autres.

Prenons, pour dénominateur commun, un nombre dont on puisse extraire la $\frac{1}{2}$, l. $\frac{1}{3}$ et le $\frac{1}{4}$: le dénominateur 12 nous convient.

Le premier donne au second $\frac{1}{3} = 4$, au troisième $\frac{1}{4} = 3$. Il donne donc $4 + 3 = 7$. Mais il reçoit $\frac{1}{2} = 6$ de chacun d'eux, c'est-à-dire, 12. Donc 12 − 7 = 5.

En conséquence, les 5 qui excèdent constituent son état.

Le second qui donne au premier $\frac{1}{2}$, et qui n'en reçoit que $\frac{1}{3}$, doit avoir de plus que lui la valeur du $\frac{1}{3}$ de la $\frac{1}{2}$ $= \frac{1}{6}$; c'est-à-dire, puisqu'il s'agit d'ajouter, 6 de plus: donc $5 + 6 = 11$ constituent l'état du second.

Le troisième, qui donne $\frac{1}{2}$ au premier, et qui n'en reçoit que $\frac{1}{4}$, doit, par la même raison, avoir de plus que lui la valeur de la $\frac{1}{2}$ ou $\frac{1}{4} = \frac{1}{8}$; c'est-à-dire, puisqu'il s'agit d'ajouter, 8 de plus : donc $5 + 8 = 13$ constituent l'état du troisième.

Conséquemment, le rapport des trois sommes est comme 5 à 11 à 13. Donc

Le 1.er a $5 +$ la $\frac{1}{2}$ de $11 + 13 = \frac{24}{2} = 12.$ Donc $5 + 12 = 17$.

Le 2.e a $11 +$ le $\frac{1}{3}$ de $5 + 13 = \frac{18}{3} = 6.$ Donc $11 + 6 = 17$.

Le 3.e a $13 +$ le $\frac{1}{4}$ de $5 + 11 = \frac{16}{4} = 4.$ Donc $13 + 4 = 17$.

Avec le secours des fractions, on résout sans peine une multitude de cas qui seroient très-difficiles même par l'analyse, attendu qu'elle exige des formules qui ne sont pas familières.

Ici termine ma troisième et dernière partie. Si je n'ai pas donné une grande quantité de problèmes, du moins ai-je, par leur choix, à peu près donné tous ceux qui peuvent éclairer les combinaisons de ces jeux de l'esprit; et les développemens que j'ai donnés à leur solution, ont montré les routes à suivre pour résoudre tous ceux que l'on pourroit proposer à mes lecteurs.

Je me suis abstenu d'en donner sur les carrés et sur les cubes, attendu que je ne leur trouve aucun intérêt réel pour l'arithméticien ; et qu'ils n'ajoutent rien aux idées générales de la composition et de la décomposition.

Chaque lecteur s'étonnera, sans doute, de se trouver aussi riche en connoissances, et d'avoir ignoré qu'il les possédât ; car, à coup sûr, je ne lui aurai appris que cela ; et c'est la récompense à laquelle j'aspirois, quand je lui ai consacré des loisirs.

F I N.

TABLE DES MATIÈRES.

PREMIÈRE PARTIE.

Introduction,   page   1.

De la Numération,   8

Idées fondamentales du Calcul,   15

De l'Addition,   19

De la Soustraction,   28

De la Multiplication,   42

De la Division,   72

Du Système métrique,   86

Du Calcul décimal,   98

Des Fractions proprement dites,   127

De l'Addition des Entiers avec des Fractions,   153

De la Soustraction des Entiers avec des Fractions,   156

De la Multiplication des Entiers avec des Fractions,   159

De la Division des Entiers avec des Fractions,   180

SECONDE PARTIE.

Des Progressions et des proportions,   223

Des Progressions arithmétiques,   225

Des Progressions géométriques,   234

Des Proportions,   244

Des Proportions arithmétiques,   245

Des Proportions géométriques,   250

Des Propositions simples qualifiées de directes,   271

Des Propositions compliquées,   276

Des Propositions qualifiées d'indirectes,   286

*Des Propositions qualifiées de règles d'alliage, de
compagnie, d'intérêt, de simple et double fausse
position*,   291

Des Propositions qualifiées de règles conjointes,
    servant aux opérations pour les changes,   367

Des Puissances,   318

Du Cubage des bois,   371

         des bois écarris,   372

         des bois ronds,   378

TROISIÈME PARTIE.

Quelques notions sur l'analyse des Nombres,   386

Des Problêmes,   405

Fin de la Table.

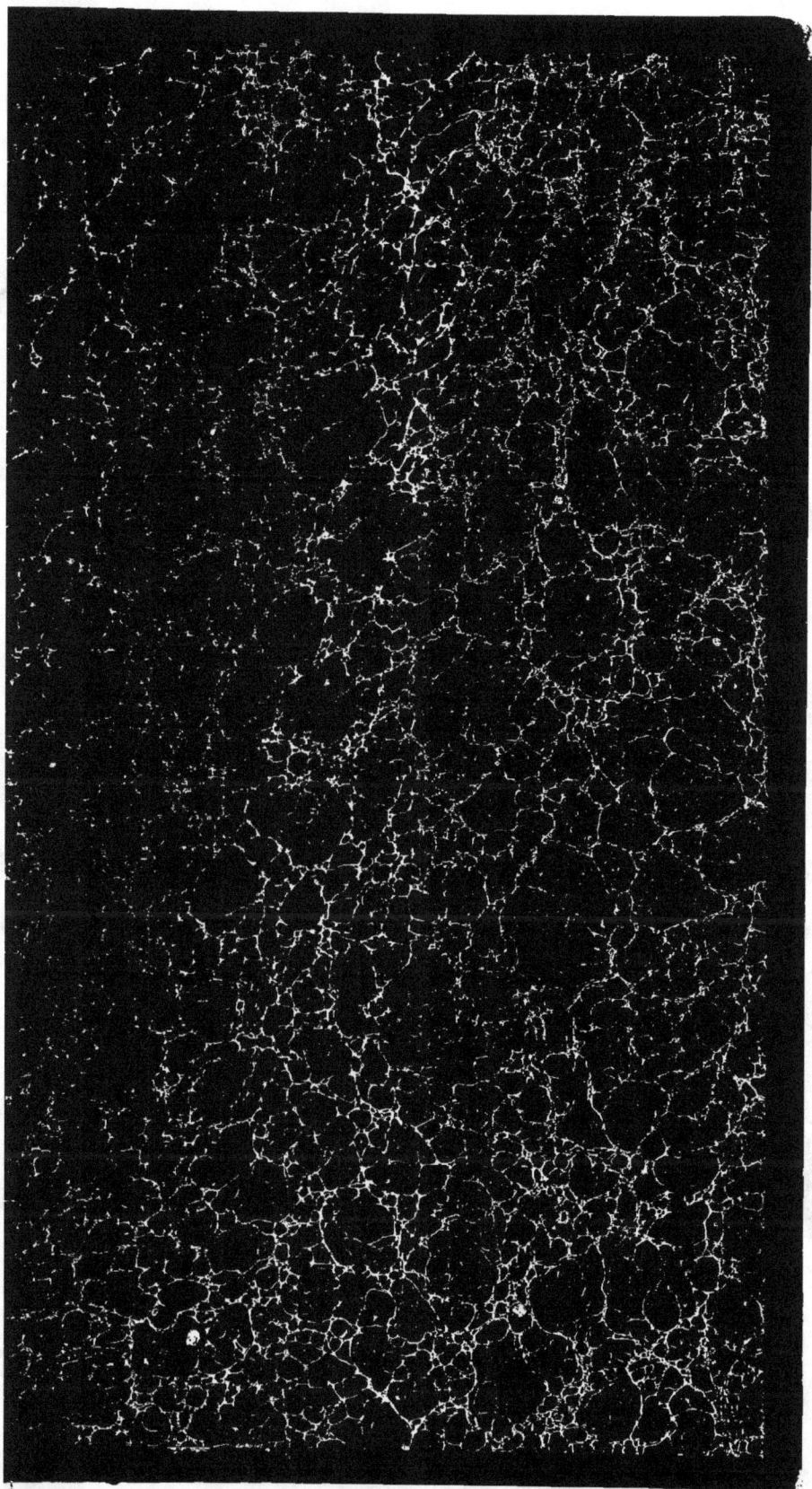

www.ingramcontent.com/pod-product-compliance
Lightning Source LLC
Chambersburg PA
CBHW052100230326
41599CB00054B/3410